自动控制原理

主　编　王艳秋
副主编　金亚玲　郭　锐　罗　丹

内 容 简 介

本书以经典控制理论为主,全面阐述了经典控制理论的基本概念、基本原理及其各种分析方法。本书共8章,主要内容有线性系统的数学模型、时域法、根轨迹法、频域法、控制系统的校正、采样控制系统分析法和非线性控制系统分析法。本书配备了大量习题,有客观题型,如选择题、填空题、判断题等,有主观题型,如简答题和计算题,并对计算题进行了精选。通过各种类型的习题练习,有助于学生对课堂所授理论知识进行消化、理解。

本书可作为高等学校自动化、电气工程及其自动化、通信、电子信息、检测技术与自动化装置等电类专业的教材,也可作为相关专业工程技术人员的参考书。

版权专有　侵权必究

图书在版编目（CIP）数据

自动控制原理/王艳秋主编. —北京：北京理工大学出版社，2018.12（2023.1 重印）
ISBN 978 – 7 – 5682 – 6563 – 8

Ⅰ. ①自… Ⅱ. ①王… Ⅲ. ①自动控制理论 – 高等学校 – 教材 Ⅳ. ①TP13

中国版本图书馆 CIP 数据核字（2018）第 296518 号

出版发行 / 北京理工大学出版社有限责任公司
社　　址 / 北京市海淀区中关村南大街 5 号
邮　　编 / 100081
电　　话 /（010）68914775（总编室）
　　　　　（010）82562903（教材售后服务热线）
　　　　　（010）68944723（其他图书服务热线）
网　　址 / http：//www.bitpress.com.cn
经　　销 / 全国各地新华书店
印　　刷 / 廊坊市印艺阁数字科技有限公司
开　　本 / 787 毫米 × 1092 毫米　1/16
印　　张 / 19　　　　　　　　　　　　　　　责任编辑 / 陈莉华
字　　数 / 448 千字　　　　　　　　　　　　文案编辑 / 陈莉华
版　　次 / 2018 年 12 月第 1 版　2023 年 1 月第 4 次印刷　责任校对 / 周瑞红
定　　价 / 49.80 元　　　　　　　　　　　　责任印制 / 李志强

图书出现印装质量问题，请拨打售后服务热线，本社负责调换

前　言

　　自动控制技术起源于20世纪中叶，有60多年的历史。自动控制技术以自动控制理论为基础，以计算机为手段，解决了一系列高科技难题，为人类的文明和进步做出了重要贡献，诸如宇宙航行、导弹制导与防御、万米深海探测和火星表面探测；在工业生产过程中，诸如对压力、温度、湿度、流量、频率及原料、燃料成分比例控制等都离不开自动控制技术。

　　随着自动控制技术需求量的不断增长，自动控制理论本身也取得了显著进步，线性控制系统日趋成熟；非线性控制系统的研究取得了突破性进展；线性离散控制系统的描述和分析能力得到加强；而现代控制理论无论是在数学工具、理论基础，还是在研究方法上都不是经典控制理论的延伸和推广，而是认识上的一次飞跃，如最优控制、最佳滤波、系统识别、自适应控制、预测控制等。

　　由于自动控制技术在各个行业广泛渗透，在科学技术现代化的发展进程中，发挥着越来越重要的作用，自动控制理论已成为高等学校许多学科共同的专业基础必修课，且地位越来越重要。

　　根据编者多年的教学经历发现，自动控制教材虽然较多，但在内容的编排顺序和例题的选材上或多或少存在不足，缺少新理论、新知识、新的控制手段的补充。鉴于此，决定编写《自动控制原理》一书，力求奉献给读者一本比较完美的自动控制理论教科书。

　　本书的主要特点如下：

　　(1) 始终遵循高等教育人才培养目标及培养规格的要求，适应应用型人才培养模式，理实一体，学用结合，追求实效。

　　(2) 贯彻理论部分"必需、够用"为度，精选必需的理论知识。

　　(3) 每一章前配有"学习导航"的内容，使学生们明确本章的学习任务和知识脉络。

　　(4) 精选了每章习题，题型多样化，有客观题型，如选择题、填空题、判断题等，有主观题型，如简答题和计算题，并对计算题进行了精选。通过各种类型的习题练习，有助于学生对课堂所授理论知识进行消化、理解。

　　(5) 本书还配有辅助教材：《自动控制理论习题详解》《自动控制理论题库及详解》（王艳秋教授主编、清华大学出版社与北京交通大学出版社联合出版），读者可以从辅助教材中得到全部习题的详尽解答。

在经典控制理论中，主要介绍了线性控制系统的数学模型、时域法、根轨迹法、频域法及自动控制系统的校正等，而且还介绍了线性离散控制系统分析法及非线性控制系统分析法。

本书由王艳秋、金亚玲、郭锐、罗丹编写。全书共分为 8 章，第 1、2 章由郭锐编写，第 3、4 章由金亚玲编写，第 5 章由罗丹编写，前言及第 6~8 章由王艳秋编写。全书由王艳秋教授统稿。

本书在编写过程中参考了很多优秀教材和著作，在此向收录于参考文献中的各位作者表示真诚的谢意。

本书在编写过程中得到了北京理工大学出版社教材出版中心的大力协助，在此一并表示感谢。

由于编者经验不足，业务水平有限，书中难免有不当或错误之处，恳请有关专家和广大读者批评指正。

编　者

目　录

第1章　绪论 ··· 1
  1.1　引言 ·· 1
  1.2　开环控制系统和闭环控制系统 ·· 3
    1.2.1　开环控制系统 ··· 3
    1.2.2　闭环控制系统 ··· 4
  1.3　闭环控制系统的组成 ·· 5
  1.4　自动控制系统的类型 ·· 6
    1.4.1　线性控制系统和非线性控制系统 ································· 6
    1.4.2　连续控制系统和离散控制系统 ··································· 7
    1.4.3　恒值控制系统、随动控制系统和程序控制系统 ····················· 8
  1.5　自动控制系统举例 ·· 9

第2章　自动控制系统的数学模型 ··· 18
  2.1　系统微分方程的建立 ··· 19
  2.2　非线性微分方程的线性化 ··· 22
  2.3　传递函数 ·· 23
    2.3.1　传递函数的定义 ·· 23
    2.3.2　传递函数的性质 ·· 24
    2.3.3　典型环节及其传递函数 ·· 25
  2.4　动态结构图 ·· 31
    2.4.1　动态结构图的组成 ·· 31
    2.4.2　动态结构图的绘制 ·· 31
    2.4.3　动态结构图的等效变换 ·· 35
    2.4.4　闭环系统的传递函数 ·· 40
    2.4.5　动态结构图等效变换举例 ······································ 41
  2.5　信号流图 ·· 44
    2.5.1　信号流图的组成 ·· 44
    2.5.2　信号流图的绘制 ·· 45
    2.5.3　梅森公式 ·· 46

第3章 时域法 ... 55

3.1 典型输入函数和时域性能指标 ... 56
3.1.1 系统的稳定性 ... 56
3.1.2 自动控制系统的典型输入信号 ... 56
3.1.3 时域性能指标 ... 59

3.2 一阶系统的时域分析 ... 60
3.2.1 一阶系统的数学模型 ... 61
3.2.2 一阶系统的单位阶跃响应 ... 61

3.3 二阶系统的时域分析 ... 63
3.3.1 二阶系统的数学模型 ... 63
3.3.2 二阶系统的阶跃响应 ... 64
3.3.3 二阶欠阻尼系统的动态性能指标 ... 67
3.3.4 二阶系统特征参数与暂态性能指标之间的关系 ... 69
3.3.5 二阶系统工程最佳参数 ... 70
3.3.6 二阶系统计算举例 ... 71

3.4 高阶系统的时域分析 ... 74

3.5 控制系统的稳定性分析 ... 76
3.5.1 稳定性的基本概念 ... 76
3.5.2 稳定判据 ... 76

3.6 稳态误差 ... 82
3.6.1 稳态误差的定义 ... 82
3.6.2 自动控制系统的类型 ... 83
3.6.3 给定输入作用下稳态误差系数和稳态误差分析 ... 84
3.6.4 扰动输入作用下的稳态误差分析 ... 89
3.6.5 减小稳态误差的方法 ... 90

第4章 根轨迹法 ... 98

4.1 根轨迹的基本概念 ... 99
4.1.1 根轨迹的概念 ... 99
4.1.2 根轨迹方程 ... 101

4.2 绘制根轨迹的基本法则 ... 103
4.2.1 根轨迹的基本法则 ... 103
4.2.2 根轨迹的绘制与分析 ... 111

4.3 参数根轨迹的绘制 ... 117

4.4 零度根轨迹的绘制 ... 118

4.5 利用根轨迹分析系统性能 ... 122

第5章 频域法 ... 128

5.1 频率特性 ... 129

5.2 频率特性的表示方法 ………………………………………………………… 130
5.2.1 幅相频率特性的表示方法 ………………………………………………… 130
5.2.2 对数幅相频率特性的表示方法 ……………………………………………… 131
5.3 典型环节的频率特性 ………………………………………………………… 132
5.4 开环频率特性的绘制 ………………………………………………………… 145
5.4.1 开环幅相频率特性的绘制 …………………………………………………… 145
5.4.2 开环对数幅相频率特性的绘制 ……………………………………………… 149
5.5 用频率法分析控制系统的稳定性 ……………………………………………… 156
5.5.1 奈奎斯特稳定判据 …………………………………………………………… 156
5.5.2 系统的稳定裕度 ……………………………………………………………… 164
5.6 闭环系统频率特性 …………………………………………………………… 165
5.6.1 闭环频率特性曲线的绘制 …………………………………………………… 165
5.6.2 闭环系统等 M 圆、等 N 圆及尼科尔斯图 ……………………………… 165
5.7 系统暂态特性和闭环频率特性的关系 ………………………………………… 168
5.8 开环频率特性与系统阶跃响应的关系 ………………………………………… 170

第6章 自动控制系统的校正 …………………………………………………… 177
6.1 引言 …………………………………………………………………………… 177
6.1.1 控制系统的性能指标与校正的基本概念 …………………………………… 177
6.1.2 校正方式 ……………………………………………………………………… 179
6.1.3 基本校正规律 ………………………………………………………………… 180
6.1.4 校正方法 ……………………………………………………………………… 182
6.1.5 用频率法校正的特点 ………………………………………………………… 182
6.2 校正装置 ……………………………………………………………………… 183
6.2.1 超前校正装置 ………………………………………………………………… 184
6.2.2 滞后校正装置 ………………………………………………………………… 185
6.2.3 滞后—超前校正装置 ………………………………………………………… 187
6.2.4 期望的对数频率特性 ………………………………………………………… 190
6.3 串联校正 ……………………………………………………………………… 191
6.3.1 串联超前校正 ………………………………………………………………… 191
6.3.2 串联滞后校正 ………………………………………………………………… 193
6.3.3 串联滞后—超前校正 ………………………………………………………… 196
6.4 反馈校正 ……………………………………………………………………… 199
6.4.1 反馈校正的原理 ……………………………………………………………… 199
6.4.2 反馈校正的作用 ……………………………………………………………… 199
6.4.3 反馈校正装置的设计 ………………………………………………………… 202
6.5 复合校正 ……………………………………………………………………… 205
6.5.1 反馈与按输入前馈的复合控制 ……………………………………………… 205
6.5.2 反馈与按扰动前馈的复合控制 ……………………………………………… 206

第7章 采样控制系统分析 ... 212

7.1 线性离散控制系统的基本概念 ... 212
7.1.1 采样控制系统 ... 212
7.1.2 数字控制系统 ... 213

7.2 采样过程与采样定理 ... 214
7.2.1 采样过程 ... 214
7.2.2 采样信号的频谱 ... 215
7.2.3 采样定理 ... 216
7.2.4 信号的复现 ... 217

7.3 z 变换 ... 219
7.3.1 z 变换的定义 ... 219
7.3.2 z 变换的求法 ... 220
7.3.3 z 变换的性质 ... 223

7.4 z 反变换 ... 226

7.5 差分方程 ... 227
7.5.1 差分方程概述 ... 227
7.5.2 差分方程的解法 ... 227

7.6 脉冲传递函数 ... 228
7.6.1 脉冲传递函数的定义 ... 228
7.6.2 开环脉冲传递函数 ... 229
7.6.3 闭环脉冲传递函数 ... 231
7.6.4 应用 z 变换法分析系统的条件 ... 234

7.7 采样系统的性能分析 ... 234
7.7.1 采样系统的稳定性 ... 234
7.7.2 采样系统闭环极点与动态响应的关系 ... 238
7.7.3 采样系统的稳态误差 ... 240

7.8 最少拍采样控制系统的设计 ... 242

第8章 非线性控制系统分析 ... 253

8.1 概述 ... 253
8.1.1 非线性系统的特点 ... 253
8.1.2 非线性系统的研究方法 ... 254
8.1.3 典型非线性环节及其特性 ... 255

8.2 描述函数法 ... 257
8.2.1 描述函数的基本概念 ... 257
8.2.2 典型非线性特性的描述函数 ... 259
8.2.3 非线性系统的简化 ... 263

8.3 用描述函数法分析非线性系统 ... 265

8.3.1 稳定性判据 ·········· 265
8.3.2 自激振荡 ·········· 267
8.3.3 用描述函数法分析非线性系统 ·········· 267
8.4 相平面法 ·········· 272
8.4.1 相平面图 ·········· 272
8.4.2 相轨迹和相平面图的性质 ·········· 273
8.4.3 奇点的类型 ·········· 275
8.4.4 相平面图中的极限环 ·········· 276
8.4.5 由相平面图求时间响应 ·········· 277
8.5 相轨迹的绘制方法 ·········· 278
8.5.1 解析法 ·········· 278
8.5.2 图解法 ·········· 279
8.6 非线性系统的相平面图分析 ·········· 281
8.6.1 死区非线性系统 ·········· 281
8.6.2 继电器非线性特性 ·········· 283
8.7 非线性系统的校正 ·········· 284
8.7.1 对线性部分进行校正 ·········· 284
8.7.2 改变非线性特性 ·········· 285

参考文献 ·········· 290

第 1 章　绪　论

学习导航

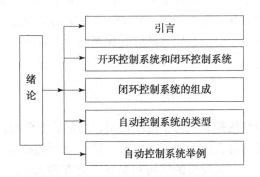

1.1　引　言

过去的 100 年是科学与技术发展的一个鼎盛时期，人类的许多期望和梦想被科学家由神话变成现实。其中，自动控制技术所取得的成就更是令世人瞩目。自动控制技术以控制理论为基础，以计算机为手段解决了一系列高科技难题，诸如宇宙航行（人造卫星能按预定的轨道运行并返回地面、宇宙飞船能准确地在月球着陆并重返地面）、机器人行走、导弹制导与防御、万米深海探测和火星表面探测等。自动控制技术在科学技术现代化的发展与创新过程中，正在发挥着越来越重要的作用。从冶金、电力、机械、化工、航天航空、核反应到经济管理、生物、医学、环境等，自动控制技术已经渗透到许多学科和社会生活领域。

自动控制技术的广泛应用，不但可以提高生产效率，减轻劳动强度，改善工作条件，节约能源等，而且在人类征服自然、探索新能源、发展空间技术和改善人民物质生活等方面都起着极为重要的作用。

自动控制理论是自动控制技术的基础，是一门理论性较强的学科，按自动控制理论发展的不同阶段，自动控制理论一般可分为经典控制理论、现代控制理论和智能控制理论三大部分。

经典控制理论起源于 20 世纪中叶，经过半个多世纪的发展，经典控制理论日臻成熟，该理论主要是以传递函数为基础，研究单输入单输出（SISO）系统的分析和设计问题。经典控制理论发展较早，在工程上，也比较成功地解决了诸如伺服系统自动控制的实践问题。

现代控制理论起源于20世纪60年代，是在经典控制理论的基础上，随着科学技术发展和工程实践的需要而迅速发展起来的。它无论在数学工具、理论基础，还是在研究方法上都不是经典控制理论的简单延伸和推广，而是认识上的一次飞跃。现代控制理论主要以状态空间法为基础，研究多输入、多输出、变参数、非线性、高精度、高效能等控制系统的分析和设计问题。最优控制、最佳滤波、系统识别、自适应控制、预测控制等理论都是这一领域研究的主要课题。特别是近年来由于计算机技术和现代应用数学研究的迅速发展，使现代控制理论又在研究庞大的系统工程的大系统理论和模仿人类智能活动的智能控制等方面有了重大发展。目前，现代控制理论正随着现代科学技术的发展日新月异地向前发展着。

智能控制是一门新兴的学科领域，目前虽未建立起一套完整的智能控制的理论体系，但是关于智能控制理论的研究日新月异，正在对人类社会产生深远的影响。

智能控制是控制理论发展的高级阶段。智能控制理论主要包括：模糊逻辑控制、神经网络控制及专家控制等。它主要用来解决那些用传统方法难以解决的复杂系统的控制问题。诸如智能机器人系统、计算机集成制造系统（CIMS）、复杂的工业过程控制系统、航天航空控制系统、社会经济管理系统、交通运输系统、环保及能源系统等。具体地说，智能控制的研究对象具有以下一些特点。

1. 不确定性的模型

传统的控制是基于模型的控制。对于传统控制，通常认为模型已知或者经过辨识可以得到，而智能控制的对象通常存在严重的不确定性。这里所说的模型不确定性包含两层意思：一是模型未知或知之甚少；二是模型的结构和参数可能在很大范围内变化。无论哪种情况，传统方法都难以对它们进行控制，而这些正是智能控制所要研究解决的问题。

2. 高度的非线性

在传统的控制理论中，线性系统理论比较成熟。对于具有高度非线性的控制对象，虽然也有一些非线性控制方法，但总的来说，非线性控制理论还很不成熟，而且方法比较复杂。采用智能控制的方法往往可以较好地解决非线性系统的控制问题。

3. 复杂的任务要求

在传统的控制理论中，控制任务或者要求输出量为定值，或者要求输出量跟随期望的运动轨迹一致，任务的要求比较单一。对于智能控制系统，任务的要求往往比较复杂。例如，在智能机器人系统中，它要求系统对一个复杂的任务具有自行规划和决策的能力，有自动躲避障碍运动到期望目标的能力。

总体来说，传统控制方法的应用在很大程度上依赖于已知的系统数学模型，而且这些数学模型往往有许多严格的限制，在实际应用中存在难以逾越的障碍。智能控制则通过引入人工智能、专家系统、模糊数学、神经网络、模式识别等一些新的理论与学科，为复杂的控制问题得以解决提供了新的途径，从而为传统的控制技术带来了生机，摆脱了常规数学模型的窘境，突破了现有控制理论的局限，所以说智能控制是控制理论发展的一个新阶段。

经典控制理论、现代控制理论和智能控制理论是自动控制理论发展的三个阶段，但它们又是相互联系、相互促进的。现代控制理论和智能控制理论不能看成是经典控制理论简单的延伸和推广，所采用的数学工具、理论基础、研究方法、研究对象等方面都有明显不同，可以说是质的飞跃。但是，这并不意味着这三种方法原理截然分离，在解决实际工程问题的过程中，许多用经典控制理论能够解决的问题，同样可以用现代控制理论和智能控制理论的方法来实现，反之亦然。尽管现代控制理论从方法上看更加完备或结果更加理想，但是，经典控制理论简捷实效的分析方法和控制方式，往往是现代控制理论难以实现的。也就是说，它们又有很强的互补性。现代科学技术的发展和生产技术的提高，为经典控制理论、现代控制理论和智能控制理论的发展和应用提供了广阔的前景。

1.2 开环控制系统和闭环控制系统

自动控制系统按其结构可分为开环控制系统和闭环控制系统。

1.2.1 开环控制系统

开环控制系统是一种最简单的控制方式，其特点是：在控制器与被控对象之间只有正向控制作用而没有反馈控制作用，即只有输入量对输出量产生控制作用，输出量对输入量没有作用，因此它不具备抗干扰能力。在开环控制系统中，对于每一个参考输入量，就有一个与之相对应的工作状态和输出量。系统的精度取决于元器件的精度和系统的性能，当系统的内扰和外扰影响不大，要求不高时，可采用开环控制方式。

图 1-1 是一个电加热的温度控制系统，图 1-2 示出了该系统的结构图。

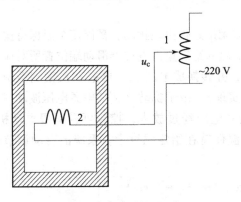

图 1-1 温度控制系统
1—自耦变压器；2—加热炉

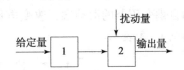

图 1-2 开环控制系统结构图
1—控制器（自耦变压器）；
2—被控对象（加热炉）

该系统由自耦变压器和加热炉两部分组成。控制器是自耦变压器，给定量（输入量）是自耦变压器的输出电压；被控对象是加热炉，被控制量（输出量）是加热炉的温度。其工作原理是：通过调整自耦变压器滑动端的位置，调节电加热炉的给定值，确定加热炉的温度，并使其恒定不变。因为被控制的对象是加热炉，被控制的量是加热炉的温度，所以该系统被称为温度控制系统。

开环控制的主要优点是结构简单，调试容易。但是当工作环境和系统本身的元器件性能参数发生变化时，输入量可能偏离理想输入，输出量（温度）就会改变，实现不了保持温度恒定的目的,即抗干扰能力差,所以开环控制对环境和元件的要求比较严格。

1.2.2 闭环控制系统

凡是系统的输出端与输入端之间存在反馈回路,即输出量对输入量产生控制作用的系统叫作闭环系统。

图1-3是一个炉温闭环控制系统,图1-4示出了该系统的结构图。

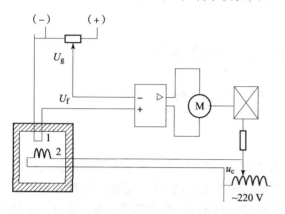

图1-3 炉温闭环控制系统
1—热电偶;2—加热器

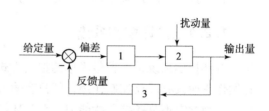

图1-4 闭环控制系统结构图
1—控制器;2—控制对象;3—检测装置

该系统由自耦变压器、加热炉和检测装置三部分组成。与开环控制系统相比,闭环控制系统多了一个测温电路。

这个系统比开环控制系统多了一个功能,即无论是否出现扰动,都能使炉温保持恒定。

系统是怎样实现这个功能的呢?在这里,炉温的给定量由电位器滑动端位置所对应的电压值 U_g 给出,炉温的实际值由热电偶检测出来,并转换成电压 U_f,再把 U_f 反馈到系统的输入端与给定电压 U_g 相比较(通过二者极性反接实现)。由于扰动(例如电源电压波动或加热物体多少等)影响,炉温偏离了给定值,其偏差电压经过放大,控制可逆伺服电动机 M,带动自耦变压器的滑动端,改变电压 u_c,使炉温保持在给定温度上。系统的自动调节过程可用图1-5表示。

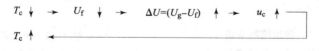

图1-5 温度闭环控制的自动调节过程

在工业生产中,按照偏差控制的闭环系统种类繁多,尽管它们完成的控制任务不同,具体结构可能不一样,但是从检测偏差、利用偏差信号对被控对象进行控制,以减小或纠正输出量的偏差这一控制过程却是相同的。通过这种反馈控制,可以使控制系统的性能得到显著的改善。

现在我们把开环控制系统与闭环控制系统的特点归纳如下。

(1) 无论是开环控制系统还是闭环控制系统,输入量和输出量都存在一一对应关系。

(2) 在开环控制系统中,只有输入量对输出量产生控制作用,输出量不参与系统的控制,因而开环系统没有抗干扰能力;在闭环控制系统中,除输入量对输出量产生控制作用外，输出量也参与系统控制，因而闭环控制系统具有较强的抗干扰能力。

（3）为了检测偏差，必须直接或间接地检测出输出量，并将其变换为与输入量相同的物理量，以便与给定量相比较，得出偏差信号。所以闭环系统必须有检测环节、给定环节和比较环节。而开环系统则没有检测环节和比较环节。

（4）闭环控制系统是利用偏差量作为控制信号来纠正偏差的，因此系统中必须具有执行纠正偏差这一任务的执行机构。闭环控制系统正是靠放大了的偏差信号来推动执行机构，进一步对控制对象进行控制。只要输出量与给定量之间存在偏差，就有控制作用存在，力图纠正这一偏差。由于闭环控制系统利用偏差信号作为控制信号。自动纠正输出量与期望值之间的误差，因此可以构成精确的控制系统。

闭环控制系统广泛地应用于各工业部门，例如加热炉和锅炉的温度控制、轧钢厂主传动和辅助传动的速度控制、位置控制等。

闭环控制系统是本书研究的重点。

1.3 闭环控制系统的组成

控制系统种类很多，应用的范围也很广泛，它们的结构、性能和完成的任务也各不一样，但是概括起来，一般由以下基本环节组成：给定环节、比较环节、校正环节、放大环节、执行机构、被控对象和检测装置。

1. 被控对象（也称调节对象）

指要进行控制的设备或过程，如温度控制系统的电加热器、速度控制系统的电动机等。相应地，控制系统所控制的某个物理量，就是系统的被控制量或输出量，如加热器的温度和电动机的转速等。闭环控制系统的任务就是控制这些系统输出量，以满足生产工艺的要求。

2. 执行机构

一般由传动装置和调节机构组成。执行机构直接作用于被控对象，使被控制量达到所要求的数值。

3. 检测装置或传感器

该装置用来检测被控制量，并将其转换为与给定量相同的物理量。如温度控制系统中的热电偶、速度控制系统中的测速发电机等，检测装置的精度和特性直接影响控制系统的控制品质，它是构成自动控制系统的关键性元件，所以一般要求检测装置的测量精度高，反应灵敏，性能稳定等。

4. 给定环节

指设定被控制量的给定值的装置，如电位器等。给定环节的精度对被控制量的控制精度有较大的影响，在控制精度要求高时，常采用数字给定装置。

5. 比较环节

比较环节将所检测到的被控制量与给定量进行比较，确定两者之间的偏差量。该偏差量由于功率较小或者由于物理性质不同,还不能直接作用于执行机构,所以在执行机构和比较环节之间还有中间环节。

6. 中间环节

中间环节一般是放大元件,将偏差信号变换成适于控制执行机构工作的信号。根据控制的要求,中间环节可以是一个简单的环节,如放大器;或者是将偏差信号变换为适于执行机构工作的物理量,如功率放大器。除此之外,还希望中间环节能够按某种规律对偏差信号进行运算,用运算的结果控制执行机构,以改善被控制量的稳态和暂态性能,这种中间环节常称为校正环节。

在控制系统中,常把比较环节、放大环节、校正环节合在一起称为控制器。

图 1-6 示出了一个典型的闭环控制系统的方框图,它说明了上述各环节和元件在系统中的位置和相互间的联系。

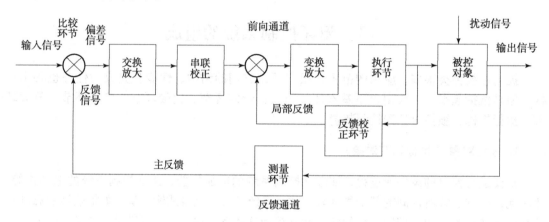

图 1-6　闭环控制系统方框图

1.4　自动控制系统的类型

自动控制系统的类型有很多,分类方法也多种多样,例如,按照输入量的变化规律可将系统分为恒值系统和随动系统;按照系统传输信号与时间的关系可将系统分为连续系统和离散系统;按照系统的输出量和输入量之间的关系可将系统分为线性系统和非线性系统;按照系统参数对时间的变化情况可将系统分为定常系统和时变系统;按照系统的结构和参数是否确定可将系统分为确定系统和不确定系统等。根据不同的分类方法,自动控制系统的类型可以概括如下。

1.4.1　线性控制系统和非线性控制系统

按照系统的输出量和输入量之间的关系可将系统分为线性控制系统和非线性控制系统。

1. 线性控制系统

线性控制系统是由线性元件组成的系统,该系统的运动方程式可以用线性微分方程描述。线性微分方程的各项系数为常数时,称为线性定常系统。

线性控制系统的主要特点是具有叠加性和齐次性。叠加性和齐次性是鉴别系统是否为线性系统的依据。

2. 非线性控制系统

在组成系统的元器件中,只要有一个元器件的性能不能用线性方程描述,即为非线性系统。描述非线性系统的常微分方程中,输出量及其各阶导数不都是一次的,或者有的输出量导数项的系数是输入量的函数。非线性常微分方程没有一种完整、成熟、统一的解法,不能应用叠加原理。在自动控制系统中,典型的非线性环节有继电器非线性特性(如图1-7(a)所示)、饱和非线性特性(如图1-7(b)所示)和不灵敏区非线性特性(如图1-7(c)所示)等。

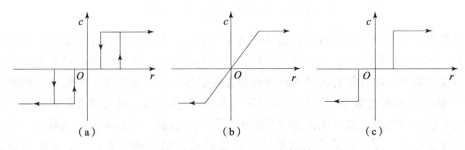

图1-7 典型非线性环节特性
(a)继电器特性;(b)饱和特性;(c)不灵敏区特性

应当指出的是,任何物理系统的特性,精确地说都是非线性的,但是在误差允许范围内,可以将非线性特性线性化,近似地用线性微分方程来描述,这样就可以按照线性系统来处理。

非线性系统的暂态特性与其初始条件有关。从这一点来看,它与线性系统有很大的区别。例如,当偏差的初始值很小时,系统的暂态过程为稳定的;而当偏差量的初始值较大时,则可能变为不稳定。而线性系统的暂态过程则与初始条件无关。

1.4.2 连续控制系统和离散控制系统

按照系统传输信号与时间的关系可将系统分为连续控制系统和离散控制系统。

1. 连续控制系统

指系统中各部分的传输信号都是时间 t 的连续函数。目前大多数闭环控制系统都是这种形式的,描述连续控制系统的动态方程是微分方程。

2. 离散控制系统

如果控制系统在信号传输过程中存在着间歇采样、脉冲序列等离散信号,则称为离散控制系统。描述离散控制系统的动态方程是差分方程。

离散系统的主要特点是:在系统中使用脉冲采样开关,将连续信号转变为离散信号。通常对于离散信号取脉冲形式的系统,称为脉冲控制系统;而对于采用数字计算机或数字控制器，其离散信号以数码形式传递的系统，称为采样数字控制系统。由于20世纪末期计算机产业的迅猛发展，采样数字控制系统的应用越来越广泛而深入，并且大有取代模拟系统的趋势。

图1-8为脉冲控制系统结构图。当连续信号 $r(t)$ 加于输入端时，采样开关对偏差信号 $e(t)$ 进行采样，采样开关的输出是偏差的脉冲序列 $e^*(t)$。用这一偏差信号序列 $e^*(t)$ 经过数据保持器对控制对象进行控制。

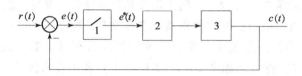

图1-8 脉冲控制系统结构图
1—采样开关；2—数据保持器；3—控制对象

采样数字控制系统中包括数字控制器或数字计算机，因此在系统中就必须有相应的信号转换装置。图1-9所示为典型的采样数字控制系统结构图。由于被控制对象的输入量和输出量都是模拟信号，而计算机的输入量和输出量是数字信号，所以要有将模拟量转换为数字量的 A/D 转换装置和把数字量转换为模拟量的 D/A 转换装置。研究离散控制系统的方法和研究连续系统的方法相类似。如在连续系统中，以微分方程来描述系统运动状态，并用拉氏变换求解微分方程，而离散系统则以差分方程描述系统的运动状态，用 z 变换求解差分方程；在连续系统中用传递函数和频率特性分析系统的暂态特性，而在离散系统中，则用脉冲传递函数和频率特性分析系统的暂态特性。

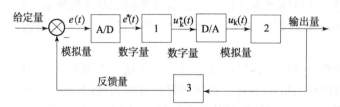

图1-9 典型的采样数字控制系统结构图
1—计算机；2—控制对象；3—检测装置

1.4.3 恒值控制系统、随动控制系统和程序控制系统

在生产中应用最多的闭环自动控制系统，往往要求被控制量保持在恒定的数值上。但也有的系统要求输出量按一定规律变化。因此，按照输入量的变化规律可将系统分成以下3种类型。

1. 恒值控制系统

恒值控制系统的给定量是恒定不变的，系统的输出量也应是恒定不变的。如恒速、恒温、恒压等自动控制系统。

2. 随动控制系统

随动控制系统的给定量按照事先设定的规律或事先未知的规律变化，要求输出量能够迅速准确地跟随给定量变化。所以也可以叫作同步随动系统。

3. 程序控制系统

程序控制系统的输入信号可以是时间的函数、空间的函数，也可以是几何图形或者按照某种规律编制的程序等。这些函数、几何图形或者程序等由计算机输出后作用于自动控制系统的给定输入端，输出量便随变化的输入设定值而动作。程序控制系统的输入量可以是常量，也可以是变化的量。是常量的有恒值系统的特征，是变量的有随动系统的特征。按照系统参数是否随时间变化可将系统分为定常控制系统和时变控制系统。

1）定常控制系统

系统参数不随时间变化的系统称为定常控制系统。定常控制系统的微分方程或差分方程的系数是常数。线性定常系统称为线性定常控制系统。

2）时变控制系统

系统参数随时间变化的系统称为时变控制系统。时变控制系统的微分方程或差分方程系数是时间的函数。

这几种系统都可以是连续的或离散的，线性的或非线性的，单变量的或多变量的。本书着重以恒值系统和随动系统为例来阐明自动控制系统的基本原理。

1.5 自动控制系统举例

（一）函数记录仪

函数记录仪是一种通用的自动记录仪，记录笔能按要求在记录纸上描绘出与输入信号成正比的图形或者描绘出一个电量对时间的函数关系。

函数记录仪通常由衰减器、测量元件、放大元件、伺服电动机、测速发电机、齿轮系及绳轮等组成，采用负反馈控制原理工作，其原理示意图如图 1-10 所示。系统的输入是待记

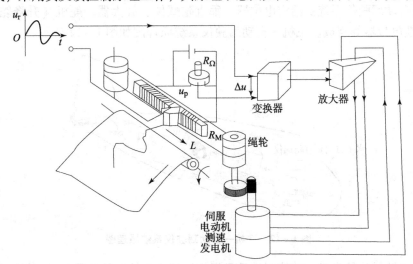

图 1-10 函数记录仪原理示意图

录电压；被控对象是记录笔；被控制量是笔的位移；系统的任务是控制记录笔位移，在记录纸上描绘出待记录的电压曲线。

在图 1-10 中，测量元件是由电位器 R_Ω 和 R_M 组成的桥式测量电路，记录笔固定在电位器 R_M 的滑壁上，因此测量电路的输出电压 u_p，与记录笔位移成正比，当有缓慢变化的输入电压 u_r 时，在放大元件输入端便得到偏差电压 $\Delta u = u_r - u_p$，经放大后驱动伺服电动机，并通过齿轮系及绳轮带动记录笔移动，同时使偏差电压减小。当偏差电压为零时，电动机停止转动，记录笔也静止不动。此时 $u_r = u_p$，表明记录笔位移与输入电压相对应。如果输入电压随时间连续变化，记录笔便描绘出随时间连续变化的相应曲线。函数记录仪方框图如图 1-11 所示。

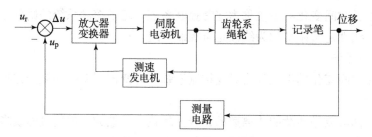

图 1-11 函数记录仪方框图

（二）飞机—自动驾驶仪系统

飞机自动驾驶仪是一种能保持或改变飞机飞行状态的自动装置。它可以稳定飞行姿态、高度和航迹；可以操纵飞机爬高、下滑和转弯。飞机与自动驾驶仪组成的自动控制系统称为飞机—自动驾驶仪系统。

如同飞行员操纵飞机一样，飞机自动驾驶仪是通过控制飞机的三个操纵面（升降舵、方向舵、副翼）的偏转，改变舵面的空气动力特性，以形成围绕飞机重心的旋转力矩，从而改变飞机的飞行姿态和轨迹。

现以比例式自动驾驶仪稳定飞机俯仰角为例说明飞机—自动驾驶仪系统工作原理。

飞机—自动驾驶仪系统由给定电位器、垂直陀螺仪、放大器、舵机（升降舵、方向舵、副翼）、反馈电位器等组成。飞机—自动驾驶仪系统原理图如图 1-12 所示。

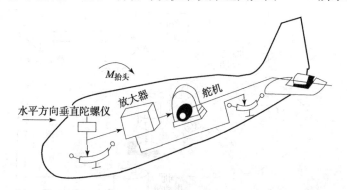

图 1-12 飞机—自动驾驶仪系统原理图

系统的被控对象是飞机；被控制量是飞机的俯仰角；控制任务是在任何扰动作用下，保持飞机俯仰角不变。

图中垂直陀螺仪作为测量元件用以测量飞机的俯仰角。当飞机按给定俯仰角水平飞行时，陀螺仪电位器没有电压输出。如果飞机受到扰动，使俯仰角向下偏离给定值时，陀螺仪电位器便输出与俯仰角成正比的信号，经放大器放大后驱动舵机，一方面推动升降舵面向上偏转，产生使飞机抬头的力矩，减小俯仰角偏差；与此同时，带动反馈电位器电刷，产生与舵面偏转角成正比的信号并反馈到输入端。随着俯仰角偏差的减小，陀螺仪电位器输出信号越来越小，舵面也回到原来状态。

飞机—自动驾驶仪稳定俯仰角控制系统原理方框图如图 1 – 13 所示。

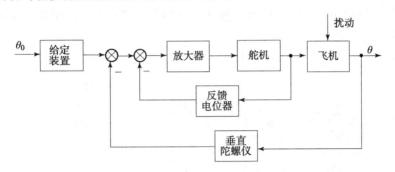

图 1 – 13　飞机—自动驾驶仪稳定俯仰角控制系统原理方框图

（三）锅炉液位控制系统

锅炉是电厂和化工厂里常见的生产蒸汽的设备。为了保证锅炉正常运行，需要维持锅炉液位为正常标准值。锅炉液位过低，易发生烧干锅的严重事故；锅炉液位过高，则使蒸汽带水并有热水溢出的危险。因此必须严格控制锅炉液位的高低，以确保锅炉正常、安全运行。常见的锅炉液位控制系统示意图如图 1 – 14 所示。

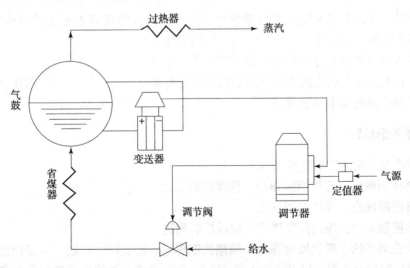

图 1 – 14　锅炉液位控制系统示意图

锅炉液位控制系统由定值器、调节器、调节阀、变送器、省煤器、过热器和气鼓等组成。

系统的被控对象是锅炉；被控制量是锅炉液位；液位检测装置是差压变送器，用来测量锅炉液位；锅炉液位控制系统的控制器是调节器，调节器的任务是消除因扰动引起的锅炉液位变化。

当蒸汽的耗气量与锅炉进水量相等时，液位保持为正常标准值。当锅炉的给水量不变，而蒸汽负荷突然增加或减少时，液位就会下降或上升；或者当蒸汽负荷不变，而给水管道水压发生变化时，也可以引起锅炉液位变化。不论出现哪种情况，只要实际液位高度与正常给定液位之间出现了偏差，调节器将测量液位与给定液位进行比较，得出偏差值，然后根据偏差情况按一定的控制规律（如比例（P）控制、比例—积分（PI）控制、比例—积分—微分（PID）控制等）发出相应的输出信号去推动调节阀开大或开小，从而调节锅炉进水量，以保持锅炉液位在标准值上。

图 1 – 15 是锅炉液位控制系统方框图。

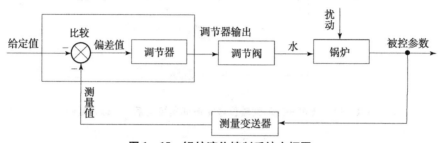

图 1 – 15　锅炉液位控制系统方框图

习　题

1.1　填空题

1. 随动控制系统是指系统的给定量按照事先设定的规律或事先未知的规律变化，要求输出量能够迅速准确地跟随（　　　　　）的变化。
2. 定常控制系统的微分方程或差分方程的系数是（　　　　　）。
3. 连续控制系统是指系统中各部分的传输信号都是（　　　　　）的连续函数。
4. 对控制系统的基本要求有（　　　　　）。

1.2　单项选择题

1. 自动控制理论的发展进程是（　　）。
A. 经典控制理论、现代控制理论、智能控制理论
B. 经典控制理论、现代控制理论
C. 经典控制理论、现代控制理论、模糊控制理论
D. 经典控制理论、现代控制理论、模糊控制理论、神经网络控制、专家控制系统
2. 经典控制理论主要是以（　　）为基础，研究单输入单输出系统的分析和设计问题。
A. 传递函数　　　　B. 微分方程　　　　C. 状态方程　　　　D. 差分方程
3. 现代控制理论主要以状态空间法为基础，研究（　　）控制系统的分析和设计问题。
A. 单输入单输出多输入　　　　　　　　B. 非线性
C. 多输出、变参数、非线性、高精度　　D. 以上都对

4. 智能控制理论主要包括（　　）等。

A. 模糊控制　　　　　　　　　　　B. 神经网络控制

C. 模糊控制、神经网络控制、专家控制　　D. 专家系统

5. 智能控制理论研究的对象具有（　　）。

A. 不能用精确的数学模型描述

B. 模型的不确定性、高度的非线性、复杂的任务要求

C. 不能用状态方程描述

D. 不能用微分方程描述

6. 扰动量也称干扰量，是引起（　　）偏离预定运行规律的量。

A. 被控对象　　　B. 被控量　　　C. 控制系统　　　D. 控制系统的输出

7. 反馈量指被控量直接或经测量元件变换后送入（　　）的量。

A. 放大器的输入端　　　　　　　B. 调节器的输入端

C. 比较器　　　　　　　　　　　D. A、B、C 都对

8. 自动控制是指在没有输入直接参与的情况下，利用（　　），使被控对象的被控制量自动地按预定规律变化。

A. 检测装置　　　B. 控制装置　　　C. 调节装置　　　D. 放大装置

9. 在开环控制系统中，只有输入量对输出量产生作用，输出量不参与系统的控制，因此开环控制系统没有（　　）。

A. 对扰动量的调节能力　　　　　B. 对输出量的控制能力

C. 抗干扰作用　　　　　　　　　D. A、B、C 都对

10. 在组成系统的元器件中，只要有一个元器件不能用线性方程描述，该控制系统即为（　　）控制系统。

A. 不稳定　　　B. 非线性　　　C. 复杂　　　D. A、B、C 都对

1.3　回答问题

1. 图 1-16 为一直流发电机电压自动控制系统示意图，1 为发电机，2 为减速器，3 为执行电动机，4 为比例放大器，5 为可调电阻器。试回答：

（1）该系统由哪些元件组成，各起什么作用？

（2）绘出系统的框图，说明当负载电流变化时，系统如何保持发电机的电压恒定。

（3）该系统是有差系统还是无差系统？

（4）系统中有哪些可能的扰动？

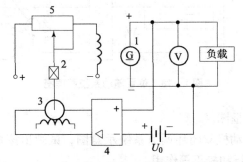

图 1-16　直流发电机电压自动控制系统示意图

2. 水箱液面高度控制系统的三种控制方案如图1-17所示。在运行中，希望液面高度 H 维持不变。

（1）试说明各系统的工作原理。

（2）画出各系统方框图，并指出被控对象、被控量、给定值、干扰量。

（3）试说明各系统属于哪种控制方式。

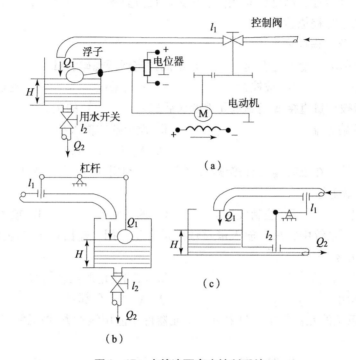

题1-17 水箱液面高度控制系统

3. 图1-18为位置随动系统原理图，输入量为转角 θ_r，输出量为转角 θ_c。

（1）说明系统由哪几部分组成，各起什么作用？

（2）说明当 θ_r 变化时，θ_c 的跟随过程。

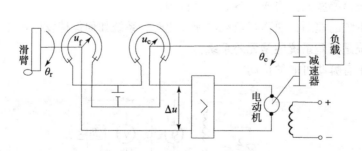

图1-18 位置随动系统原理图

（3）画出系统原理方框图。

4. 图1-19为直流电动机双闭环调速系统示意图，试画出该系统的方框图，并分析哪些元件起测量、比较、执行和校正等作用。

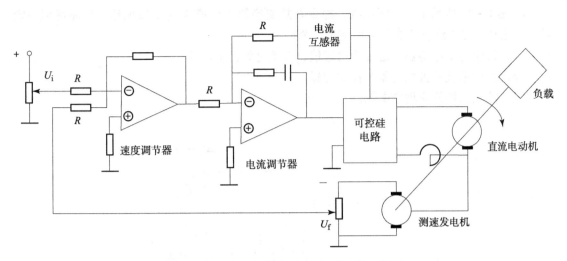

图 1-19 直流电动机双闭环调速系统示意图

5. 图 1-20 是一个角位置随动系统原理示意图。系统的任务是控制工作机械角位置 θ_c，随时跟踪手柄转角 θ_r。试分析其工作原理，并画出系统结构图。

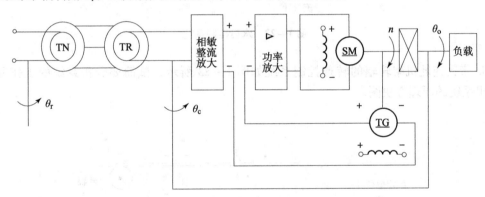

图 1-20 角位置随动系统原理示意图

6. 图 1-21 是仓库大门自动控制系统原理示意图，试说明自动控制大门开关的工作原理并画出系统原理方框图。

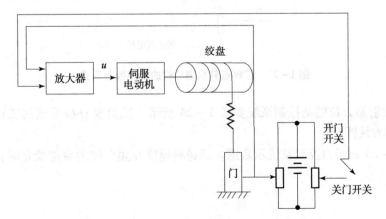

图 1-21 仓库大门自动控制系统原理示意图

7. 图 1-22 所示水温控制系统，冷水在热交换器中由通入的蒸汽加热，从而得到一定温度的热水。冷水流量的变化可用流量计测得。

（1）说明为了保持热水温度为给定值，系统是如何工作的。
（2）指出系统的被控对象及控制装置。
（3）绘制系统的原理方框图。

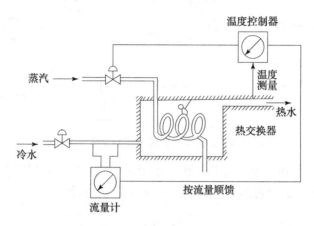

图 1-22　水温控制系统

8. 带钢连轧机架轧辊的转速控制系统如图 1-23 所示，试简要分析系统的工作原理，并画出系统的原理方块图。

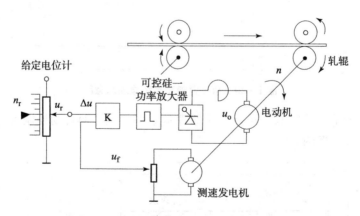

图 1-23　带钢连轧机架轧辊的转速控制系统

9. 导弹发射架方位随动控制系统如图 1-24 所示，试简要分析系统的工作原理，并画出系统的原理方块图。

10. 图 1-25 是张力控制系统示意图。当送料速度在短时间内突然变化时，试说明系统的控制作用。

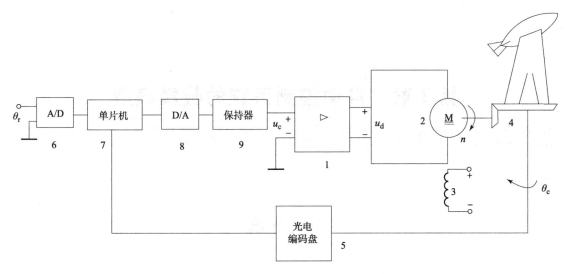

图 1-24　导弹发射架方位随动控制系统

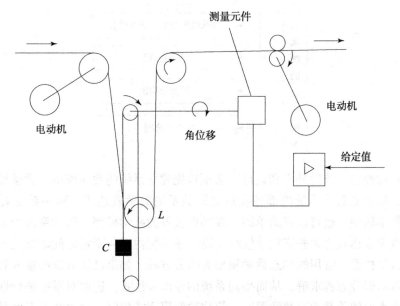

图 1-25　张力控制系统示意图

第 2 章 自动控制系统的数学模型

学习导航

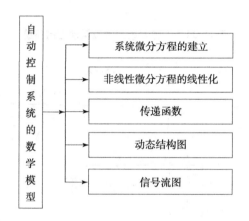

要完成自动控制系统的分析和设计，必须首先建立系统的数学模型。数学模型即描述系统输入变量、输出变量及系统内部各变量之间关系的数学表达式。同一系统既可以有完整的、复杂的数学模型，也可以有简单的、准确性较差的数学模型。描述系统内部各变量之间静态关系的数学表达式称为静态数学模型；而描述系统内部各变量之间动态关系的数学表达式称为动态数学模型。常用的动态数学模型为微分方程。如果已知系统的输入和各变量的初始条件，可以对微分方程求解，从而得到系统的输出表达式，进而对系统进行性能分析。在控制理论中通常遇到的是动态数学模型，简称数学模型或模型。建立数学模型是研究控制系统最重要的工作之一。

控制系统的数学模型通常有输入输出描述和状态空间描述。在经典控制理论中，常用输入输出描述，如表示系统输入输出关系的微分方程或传递函数即属此类，所以输入输出描述也称外部描述。在现代控制理论中常用状态空间描述，它属于系统的内部描述，因为它不仅描述系统输入输出之间的关系，更主要的是揭示系统内部状态变量的运动规律。

建立系统数学模型的方法有解析法和辨识法两种。所谓解析法就是根据系统内部各个变量所服从的定理或定律，列写相应的微分方程。例如，电学中的基尔霍夫电流定律和基尔霍夫电压定律、力学中的牛顿定律、热力学中的热力学定律等。辨识法则是对系统施加一定形式的输入信号，记录其输出响应，经过数据处理而辨识出系统的数学模型。本章主要研究解析法建立系统数学模型的方法。

在自动控制系统中，用来描述系统数学模型的形式有很多。时域中常用的有微分方程、差分方程、状态方程；复数域中常用的有传递函数、结构图和信号流图等。本章主要讲解微分方程、传递函数、结构图和信号流图这几种数学模型，其余几种数学模型将在以后几个章节中讲述。

2.1 系统微分方程的建立

要建立系统的微分方程，首先必须了解整个系统的组成和工作原理，然后根据系统内部各个组成部分之间所服从的定理或定律列写微分方程。建立系统微分方程的一般步骤如下。

（1）确定系统输入变量与输出变量。

（2）将系统分成若干个环节，列写各个环节的微分方程。

（3）消去中间变量，并整理得到描述系统输出变量与输入变量之间的微分方程。

（4）将微分方程化成标准形（即将与输入量有关的各项放在等号的右边，而与输出有关的各项放在等号的左边，各导数项按降阶排列）。

下面举例说明建立系统或元件微分方程的方法。

【例 2-1】建立如图 2-1 所示的 RC 网络的微分方程。

解：（1）确定网络的输入量和输出量。

由图可知，当电压 u_r 变化时，电路中的电流将会变化，同时 u_c 也随着变化。所以选择 u_r 为输入量，u_c 为输出量。

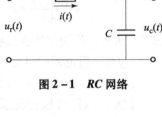

图 2-1 RC 网络

（2）根据电路理论，列写如下微分方程：

$$\begin{cases} u_r(t) = Ri(t) + u_c(t) \\ i(t) = C\dfrac{du_c(t)}{dt} \end{cases} \quad (2-1)$$

（3）消去中间变量 $i(t)$ 得输入变量与输出变量之间的微分方程为

$$RC\frac{du_c(t)}{dt} + u_c(t) = u_r(t) \quad (2-2)$$

令 $RC = T$，则上式又可写成如下形式

$$T\frac{du_c(t)}{dt} + u_c(t) = u_r(t) \quad (2-3)$$

从式（2-3）可以看出，RC 网络的数学模型是一阶线性定常微分方程。

【例 2-2】建立如图 2-2 所示的 RLC 网络的微分方程。

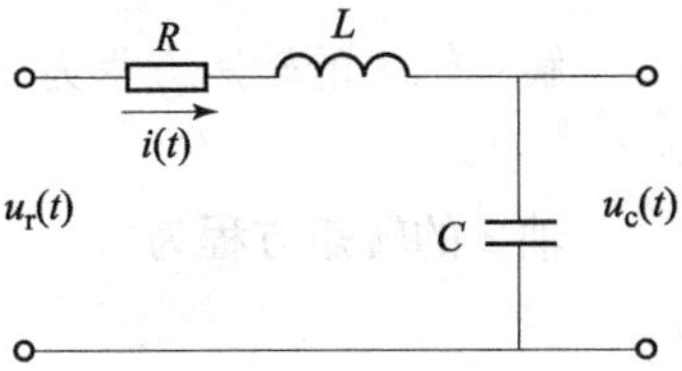

解：（1）确定输入变量和输出变量。取 u_r 为输入量，u_c 为输出量。

图 2-2 RLC 网络

（2）根据电路理论，列写如下微分方程：

$$\begin{cases} u_r(t) = Ri(t) + L\dfrac{di(t)}{dt} + u_c(t) \\ i(t) = C\dfrac{du_c(t)}{dt} \end{cases} \quad (2-4)$$

(3) 消去中间变量 $i(t)$ 得输入变量与输出变量之间的微分方程为

$$LC\frac{d^2u_c(t)}{dt^2} + RC\frac{du_c(t)}{dt} + u_c(t) = u_r(t) \qquad (2-5)$$

令 $LC = T^2$，$RC = 2\xi T$，则式（2-5）又可写成如下形式：

$$T^2\frac{d^2u_c(t)}{dt^2} + 2\xi T\frac{du_c(t)}{dt} + u_c(t) = u_r(t) \qquad (2-6)$$

从式（2-6）可以看出，RLC 网络的数学模型是二阶线性定常微分方程。

【例 2-3】机械位移系统。设具有弹簧、质量、阻尼器的机械位移系统如图 2-3 所示，$F(t)$ 为外作用力，$y(t)$ 为质量 m 的位移，建立系统的微分方程。

解：(1) 由于系统在外力 $F(t)$ 的作用下，将产生位移 $y(t)$，所以选择 $F(t)$ 为输入变量，$y(t)$ 为输出变量。

(2) 由牛顿第二定律，列写如下微分方程：

$$F(t) - Ky(t) - f\dot{y}(t) = m\ddot{y}(t) \qquad (2-7)$$

即

$$m\frac{d^2y(t)}{dt^2} + f\frac{dy(t)}{dt} + Ky(t) = F(t) \qquad (2-8)$$

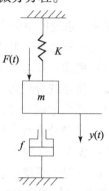

图 2-3 机械位移系统

式中　K——弹簧的弹性系数；

　　　f——阻尼器的阻尼系数。

从式（2-8）可以看出，该机械位移系统的数学模型也是二阶线性定常微分方程。

【例 2-4】机械传动系统。设某机械传动系统如图 2-4 所示，z_1、z_2 为齿轮的齿数，J_1、J_2 为齿轮与轴的转动惯量，θ_1、θ_2 为各齿轮轴的角位移，f_1、f_2 为齿轮轴的黏性摩擦系数，M 为电动机输出转矩。试建立以 M 为输入、以 θ_1 为输出的微分方程。

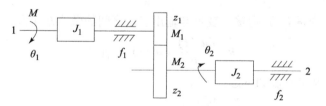

图 2-4 机械传动系统

解：轴 1 的转矩方程为

$$J_1\ddot{\theta}_1 + f_1\dot{\theta}_1 + M_1 = M \qquad (2-9)$$

轴 2 的转矩方程为

$$J_2\ddot{\theta}_2 + f_2\dot{\theta}_2 = M_2 \qquad (2-10)$$

其中，M_1 为齿轮 1 承受的阻转矩，M_2 为齿轮 2 的传动转矩。根据齿轮 1 和齿轮 2 做功相等，有

$$M_1\dot{\theta}_1 = M_2\dot{\theta}_2$$

$$M_1 = \frac{\dot{\theta}_2}{\dot{\theta}_1}M_2 = NM_2 \qquad (2-11)$$

其中

$$N = \frac{z_1}{z_2} = \frac{\dot{\theta}_2}{\dot{\theta}_1} \quad (2-12)$$

为齿轮的传动比。将式（2-10）和式（2-11）代入式（2-9）中，得输入与输出之间的微分方程为

$$(J_1 + N^2 J_2)\ddot{\theta}_1 + (f + N^2 f_2)\dot{\theta}_1 = M \quad (2-13)$$

【例2-5】他励直流电动机。电枢控制的他励直流电动机如图2-5所示，建立以电枢电压 u_a 为输入，以角位移 θ_m 为输出的微分方程。

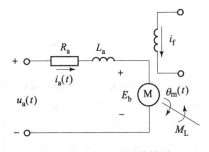

图2-5 电枢控制的他励直流电动机

解：电枢回路的电压平衡方程为

$$R_a i_a(t) + L_a \frac{di_a}{dt} + E_b = u_a(t)$$

$$E_b = K_b \frac{d\theta_m(t)}{dt} \quad (2-14)$$

式中 E_b——电动机的反电动势，V；

R_a——电枢电阻，Ω；

L_a——电枢电感，H；

$i_a(t)$——电枢电流，A；

K_b——反电动势系数，V/(rad/s)。

直流电动机的转矩平衡方程为

$$J\ddot{\theta}_m(t) + f\dot{\theta}_m(t) + M_L = M \quad (2-15)$$

式中 M——电磁转矩，$M = C_m i_a(t)$，其中 C_m 为电动机转矩系数，N·m/A；

J——电枢转动惯量，N·m·S；

f——电动机轴上的黏性摩擦系数，N·m/(rad/s)；

M_L——负载转矩，N·m。

将式（2-15）代入式（2-14），得

$$\frac{L_a J}{C_m}\dddot{\theta}_m(t) + \left(\frac{R_a J}{C_m} + \frac{L_a f}{C_m}\right)\ddot{\theta}_m(t) + \left(K_b + \frac{R_a f}{C_m}\right)\dot{\theta}_m(t) + \frac{R_a}{C_m}M_L + \frac{L_a}{C_m}M_L = u_a \quad (2-16)$$

当 L_a 较小时可以忽略不计，上式可以写成

$$\frac{R_a J}{C_m}\ddot{\theta}_m(t) + \left(K_b + \frac{R_a f}{C_m}\right)\dot{\theta}_m(t) + \frac{R_a}{C_m}M_L = u_a \quad (2-17)$$

令

$$T_m = \frac{R_a J}{K_b C_m + R_a f}$$

$$K_m = \frac{C_m}{K_b C_m + R_a f}$$

并设 $M_L = 0$，则

$$T_m \frac{d^2\theta_m(t)}{dt^2} + \frac{d\theta_m(t)}{dt} = K_m u_a \quad (2-18)$$

由式（2-18）可见，电枢控制他励直流电动机的数学模型是一个二阶线性定常微分方程。

2.2 非线性微分方程的线性化

前一节建立的微分方程都是线性微分方程,但实际系统或多或少都存在一定的非线性,输入与输出变量之间的数学模型是非线性的微分方程,这将给系统研究带来理论上的困难。为此,提出了非线性微分方程的线性化问题,即在某一小的范围内作某种近似,则大部分非线性特性都可以近似地作为线性特性来处理,于是给系统的研究工作带来很大的方便。

假设系统输入、输出变量之间的关系 $y = f(x)$ 具有如图 2-6 所示的非线性特性,其工作点为 $A(x_0, y_0)$。现将 $y = f(x)$ 在工作点附近展开成泰勒级数,即

$$y = f(x)$$
$$= f(x_0) + \frac{df(x)}{dx}\bigg|_{x_0}(x - x_0) + \frac{1}{2!}\frac{d^2 f(x)}{dx^2}(x - x_0)^2 + \cdots \quad (2-19)$$

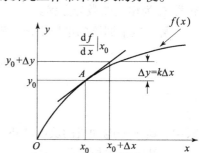

图 2-6 非线性特性

当 $(x - x_0)$ 很小时,式(2-19)中的二次项及其以上各项可以忽略,则得

$$y = f(x) = f(x_0) + \frac{df(x)}{dx}\bigg|_{x_0}(x - x_0) \quad (2-20)$$

即

$$f(x) - f(x_0) = \frac{df(x)}{dx}\bigg|_{x_0}(x - x_0) \quad (2-21)$$

令

$$\Delta y = f(x) - f(x_0), \quad \Delta x = x - x_0$$

则式(2-21)可以写为

$$\Delta y = \frac{df(x)}{dx}\bigg|_{x_0}\Delta x \quad (2-22)$$

重新设 $y = \Delta y$,$x = \Delta x$,则式(2-22)可记作

$$y = kx \quad (2-23)$$

其中,$k = \frac{df(x)}{dx}\bigg|_{x=x_0}$ 是曲线 $y = f(x)$ 在点 A 处的斜率。式(2-23)即为线性化方程。

若非线性函数具有两个自变量,如 $y = f(x_1, x_2)$,在工作点附近展开成泰勒级数,即

$$y = f(x_{10}, x_{20}) + \frac{\partial f}{\partial x_1}\bigg|_{x_{10}, x_{20}}(x_1 - x_{10}) + \frac{\partial f}{\partial x_2}\bigg|_{x_{10}, x_{20}}(x_2 - x_{20}) + \cdots \quad (2-24)$$

忽略高次项,并令

$$\Delta y = f(x_1, x_2) - f(x_{10}, x_{20}), \quad \Delta x_1 = x_1 - x_{10}, \quad \Delta x_2 = x_2 - x_{20}$$

同时设

$$k_1 = \frac{\partial f}{\partial x_1}\bigg|_{x_{10}, x_{20}}, \quad k_2 = \frac{\partial f}{\partial x_2}\bigg|_{x_{10}, x_{20}}$$

则式(2-24)可以写成

$$\Delta y = k_1 \Delta x_1 + k_2 \Delta x_2 \quad (2-25)$$

即 $y = k_1 x_1 + k_2 x_2$ 为线性化方程。

【例 2-6】 如图 2-7 所示的柱形液位系统中，设 H 为液位高度，Q_i 为液体流入量，Q_o 为液体流出量，C 为贮槽的截面积。根据力学原理有

$$Q_o = k\sqrt{H} \tag{2-26}$$

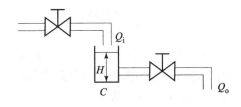

图 2-7 柱形液位系统

其中，比例系数 k 取决于液体的黏度和阀阻。液位系统的动态方程为

$$C\frac{dH}{dt} = Q_i - Q_o = Q_i - k\sqrt{H} \tag{2-27}$$

显然，液位 H 和液体流入量 Q_i 的数学关系为非线性微分方程。如设 H 在 H_0 附近变化，相应的液体流入量 Q_i 在 Q_{io} 附近变化时，可取

$$\Delta H = H - H_0, \quad \Delta Q_i = Q_i - Q_{io}$$

对 $\sqrt{H}$ 作泰勒级数展开，有

$$\sqrt{H} = \sqrt{H_0} + \frac{1}{2\sqrt{H_0}}(H - H_0) + \cdots$$

取泰勒级数的一次项近似，得小偏差线性方程为

$$\Delta\sqrt{H} = k_1 \Delta H$$

其中

$$k_1 = \frac{1}{2\sqrt{H_0}}$$

即

$$\sqrt{H} = k_1 H$$

所以线性化微分方程为

$$C\frac{dH}{dt} + k'H = Q_i \tag{2-28}$$

其中

$$k' = kk_1$$

2.3 传递函数

传递函数是经典控制理论的数学模型之一。它不但可以反映系统输入输出之间的动态特性，而且可以反映系统结构和参数对输出的影响。经典控制理论的两大分支——频率法和根轨迹法就是建立在传递函数的基础之上的，传递函数是经典控制理论中非常重要的函数。

2.3.1 传递函数的定义

在线性定常系统中，当初始条件为零时，系统输出的拉氏变换与输入的拉氏变换之比，称为系统的传递函数。

由控制系统的微分方程可以很容易地求出系统的传递函数。

已知线性定常系统的微分方程具有如下的一般形式：

$$a_n \frac{\mathrm{d}^n c(t)}{\mathrm{d}t^n} + a_{n-1} \frac{\mathrm{d}^{n-1} c(t)}{\mathrm{d}t^{n-1}} + \cdots + a_0 c(t) = b_m \frac{\mathrm{d}^m c(t)}{\mathrm{d}t^m} + \cdots + b_0 r(t) \quad (2-29)$$

式中，$c(t)$ 是系统的输出；$r(t)$ 是系统的输入；$a_i(i=1,2,\cdots,n)$ 和 $b_j(j=1,2,\cdots,m)$ 是与系统结构和参数有关的系数。在零初始条件下求拉氏变换，并设 $Z[c(t)] = C(s)$，$Z[r(t)] = R(s)$，得

$$a_n s^n C(s) + a_{n-1} s^{n-1} C(s) + \cdots + a_0 C(s) = b_m s^m R(s) + \cdots + b_0 R(s)$$

由定义可得系统的传递函数为

$$G(s) = \frac{C(s)}{R(s)} = \frac{b_m s^m + b_{m-1} s^{m-1} + \cdots + b_0}{a_n s^n + a_{n-1} s^{n-1} + \cdots + a_0} \quad (2-30)$$

式 (2-30) 为线性定常系统传递函数的一般形式。

【例 2-7】 求例 2-1 中 RC 网络的传递函数。

解：例 2-1 中 RC 网络的微分方程为

$$T \frac{\mathrm{d} u_c(t)}{\mathrm{d}t} + u_c(t) = u_r(t)$$

零初始条件下求得拉氏变换为

$$Ts U_c(s) + U_c(s) = U_r(s)$$

由传递函数定义，得网络的传递函数为

$$G(s) = \frac{U_c(s)}{U_r(s)} = \frac{1}{Ts+1}$$

【例 2-8】 求例 2-3 机械位移系统的传递函数。

解：例 2-3 机械位移系统的微分方程为

$$m \frac{\mathrm{d}^2 y(t)}{\mathrm{d}t^2} + f \frac{\mathrm{d} y(t)}{\mathrm{d}t} + K y(t) = F(t)$$

零初始条件下求拉氏变换为

$$ms^2 Y(s) + fs Y(s) + K Y(s) = F(s)$$

由传递函数定义得

$$G(s) = \frac{Y(s)}{F(s)} = \frac{1}{ms^2 + fs + K}$$

2.3.2 传递函数的性质

关于传递函数的性质有以下几个方面。

(1) 传递函数是复变量 $s(s = \sigma + \mathrm{j}\omega)$ 的有理真分式函数，所有的系数均为实常数。由于系统中总是含有较多的惯性元件和受到能源的限制，传递函数分子多项式的阶次 m 总是小于或等于分母多项式的阶次 n，即 $n \geq m$。

(2) 传递函数表示系统传递、变换输入信号的能力，只与系统的结构和参数有关，与输入、输出信号的形式无关。

(3) 物理性质不同的系统可以有相同的传递函数；同一系统中，取不同的物理量作为系统的输入或输出时，传递函数不同。

(4) 传递函数与系统微分方程式相互联系，二者之间可以相互转换。

(5) 传递函数是系统单位脉冲响应的拉氏变换。因为当 $r(t) = \delta(t)$ 时，$R(s) = 1$，

所以
$$G(s) = \frac{C(s)}{R(s)} = C(s)$$

(6) 传递函数的分母多项式即为系统的特征多项式，其最高次数为系统的阶次。特征方程的根为传递函数的极点；分子多项式的根是传递函数的零点。由于分子、分母多项式的系数均为实数，所以传递函数若具有复零点或复极点，它们必然共轭出现。

(7) 传递函数与 s 平面上一定的零极点图相对应。传递函数可以写成以下两种形式：

$$G(s) = \frac{K\prod_{i=1}^{m}(\tau_i s + 1)}{s^{\gamma}\prod_{j=\gamma+1}^{n}(T_j s + 1)} \qquad (2-31)$$

式中 K——开环放大系数。或写成

$$G(s) = \frac{K^*\prod_{i=1}^{m}(s + z_i)}{s^{\gamma}\prod_{j=\gamma+1}^{n}(s + p_j)} \qquad (2-32)$$

式中 K^*——系统的开环根放大系数；

$-z_i$，$-p_j$——传递函数的零点和极点，在 s 平面上分别用"○"和"×"表示，则可得传递函数的零极点分布图。如传递函数为

$$G(s) = \frac{s+4}{(s+1)(s+2)}$$

其零极点分布图如图2-8所示。

开环放大系数 K 和开环根放大系数 K^* 之间具有如下关系：

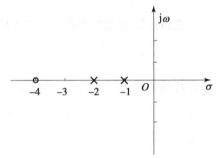

图 2-8 零极点分布图

$$K = \frac{K^*\prod_{i=1}^{m}z_i}{\prod_{j=1}^{n}p_j}$$

2.3.3 典型环节及其传递函数

自动控制系统的典型环节有比例环节、惯性环节、积分环节、微分环节、振荡环节、滞后环节、一阶微分环节和二阶微分环节等。下面介绍几种典型环节及其传递函数。

1. 比例环节

输出量与输入量成正比的环节称为比例环节，也叫放大环节、无惯性环节。其数学模型为

$$c(t) = Kr(t)$$

式中 K——比例环节的放大系数。

在零初始条件下对上式取拉氏变换，可得比例环节传递函数为

$$G(s) = \frac{C(s)}{R(s)} = K \tag{2-33}$$

比例环节的结构图如图 2-9（a）所示，其单位阶跃响应如图 2-9（b）所示。

比例环节的例子很多，如没有间隙的齿轮系、刚性杠杆、分压器、由晶体管或集成电路组成的理想放大器等皆属此类。图 2-10 所示比例放大器为比例环节的一个例子。

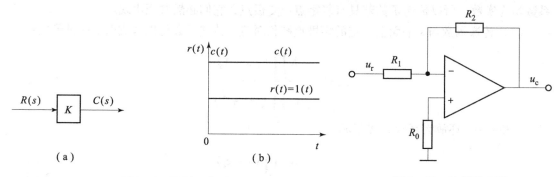

图 2-9　比例环节　　　　　　　　　　图 2-10　比例放大器

（a）比例环节的结构图；（b）比例环节的单位阶跃响应

根据运算放大器的特点，流入反相输入端的电流为零，由电流相等，有

$$\frac{U_r(s)}{R_1} = -\frac{U_c(s)}{R_2}$$

所以传递函数为

$$\frac{U_c(s)}{U_r(s)} = -\frac{R_2}{R_1} = K$$

其中

$$K = -\frac{R_2}{R_1}$$

为比例环节的放大系数，负号是因为输入信号加在运算放大器的反相输入端，经放大器后极性变反。

2. 惯性环节

惯性环节又称为非周期性环节，该环节中具有一个储能元件，例 2-1 中的 RC 网络即为惯性环节的一个例子。惯性环节的数学模型为

$$T\frac{dc(t)}{dt} + c(t) = r(t)$$

式中　T——惯性环节的时间常数。

在零初始条件下对上式取拉氏变换，可得惯性环节传递函数为

$$G(s) = \frac{C(s)}{R(s)} = \frac{1}{Ts+1} \tag{2-34}$$

当 $r(t) = 1(t)$ 时，$R(s) = \frac{1}{s}$，则

$$C(s) = G(s)R(s) = \frac{1}{Ts+1} \cdot \frac{1}{s} = \frac{1}{s} - \frac{1}{s+1/T}$$

两边取拉氏反变换得惯性环节的单位阶跃响应为
$$c(t) = 1 - e^{t/T} \tag{2-35}$$

惯性环节的结构图和单位阶跃响应如图 2-11 所示。

惯性环节的例子很多,图 2-12 所示的比例—积分放大器为惯性环节的一个例子。

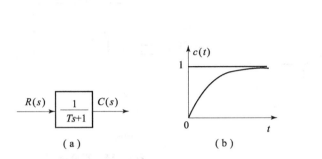
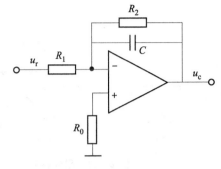

图 2-11 惯性环节   图 2-12 比例—积分放大器

(a) 惯性环节的结构图;(b) 惯性环节的单位阶跃响应

在图 2-12 中,由电流相等,有
$$\frac{U_r(s)}{R_1} = \frac{U_c(s)}{R_2 \dfrac{1}{Cs}} = -\frac{U_c(s)}{\dfrac{R_2}{R_2 Cs + 1}}$$

所以传递函数为
$$\frac{U_c(s)}{U_r(s)} = -\frac{R_2}{R_1} \cdot \frac{1}{R_2 Cs + 1} = \frac{K}{Ts + 1}$$

其中
$$K = -\frac{R_2}{R_1}$$

为惯性环节的放大系数,$T = R_2 C$ 为惯性环节的时间常数。

3. 积分环节

积分环节的输出量与输入量对时间的积分成正比,其数学模型为
$$c(t) = \int r(t) \, dt$$

两边取拉氏变换得积分环节的传递函数为
$$G(s) = \frac{C(s)}{R(s)} = \frac{1}{s} \tag{2-36}$$

当 $r(t) = 1(t)$ 时,$R(s) = \dfrac{1}{s}$,则
$$C(s) = G(s)R(s) = \frac{1}{s^2}$$

两边取拉氏反变换得积分环节的单位阶跃响应为

$$c(t) = t$$

积分环节的结构图和单位阶跃响应如图 2-13 所示。

积分环节举例：如图 2-14 所示积分器，该环节的传递函数为

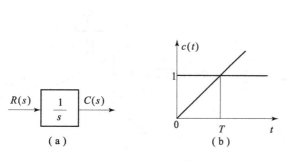

图 2-13 积分环节

（a）积分环节的结构图；（b）积分环节的单位阶跃响应

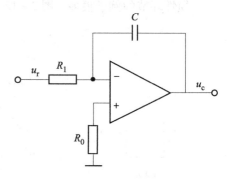

图 2-14 积分器

$$\frac{U_c(s)}{U_r(s)} = -\frac{1}{R_1 C s} = -\frac{1}{Ts}$$

其中

$$T = R_1 C$$

为积分时间常数，它的物理意义是积分器输出量增长到与输入量相等时所需要的时间。

4. 微分环节

1）理想微分环节

理想微分环节的输出量与输入量的变化率成正比，其数学模型为

$$c(t) = \frac{dr(t)}{dt}$$

两边取拉氏变换得理想微分环节的传递函数为

$$G(s) = \frac{C(s)}{R(s)} = s \tag{2-37}$$

当 $r(t) = 1(t)$ 时，$c(t) = \delta(t)$，它是在阶跃瞬间产生的一个宽度为 0、面积为 1 的脉冲，如图 2-15（a）所示，这种微分环节称为理想微分环节。

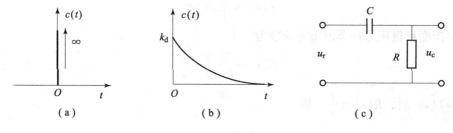

图 2-15 微分环节

（a）理想微分环节；（b）实际微分环节；（c）实用微分电路

2）实际微分环节

理想微分环节的输出在阶跃瞬间一下子跃变到无穷大，在实际中是无法测取的，因此实际的微分环节都具有一定的惯性，其数学模型为

$$T\frac{\mathrm{d}c(t)}{\mathrm{d}t} + c(t) = k_\mathrm{d} T\frac{\mathrm{d}r(t)}{\mathrm{d}t}$$

式中　T——微分时间常数；
　　　k_d——微分环节的放大系数。

两边取拉氏变换得传递函数为

$$G(s) = \frac{C(s)}{R(s)} = \frac{k_\mathrm{d} Ts}{Ts+1} \tag{2-38}$$

即实际微分环节带有一个 $s = -\dfrac{1}{T}$ 的极点和一个 $s=0$ 的零点。当输入 $r(t)=1(t)$ 时，其输出的拉氏变换为

$$C(s) = G(s)R(s) = \frac{k_\mathrm{d} Ts}{Ts+1} \cdot \frac{1}{s} = \frac{k_\mathrm{d}}{s+\dfrac{1}{T}}$$

两边取拉氏反变换得

$$c(t) = k_\mathrm{d} \mathrm{e}^{-\frac{t}{T}}$$

它不是一下子跳到无穷，而是有限值 k_d，且呈指数规律衰减，如图 2-15（b）所示。当微分时间常数 T 越小时，k_d 越大，此时实用微分环节就越接近于理想微分环节。

纯电容电路以电容电压 u 为输入量，以电流 i 为输出量，则 $i = C\dfrac{\mathrm{d}u}{\mathrm{d}t}$，是理想微分环节，其输出的电流信号无法取出，使该微分电路在实际中不能应用。为了取出电流信号，需在电路中串一电阻 R，用其压降来反映电流信号，实用微分电路如图 2-15（c）所示。此电路的微分方程式为

$$u_\mathrm{r} = Ri + \frac{1}{C}\int i\,\mathrm{d}t$$

取拉氏变换后得传递函数为

$$G(s) = \frac{U_\mathrm{c}(s)}{U_\mathrm{r}(s)} = \frac{RCs}{RCs+1} = \frac{Ts}{Ts+1}$$

其中，$T=RC$ 为微分时间常数。显然只有当 $T\ll 1$ 时该 RC 电路才近似一个微分环节，所以它是一个实用微分电路，在工程中应用很广。其单位阶跃响应如图 2-15（b）所示，它实际上是一个高通滤波电路。

5. 振荡环节

振荡环节中含有两个储能元件，当输入量发生变化时，两种储能元件的能量相互交换。例 2-2 中的 RLC 网络就是一个振荡环节，其微分方程为

$$T^2\frac{\mathrm{d}^2 u_\mathrm{c}(t)}{\mathrm{d}t^2} + 2\xi T\frac{\mathrm{d}u_\mathrm{c}(t)}{\mathrm{d}t} + u_\mathrm{c}(t) = u_\mathrm{r}(t)$$

方程两边取拉氏变换，得振荡环节的传递函数为

$$G(s) = \frac{U_c(s)}{U_r(s)} = \frac{1}{T^2 s^2 + 2\xi T s + 1} \qquad (2-39)$$

式中　T——振荡周期；

　　　ξ——阻尼比。

若令 $\omega_n = \dfrac{1}{T}$ 为无阻尼自然振荡角频率，则式（2-39）可写为

$$G(s) = \frac{C(s)}{R(s)} = \frac{\omega_n^2}{s^2 + 2\xi\omega_n s + \omega_n^2} \qquad (2-40)$$

当 $r(t) = 1(t)$，且 $0 < \xi < 1$ 时

$$C(s) = G(s)R(s) = \frac{1}{s} - \frac{s + 2\xi\omega_n}{s^2 + 2\xi\omega_n s + \omega_n^2}$$

取拉氏反变换得振荡环节的单位阶跃响应为

$$c(t) = 1 - \frac{1}{\sqrt{1-\xi^2}} e^{-\xi\omega_n t} \sin\left(\omega_n \sqrt{1-\xi^2}\, t + \arctan \frac{\sqrt{1-\xi^2}}{\xi}\right) \qquad (2-41)$$

其响应曲线详见第 3 章。

6. 滞后环节

滞后环节又称延迟环节，其输出与输入的形状完全相同，只是滞后一段时间 T 以后才复现输入量。其数学模型为

$$c(t) = r(t - T)$$

两边取拉氏变换得传递函数为

$$G(s) = \frac{C(s)}{R(s)} = e^{-Ts} \qquad (2-42)$$

当 Ts 很小时，式（2-42）可近似为

$$G(s) = \frac{C(s)}{R(s)} = e^{-Ts} = \frac{1}{e^{Ts}} = \frac{1}{1 + Ts + \frac{1}{2!}T^2 s^2 + \cdots} \approx \frac{1}{1 + Ts}$$

此时，滞后环节可看作是惯性环节。

晶闸管整流电路是一个滞后环节，因为晶闸管整流电路除有整流电压 u_d 与控制角 α 的关系外，还有晶闸管的失控问题。当晶闸管一旦被触发导通，门极就失去了控制能力。此后，即使控制电压发生变化或触发脉冲消失，对该晶闸管均无控制作用，对整流电路的输出毫无影响，只有到下一个晶闸管的触发脉冲到来时，才能改变整流电路的输出电压。从控制电压发生变化到输出电压发生变化这一段时间称为晶闸管的失控时间，也称为滞后时间，用 T_s 表示。整流电路的滞后时间不是固定不变的，而是与整流电路的形式有关。

以上讨论的是 6 个基本典型环节，若将一阶微分环节和二阶微分环节也看成是典型环节，对控制系统的讨论将更加方便。

7. 一阶微分环节

一阶微分环节的微分方程和传递函数分别为

$$c(t) = T\frac{dr(t)}{dt} + r(t)$$

$$G(s) = \frac{C(s)}{R(s)} = Ts + 1$$

8. 二阶微分环节

二阶微分环节的微分方程和传递函数分别为

$$c(t) = T^2 \frac{\mathrm{d}^2 r(t)}{\mathrm{d}t^2} + 2\xi T \frac{\mathrm{d}r(t)}{\mathrm{d}c(t)} + r(t)$$

式中，T 与 ξ 表示该环节的微分特性，其中 ξ 并不具有振荡环节阻尼系数那样的物理意义。

2.4 动态结构图

所谓动态结构图就是将系统中所有的环节用方框图表示，并根据各环节在系统中的相互联系，将方框图连接起来的图形。将动态结构图按一定的规则变换之后，即可求出系统的传递函数。本节主要介绍动态结构图的绘制及等效变换。

2.4.1 动态结构图的组成

控制系统的动态结构图主要由以下 4 个基本单元组成。
(1) 信号线。带箭头的直线，箭头表示信号传递的方向，如图 2-16（a）所示。
(2) 引出点。信号引出可测量的位置，同一位置引出的信号其数值和性质完全相同，如图 2-16（b）所示。
(3) 综合点。两个以上信号进行代数和的运算，如图 2-16（c）所示。
(4) 环节方框。将输入信号进行数学变换成输出信号，如图 2-16（d）所示。

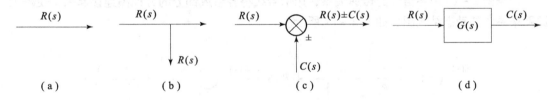

图 2-16 动态结构图的基本组成

2.4.2 动态结构图的绘制

绘制系统动态结构图的基本步骤如下。
(1) 将系统划分为几个基本组成部分，根据各部分所服从的定理或定律列写微分方程。
(2) 将微分方程在零初始条件下求拉氏变换，并作出各部分的方框图。
(3) 按系统中各变量之间的传递关系，将各部分的方框图连接起来，便得到系统的动态结构图。

【例 2-9】 设无源网络如图 2-17 所示，绘制系统的动态结构图。

解： 将无源网络划分为 3 个基本回路。
输入回路：

中间回路：
$$u_i = i_1 R_1 + u_o$$

$$i_1 R_1 = \frac{1}{C}\int i_2 dt$$

输出回路：
$$u_o = i R_2$$

另外
$$i = i_1 + i_2$$

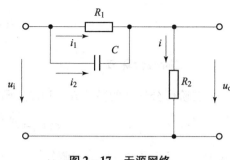

图 2-17 无源网络

对上述微分方程取拉氏变换得
$$U_i(s) = I_1(s) R_1 + U_o(s)$$

$$I_1(s) R_1 = \frac{1}{Cs} I_2(s)$$

$$U_o(s) = I(s) R_2$$

$$I(s) = I_1(s) + I_2(s)$$

将以上 4 个代数方程用方框图表示为图 2-18（a）、(b)、(c)、(d) 所示。

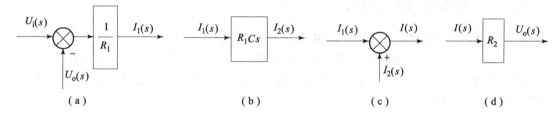

图 2-18 例 2-9 中各组成部分的方框图

根据图 2-18 中各信号的传递关系，用信号线将各组成部分的方框图连接起来，便得无源网络系统的动态结构图，如图 2-19 所示。

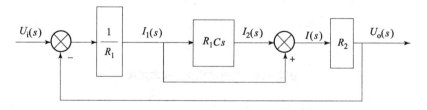

图 2-19 例 2-9 无源网络系统的动态结构图

【例 2-10】建立如图 2-20 所示的单闭环直流调速系统的动态结构图。

解：分别建立各个环节的方框图如下。

（1）比较环节和速度调节器。

由图 2-20，根据运算放大器的特性有
$$I_c(s) = I_r(s) - I_f(s) \tag{2-43}$$

回路中的电流计算采用复阻抗的概念，即
$$I_r(s) = \frac{U_n(s)}{R_0} \tag{2-44}$$

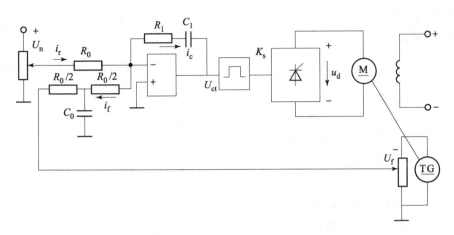

图 2-20 单闭环直流调速系统的动态结构图

$$I_c(s) = \frac{U_{ct}(s)}{R_1 + \frac{1}{C_1 s}} = -\frac{\tau_1 s U_{ct}(s)}{(\tau_1 s + 1) R_1} \qquad (2-45)$$

式中，$\tau_1 = R_1 C_1$。

$$I_f(s) = -\frac{U_f(s)}{\frac{R_0}{2} + \frac{\frac{1}{C_0 s} \cdot \frac{R_0}{2}}{\frac{1}{C_0 s} + \frac{R_0}{2}}} \cdot \frac{\frac{1}{C_0 s}}{\frac{1}{C_0 s} + \frac{R_0}{2}} = \frac{U_f(s)}{R_0(T_0 s + 1)} \qquad (2-46)$$

式中，滤波时间常数 $T_0 = \frac{1}{4} R_0 C_0$。

将式（2-44）~式（2-46）代入式（2-43），并整理得

$$U_{ct}(s) = \frac{K_c(\tau_1 s + 1)}{\tau_1 s}\left[U_n(s) - \frac{U_f(s)}{T_0 s + 1}\right]$$

式中，$K_c = -\frac{R_1}{R_0}$ 为调节器的放大系数。

比较环节和速度调节器的方框图如图 2-21 所示。

（2）功率放大环节。

设晶闸管的滞后时间为 T_s，该环节的放大系数为 K，则功率放大环节的输入输出关系为

$$u_d = K_s \cdot u_{ct}(t - T_s)$$

取拉氏变换得

$$U_d(s) = K_s U_{ct}(s) e^{T_s s}$$

当 T_s 很小时，上式可近似为

$$U_d(s) = \frac{K_s}{T_s s + 1} U_{ct}(s)$$

功率放大环节的方框图如图 2-22 所示。

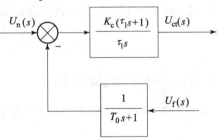

图 2-21 比较环节和速度调节器的方框图

(3) 直流电动机部分。

电枢回路的电压平衡方程为

$$\begin{cases} R_a i_a + L_a \dfrac{di_a}{dt} + E_b = u_d \\ E_b = C_e n \\ M - M_L = \dfrac{CD^2}{375} \cdot \dfrac{dn}{dt} \\ M = C_M i_a \\ M_L = C_M i_L \end{cases} \qquad (2-47)$$

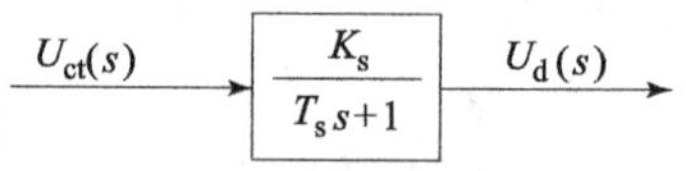

图 2-22 功率放大环节的方框图

式中　E_b——电动机的反电动势；
　　　R_a——电枢回路总电阻；
　　　L_a——电枢回路总电感；
　　　i_a——电枢电流；
　　　C_e——反电动势系数；
　　　M——电磁转矩；
　　　C_M——电动机转矩系数；
　　　M_L——负载转矩；
　　　n——直流电动机的旋转速度；
　　　i_L——负载电流。

将式（2-47）取拉氏变换得

$$R_a I_a(s) + Ls I_a(s) + E_b(s) = U_d(s) \qquad (2-48)$$

$$E_b(s) = C_e N(s) \qquad (2-49)$$

$$M(s) - M_L(s) = \dfrac{CD^2}{375} s N(s) \qquad (2-50)$$

$$M(s) = C_M I_a(s) \qquad (2-51)$$

$$M_L(s) = C_M I_L(s) \qquad (2-52)$$

由式（2-48）可得电压与电流之间的关系为

$$I_a(s) = \dfrac{1/R_a}{T_L s + 1}[U_d(s) - E_b(s)] \qquad (2-53)$$

式中，$T_L = \dfrac{L_a}{R_a}$ 为电磁时间常数。

由式（2-49）~式（2-52）可得电流与电动势之间的关系为

$$I_a(s) - I_L(s) = \dfrac{R_a}{T_m s} E_b(s) \qquad (2-54)$$

式中，$T_m = \dfrac{CD^2 R_a}{375 C_e C_M}$ 为机电时间常数。

由此可以画出直流电动机的方框图如图 2-23 所示。

(4) 速度反馈环节。

速度反馈环节的输入输出关系为

$$U_f(s) = \alpha N(s)$$

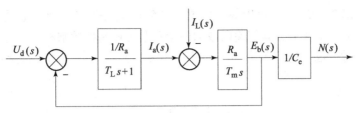

图 2-23 直流电动机的方框图

式中，α 为速度反馈系数。

将以上各个环节的方框图连接在一起，便构成了直流调速系统的动态结构图，如图 2-24 所示。

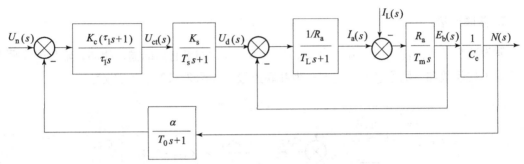

图 2-24 直流调速系统的动态结构图

2.4.3 动态结构图的等效变换

动态结构图表示了系统中信号的传递和变换关系，经过变量的变换可以求出系统的输入与输出之间的关系。对于复杂系统，如例 2-10 所示的直流调速系统，其动态结构图相对比较复杂，必须经过相应的变换才能求出系统的传递函数。这就是说，利用动态结构图求传递函数时，要经过等效变换才可以。观察前面的一些动态结构图，不难发现动态结构图有 3 种典型连接方式，即串联、并联和反馈连接。下面首先研究这 3 种典型连接方式的等效变换。

1. 串联连接

假设两个环节的传递函数分别为 $G_1(s)$ 和 $G_2(s)$，若按图 2-25（a）所示的方式连接，则

$$C(s) = G_2(s)X(s) = G_2(s)G_1(s)R(s)$$

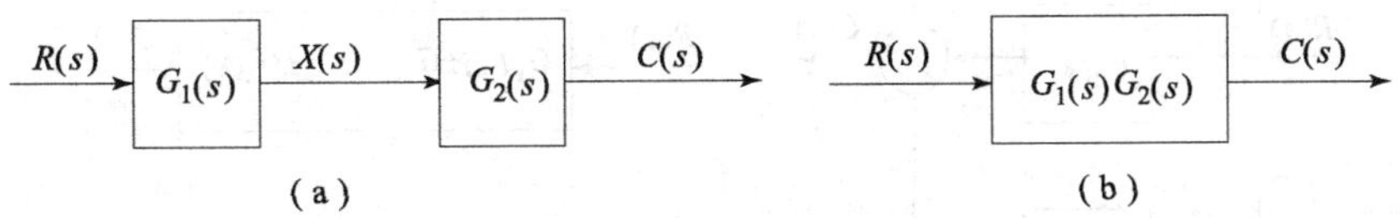

图 2-25 两个环节串联连接

所以等效的传递函数为

$$G(s) = \frac{C(s)}{R(s)} = G_2(s)G_1(s) \tag{2-55}$$

由此可见，图 2-25（a）可以等效成图 2-25（b）。式（2-55）表明，两个环节串联连接时可以等效为一个环节，其传递函数为两个环节传递函数的乘积。由此可以推出，当多个环节串联连接时，也可以等效为一个环节，其传递函数为各个环节传递函数的乘积，如图 2-26 所示。

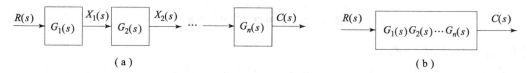

图 2-26　多个环节串联连接

2. 并联连接

假设两个环节的传递函数分别为 $G_1(s)$ 和 $G_2(s)$，如果它们的输入相同，输出等于两个环节输出的代数和，则称这种连接方式为并联连接，如图 2-27（a）所示。

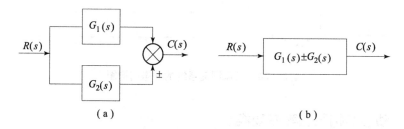

图 2-27　两个环节并联连接

因为
$$C(s) = G_1(s)R(s) \pm G_2(s)R(s) = [G_2(s) \pm G_1(s)]R(s)$$

则

$$G(s) = \frac{C(s)}{R(s)} = G_2(s) \pm G_1(s) \tag{2-56}$$

所以图 2-27（a）可以等效成图 2-27（b）。对于多个环节并联连接则可以类推，如图 2-28 所示。

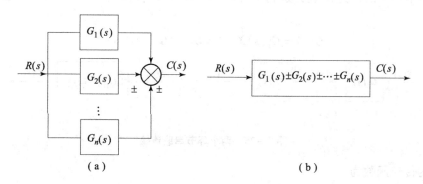

图 2-28　多个环节并联连接

3. 反馈连接

假设两个环节的传递函数分别为 $G(s)$ 和 $H(s)$，若按图 2-29（a）的方式连接，则称为反馈连接。"-"表示负反馈，"+"表示正反馈，分别表示输入信号与反馈信号相减或相加。

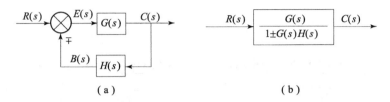

图 2-29 两个环节反馈连接

因为
$$C(s) = G(s)E(s) = G(s)[R(s) \mp B(s)] = G(s)[R(s) \mp H(s)C(s)]$$

则
$$C(s) = \frac{G(s)}{1 \pm G(s)H(s)} R(s) = G_B(s)R(s)$$

其中
$$G_B(s) = \frac{G(s)}{1 \pm G(s)H(s)} \tag{2-57}$$

所以，图 2-29（a）可以等效成图 2-29（b）。$G_B(s)$ 为系统的闭环传递函数，$G(s)$ 为前向通道传递函数，$H(s)$ 为反馈通道传递函数。

在复杂的闭环系统中，除了主反馈外，还有相互交错的局部反馈。为了简化系统的动态结构图，仅仅上述三种等效变换是不够的，通常需要将信号的引出点和综合点进行前移和后移。引出点和综合点移动的原则是：移动前后信号的传递关系不变。下面具体研究引出点和综合点前移和后移的等效变换。

4. 引出点前移和后移

1) 引出点前移

将引出点从环节的输出端移到输入端称为引出点前移，如图 2-30 所示。

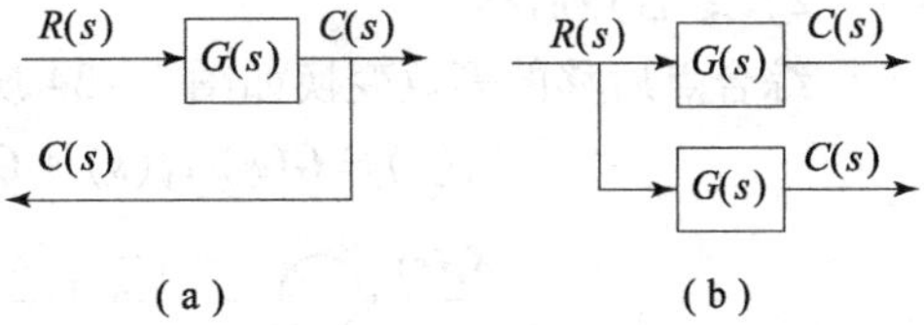

从图 2-30（a）可以看出，引出点移动前的输出为
$$C(s) = G(s)R(s)$$

引出点移动后（见图 2-30（b））的输出仍然是
$$C(s) = G(s)R(s)$$

图 2-30 引出点前移

保证了信号的传递关系不变。

2) 引出点后移

将引出点从环节的输入端移到输出端称为引出点后移，如图 2-31 所示。

由图 2-31 可见，引出点移动后的输出为

$$R(s) = \frac{1}{G(s)}C(s) = R(s)$$

3) 相邻两个引出点可以相互换位

当两个引出点之间没有其他任何环节时，可以相互交换位置，其等效变换如图 2-32 所示。

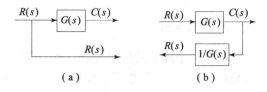

图 2-31 引出点后移

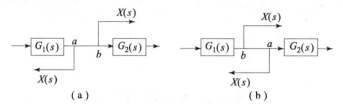

图 2-32 相邻两个引出点的换位

由图 2-32 可见，相邻两个引出点 a 和 b 交换位置后，引出的信号不变。

5. 综合点前移和后移

1) 综合点前移

综合点前移的等效变换如图 2-33 所示。

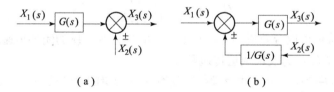

图 2-33 综合点前移的等效变换

综合点前移后的输出为

$$X_3(s) = G(s)\left[X_1(s) \pm \frac{1}{G(s)}X_2(s)\right] = G(s)X_1(s) \pm X_2(s)$$

与综合点前移之前的输出相等。

2) 综合点后移

综合点后移的等效变换如图 2-34 所示。综合点后移之后的输出为

$$X_3(s) = G(s)X_1(s) \pm G(s)X_2(s) = G(s)[X_1(s) \pm X_2(s)]$$

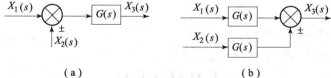

图 2-34 综合点后移的等效变换

由此可见，综合点移动前后的输出保持不变。

3) 相邻综合点之间的等效变换

当两个综合点之间没有其他任何环节时，称这两个综合点为相邻综合点，此时既可以将它们交换位置,也可以合并成一个综合点,其等效变换如图 2-35 所示。

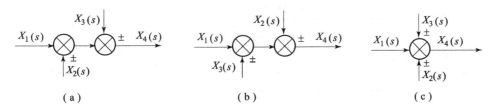

图 2-35 相邻综合点的等效变换

6. 综合点和引出点之间一般不能换位

当综合点和引出点相邻时,一般不能交换位置,否则会得到错误的输出,如图 2-36 所示。综合点和引出点换位前,引出的信号为

$$X_2(s) = G(s)X_1(s)$$

综合点和引出点换位后,引出的信号为

$$X_2(s) = G(s)X_1(s) \pm X_3(s)$$

二者显然不等,也就是说,相邻综合点和引出点是不能交换位置的,这是必须注意的问题。

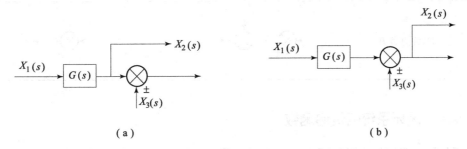

图 2-36 综合点和引出点的错误变换

以上讨论了结构图等效变换的几种基本法则,熟练掌握这几种法则之后,对于任意一个复杂的结构图,总可以经过相应的变换,画成三种典型结构形式,从而求出系统的传递函数。现将几种常见的结构图等效变换法则列于表 2-1 中。

表 2-1 结构图等效变换法则

序号	名称	原方框图	等效方框图
1	串联	→[$G_1(s)$]→[$G_2(s)$]→	→[$G_1(s)G_2(s)$]→
2	并联	→分支[$G_1(s)$]、[$G_2(s)$]→⊗±	→[$G_1(s) \pm G_2(s)$]→
3	反馈	→⊗∓→[$G(s)$]→,反馈[$H(s)$]	→[$\dfrac{G(s)}{1 \pm G(s)H(s)}$]→

续表

序号	名称	原方框图	等效方框图
4	综合点前移		
5	综合点后移		
6	引出点前移		
7	引出点后移		
8	综合点合并		

2.4.4 闭环系统的传递函数

典型的闭环系统结构图如图 2-37 所示。图中，$R(s)$ 为系统的输入信号，$C(s)$ 为系统的输出信号，$N(s)$ 为作用在系统前向通道上的扰动信号，$E(s)$ 为误差信号，$B(s)$ 为反馈信号。现定义以下几种传递函数。

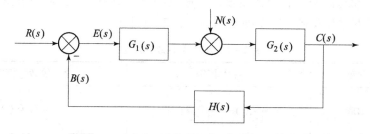

图 2-37 闭环系统结构图

1）闭环系统的开环传递函数

闭环系统的开环传递函数，是指闭环系统中反馈信号的拉氏变换与误差信号的拉氏变换之比，它相当于将反馈回路断开，即

$$G_K(s) = \frac{B(s)}{E(s)} = G_1(s)G_2(s)H(s) \qquad (2-58)$$

其中，$G_1(s)G_2(s)$ 为系统前向通道的传递函数；$H(s)$ 为反馈通道的传递函数。由此可见，

系统的开环传递函数即为前向通道的传递函数与反馈通道的传递函数的乘积。

2）闭环传递函数

输入信号作用下系统的闭环传递函数是指系统输出信号的拉氏变换与输入信号的拉氏变换之比，即

$$G_B(s) = \frac{C_R(s)}{R(s)} = \frac{G_1(s)G_2(s)}{1 + G_1(s)G_2(s)H(s)} \tag{2-59}$$

当 $H(s) = 1$ 时，称为单位负反馈，此时

$$G_B(s) = \frac{G_1(s)G_2(s)}{1 + G_1(s)G_2(s)} = \frac{G_K(s)}{1 + G_K(s)} \tag{2-60}$$

式（2-60）表明了单位负反馈时系统的闭环传递函数与开环传递函数的关系，在第3章计算稳定误差时会用到。

对于复杂多环系统的传递函数，需要利用表2-1所示的等效变换方法简化后求出，详见动态结构图等效变换举例。

3）输入信号作用下系统的误差传递函数

输入信号作用下系统的误差传递函数是指输入信号与反馈信号之差（即误差信号）的拉氏变换与输入信号的拉氏变换之比，即

$$G_{ER}(s) = \frac{E(s)}{R(s)} = \frac{1}{1 + G_1(s)G_2(s)H(s)} \tag{2-61}$$

4）扰动信号作用下系统的传递函数

由于传递函数被定义为某一输入信号与其对应的输出信号在零初始条件下拉氏变换之比，因此扰动信号作用下系统的传递函数应该是扰动量与其对应的输出量在零初始条件下拉氏变换之比，即

$$G_N(s) = \frac{C_N(s)}{N(s)} = \frac{G_2(s)}{1 + G_1(s)G_2(s)H(s)} \tag{2-62}$$

5）扰动信号作用下系统的误差传递函数

扰动信号作用下系统的误差传递函数是指误差信号与扰动信号在零初始条件下的拉氏变换之比，即

$$G_{EN}(s) = \frac{E(s)}{N(s)} = \frac{-G_2(s)H(s)}{1 + G_1(s)G_2(s)H(s)} \tag{2-63}$$

由式（2-59）和式（2-62）可分别求出输入信号作用下系统的输出信号和扰动信号作用下系统的输出，即

$$C_R(s) = G_B(s)R(s) = \frac{G_1(s)G_2(s)}{1 + G_1(s)G_2(s)H(s)} R(s) \tag{2-64}$$

$$C_N(s) = G_N(s)N(s) = \frac{G_2(s)}{1 + G_1(s)G_2(s)H(s)} N(s) \tag{2-65}$$

根据线性叠加原理，当输入信号和扰动信号同时作用时，系统输出的拉氏变换为

$$C(s) = C_R(s) + C_N(S) = \frac{G_1(s)G_2(s)}{1 + G_1(s)G_2(s)H(s)} R(s) + \frac{G_2(s)}{1 + G_1(s)G_2(s)H(s)} N(s) \tag{2-66}$$

2.4.5 动态结构图等效变换举例

【例2-11】已知系统结构图如图2-38所示，求传递函数 $C(s)/R(s)$。

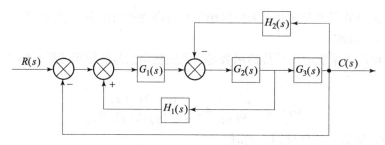

图 2-38 系统结构图

解：(1) 将 $G_2(s)$ 后面的引出点移到 $G_3(s)$ 后，如图 2-39（a）所示。

(2) 将第三个综合点前移，如图 2-39（b）所示。

(3) 将相邻综合点合并，如图 2-39（c）所示。

(4) 按环节串联连接和反馈连接的变换规则，将结构图等效变换成图 2-39（d）所示。

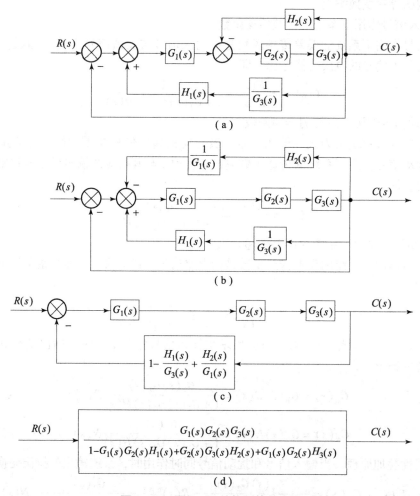

图 2-39 图 2-38 结构图等效变换

所以，系统的传递函数为

$$\frac{C(s)}{R(s)} = \frac{G_1(s)G_2(s)G_3(s)}{1 - G_1(s)G_2(s)H_1(s) + G_2(s)G_3(s)H_2(s) + G_1(s)G_2(s)G_3(s)}$$

【例 2-12】 求图 2-40 的传递函数 $C(s)/R(s)$。

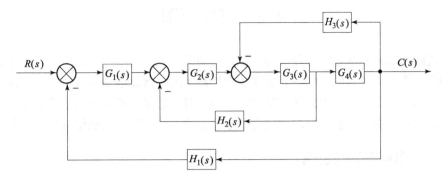

图 2-40 例 2-12 系统结构图

解：同例 2-11 相同，先将引出点后移，再将综合点前移，最后将综合点合并，其等效变换过程如图 2-41 所示。

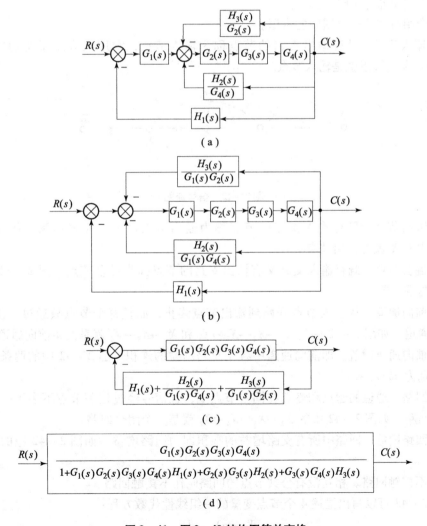

图 2-41 图 2-40 结构图等效变换

2.5 信号流图

信号流图和系统的动态结构图一样,都是控制系统中信号传递关系的图解描述,而且信号流图的形式更为简单,便于绘制和应用。在控制系统日益复杂的今天,闭环系统的回路越来越多,用结构图化简法求传递函数就显得复杂,费时颇多,若采用信号流图则可直接得到上述结果,因此该方法具有一定的优越性。本节主要讲述信号流图的组成和梅森公式。

2.5.1 信号流图的组成

信号流图主要由两部分组成:节点和支路。节点表示系统中的变量或信号,用小圆圈表示;支路是连接两个节点的有向线段。支路上的箭头表示信号传递的方向,支路的增益(传递函数)标在支路上。支路相当于乘法器,信号流经支路后,被乘以支路增益而变为另一信号。支路增益为1时不标出。

下面介绍有关信号流图中的术语。

(1) 输入节点。只有输出支路的节点称为输入节点,它用来表示系统的输入变量。图 2-42 中的 X_1 节点就是输入节点。

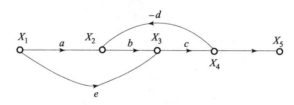

图 2-42 信号流图

(2) 输出节点。只有输入支路的节点称为输出节点,它一般表示系统的输出信号。图 2-42 中的 X_5 就是输出节点。

(3) 混合节点。既有输入支路又有输出支路的节点称为混合节点。图 2-42 中的 X_2、X_3、X_4 就是混合节点。

(4) 前向通道。从输入节点开始到输出节点终止,而且每个节点只通过一次的通道,叫作前向通道。如图 2-42 中的 $X_1 \to X_2 \to X_3 \to X_4$ 和 $X_1 \to X_3 \to X_4$ 就是两条前向通道。

(5) 前向通道增益。即前向通道中各个支路增益的乘积。图 2-42 中的两条前向通道的增益分别为 abc 和 ec。

(6) 回路。通道的起点和终点在同一节点上,且信号经过任一节点不多于一次的闭合通路称为回路。如图 2-42 中的 $X_2 \to X_3 \to X_4 \to X_2$ 就是一个闭合回路。

(7) 回路增益。回路中所有支路增益的乘积即为回路增益。如图 2-42 中的回路增益为 $-bcd$。

(8) 不接触回路。相互没有公共节点的回路叫作不接触回路。

由图 2-42 可以写出描述 4 个节点变量的一组线性代数方程:

$$X_2 = aX_1 - dX_4$$
$$X_3 = eX_1 + bX_2$$

$$X_4 = cX_3$$

2.5.2 信号流图的绘制

1. 根据代数方程绘制

由前面的例子可以看出,信号流图与线性代数方程组相对应,由信号流图可以写出一组代数方程式,同样由代数方程式也可以绘出对应的信号流图。例如,给出下列一组代数方程,绘出相应的信号流图。

$$\begin{cases} x_1 = x_1 \\ x_2 = a_{12}x_1 + a_{32}x_3 \\ x_3 = a_{23}x_2 + a_{43}x_4 \\ x_4 = a_{24}x_2 + a_{34}x_3 + a_{44}x_4 \\ x_5 = a_{25}x_2 + a_{45}x_4 \end{cases} \quad (2-67)$$

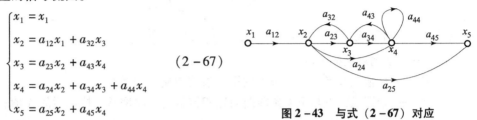

图 2-43 与式(2-67)对应的信号流图

首先将变量 x_1、x_2、x_3、x_4、x_5 作为节点,并依次从左到右排列在图上,然后根据方程式中所给出的因果关系,逐步画出各节点之间的支路即得信号流图,如图 2-43 所示。

2. 根据动态结构图绘制

动态结构图与信号流图之间也存在一一对应的关系,由系统的动态结构图同样可绘出信号流图。

【**例 2-13**】 已知某系统的结构图如图 2-44 所示,试画出相应的信号流图。

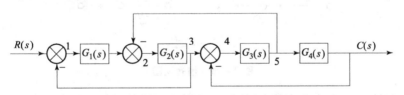

图 2-44 例 2-13 系统的结构图

解:由图 2-44 可以看出,若选择每个综合点和引出点作为节点信号,则共有 7 个不同的节点,绘制信号流图时,从左到右依次画出 7 个对应的节点,再按结构图中信号的传递关系用支路将它们连接起来,并标出支路的信号传递方向。结构图方框中的传递函数对应于支路的增益,将它们标在对应的支路上。如果方框的输出信号在综合点取负号,在信号流图中对应的增益应加一个负号。支路增益为 1 则不标出。按上述方法绘制出的信号流图是最简化的,不需要化简。图 2-44 对应的信号流图如图 2-45 所示。

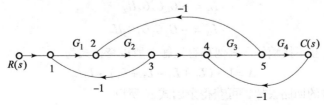

图 2-45 图 2-44 对应的信号流图

2.5.3 梅森公式

有时候绘制出的信号流图不是最简单的,还需要化简,信号流图的化简方法与结构图的化简方法相同,这里不再介绍。对于复杂的系统,无论是利用结构图化简法还是利用信号流图化简法求传递函数都是很费时的。如果只是求出系统的传递函数,利用梅森公式更为方便,它不需要对结构图或信号流图进行任何变换,就可写出传递函数。

梅森公式的一般形式为

$$G(s) = \frac{1}{\Delta} \sum_{k=1}^{n} P_k \Delta_k \tag{2-68}$$

式中 Δ——特征式,且 $\Delta = 1 - \sum L_a + \sum L_b L_c - \sum L_d L_e L_f + \cdots$

n——前向通道的个数;

P_k——从输入节点到输出节点的第 k 条前向通道的增益;

Δ_k——余因式,把与第 k 条前向通道相接触的回路增益去掉以后的 Δ 值;

$\sum L_a$——所有单回路的增益之和;

$\sum L_b L_c$——所有两两互不接触的回路增益乘积之和;

$\sum L_d L_e L_f$——所有三个互不接触的回路增益乘积之和。

【例 2-14】 已知系统的信号流图如图 2-46 所示,试用梅森公式求传递函数 $\dfrac{C(s)}{R(s)}$。

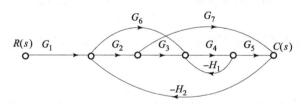

图 2-46 信号流图

解:在该系统中,共有 3 个前向通道,3 个前向通道的增益分别为

$$P_1 = G_1 G_2 G_3 G_4 G_5$$
$$P_2 = G_1 G_6 G_4 G_5$$
$$P_3 = G_1 G_2 G_7$$

有 4 个回路,它们的增益分别为

$$L_1 = -G_4 H_1$$
$$L_2 = -G_2 G_7 H_2$$
$$L_3 = -G_6 G_4 G_5 H_2$$
$$L_4 = -G_2 G_3 G_4 G_5 H_2$$

除回路 L_1 和回路 L_2 互不接触外,其他都有接触,所以特征式为

$$\Delta = 1 - (L_1 + L_2 + L_3 + L_4) + L_1 L_2$$

从 Δ 中将与 P_1 接触的回路去掉,可获得余因式 Δ_1 所以

$$\Delta_1 = 1$$

同理，有
$$\Delta_2 = 1, \quad \Delta_3 = 1 - L_1$$
因此，传递函数为
$$\frac{C(s)}{R(s)} = \frac{1}{\Delta}(P_1\Delta_1 + P_2\Delta_2 + P_3\Delta_3)$$
$$= \frac{G_1G_2G_3G_4G_5 + G_1G_6G_4G_5 + G_1G_2G_7(1 + G_4H_1)}{1 + G_4H_1 + G_2G_7H_2 + G_6G_4G_5H_2 + G_2G_3G_4G_5H_2 + G_4H_1G_2G_7H_2}$$

【例 2-15】 已知系统的信号流图如图 2-47 所示，求系统的传递函数 $\dfrac{X_c(s)}{X_r(s)}$ 和 $\dfrac{X_c(s)}{Y(s)}$。

解：（1）求 $\dfrac{X_c(s)}{X_r(s)}$。

由图 2-47 可知，该系统共有 1 条前向通道，通道增益为
$$P_1 = ac$$
有 3 个回路，它们的增益分别为
$$L_1 = d$$
$$L_2 = e$$
$$L_3 = cf$$

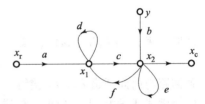

图 2-47　信号流图

除回路 L_1 和回路 L_2 互不接触外，其他都有接触，所以特征式为
$$\Delta = 1 - (L_1 + L_2 + L_3) + L_1L_2 = 1 - (d + e + cf) + de$$
从 Δ 中将与 P_1 接触的回路去掉，可获得余因式 Δ_1，所以
$$\Delta_1 = 1$$
因此，传递函数为
$$\frac{X_c(s)}{X_r(s)} = \frac{1}{\Delta}P_1\Delta_1 = \frac{ac}{1 - (d + e + cf) + de}$$

（2）求 $\dfrac{X_c(s)}{Y(s)}$。

从 y 到 x_c 的前向有一条通道，增益为
$$P_1 = b$$
$$\Delta_1 = 1 - d$$
特征式不变，所以传递函数为
$$\frac{X_c(s)}{Y(s)} = \frac{1}{\Delta}P_1\Delta_1 = \frac{b(1 - d)}{1 - (d + e + cf) + de}$$

【例 2-16】 试求图 2-48 所示系统的传递函数 $\dfrac{C(s)}{R(s)}$。

解：系统有 3 条前向通道，它们的前向通道增益分别为
$$P_1 = G_1G_2G_3G_4$$
$$P_2 = G_5G_3G_4$$
$$P_3 = G_1G_6$$

有 3 个回路，它们的增益分别为

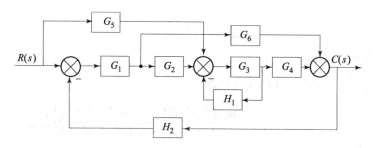

图 2-48 系统结构图

$$L_1 = -G_1G_2G_3G_4H_2$$
$$L_2 = -G_1G_6H_2$$
$$L_3 = -G_3H_1$$

回路 L_1 和回路 L_3 互不接触，系统的特征式为

$$\Delta = 1 - (L_1 + L_2 + L_3) + L_1L_2$$

各回路与前向通道 P_1、P_2 接触，故余因式 $\Delta_1 = \Delta_2 = 1$。前向通道 P_3 只与回路 L_3 不接触，所以余因式 $\Delta_3 = 1 - L_3$。因此，传递函数为

$$\frac{C(s)}{R(s)} = \frac{1}{\Delta}(P_1\Delta_1 + P_2\Delta_2 + P_3\Delta_3) = \frac{G_1G_2G_3G_4 + G_3G_4G_5 + G_1G_6(1+G_3H_1)}{1 + G_1G_2G_3G_4H_2 + G_1G_6H_2 + G_3H_1 + G_1G_3G_6H_1H_2}$$

【例 2-17】 试求图 2-49 所示系统的传递函数 $\dfrac{C(s)}{R(s)}$。

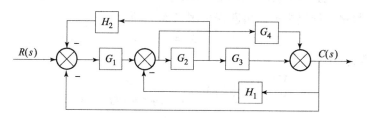

图 2-49 系统结构图

解：系统有两条前向通道，它们的前向通道增益分别为

$$P_1 = G_1G_2G_3$$
$$P_2 = G_1G_4$$

有 5 个回路，它们的增益分别为

$$L_1 = -G_1G_2G_3$$
$$L_2 = -G_2G_3H_1$$
$$L_3 = -G_4H_1$$
$$L_4 = -G_1G_4$$
$$L_5 = -G_1G_2H_2$$

各回路互相接触，系统的特征式为

$$\Delta = 1 - (L_1 + L_2 + L_3 + L_4 + L_5)$$

各回路与两条前向通道均接触，故余因式 $\Delta_1 = \Delta_2 = 1$。因此，系统的传递函数为

$$\frac{C(s)}{R(s)} = \frac{1}{\Delta}(P_1\Delta_1 + P_2\Delta_2) = \frac{G_1G_2G_3 + G_1G_4}{1 + G_1G_2G_3 + G_2G_3H_1 + G_4H_1 + G_1G_4 + G_1G_2H_2}$$

习　题

2.1　填空题

1. 自动控制系统的数学模型有（　　　　　　　　　　）。
2. 物理性质不同的系统可以有相同的传递函数，同一系统中，取不同的物理量作为系统的输入或输出时，传递函数（　　　　　　　　　　）。
3. 传递函数与系统微分方程二者之间可以（　　　　　　　　　　）。
4. 当多环节串联连接时，其传递函数为多个环节传递函数的（　　　　　　　　　　）。
5. 当多个环节并联连接时，其传递函数为多个环节传递函数的（　　　　　　　　　　）。
6. 系统的开环传递函数为前向通道的传递函数与反馈通道的传递函数的（　　　　　　　　　　）。
7. 信号流图主要由（　　　　　　　　　　）两部分组成。
8. 支路是连接两个节点的有向线段，支路上的箭头表示（　　　　　　　　　　）的方向，传递函数标在支路上。
9. 只有输出支路的节点称为（　　　　　　　　　　）。
10. 已知信号流图，应用（　　　　　　　　　　）可以很方便地求出传递函数。

2.2　单项选择题

1. 在线性定常系统中，当初始条件为零时，系统输出的拉氏变换与输入的拉氏变换之比称作系统的（　　）。

  A. 信号流图　　　B. 传递函数　　　C. 动态结构框图　　　D. 以上都对

2. 在复杂的闭环控制系统中，具有相互交错的局部反馈时，为了简化系统的动态结构图，通常需要将信号的引出点和综合点进行前移和后移，在将引出点和综合点进行前移和后移时（　　）。

  A. 相邻两个引出点和相邻两个综合点可以相互换位
  B. 相邻两个引出点和相邻两个综合点不可以相互换位
  C. 综合点和引出点之间可以相互换位
  D. A、C 对

3. 惯性环节的微分方程为（　　）。

  A. $T\dfrac{dc(t)}{dt} + c(t) = r(t)$　　　B. $\dfrac{1}{s}$

  C. $c(t) = \int r(t)dt$　　　D. $Ts + 1$

4. 惯性环节的传递函数为（　　）。

  A. $T\dfrac{dc(t)}{dt} + c(t) = r(t)$　　　B. $\dfrac{1}{Ts+1}$

  C. $c(t) = \int r(t)dt$　　　D. $Ts + 1$

5. 积分环节的输出量与输入量对时间的积分成正比，其微分方程为（   ）。

A. $T\dfrac{dc(t)}{dt}+c(t)=r(t)$ B. $\dfrac{1}{Ts+1}$

C. $c(t)=\int r(t)dt$ D. $\dfrac{1}{s^2}$

6. 积分环节的传递函数为（   ）。

A. $T\dfrac{dc(t)}{dt}+c(t)=r(t)$ B. $\dfrac{1}{Ts+1}$

C. $c(t)=\int r(t)dt$ D. $\dfrac{1}{s}$

7. 理想微分环节的输出量与输入量的变化率成正比，其微分方程为（   ）。

A. $c(t)=\dfrac{dr(t)}{dt}$ B. $\dfrac{1}{Ts+1}$

C. $c(t)=\int r(t)dt$ D. $\dfrac{1}{s^2}$

8. 振荡环节的传递函数为（   ）。

A. $G(s)=\dfrac{\omega_n^2}{s^2+2\xi\omega_n s+\omega_n^2}$ B. $\dfrac{1}{Ts+1}$

C. $\dfrac{1}{s}$ D. $Ts+1$

9. 下面的说法（   ）是正确的。
A. 相邻两个综合点可以互换位置
B. 相邻两个综合点不可以互换位置
C. 综合点和引出点之间（可以）换位
D. 以上都对

10. 信号流图主要由（   ）组成。
A. 节点和支路
B. 节点、支路、输入节点、输出节点、混合节点、回路、前向通道、自回环
C. 输入节点、输出节点、混合节点
D. 以上都不对

2.3 建立无源网络的传递函数

求图 2-50 所示无源网络的传递函数。

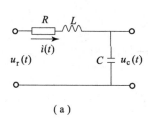
(a)

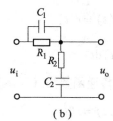
(b)

图 2-50 无源网络

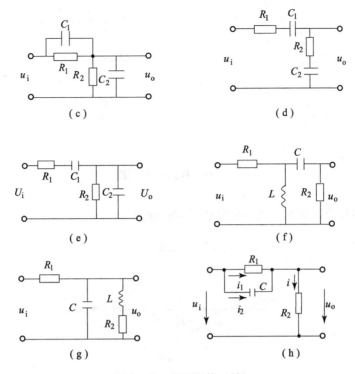

图 2-50 无源网络（续）

2.4 建立有源网络的传递函数

求图 2-51 所示有源网络的传递函数。

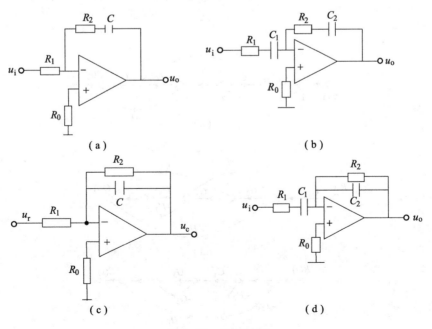

图 2-51 有源网络

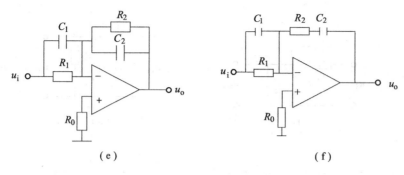

图 2-51 有源网络（续）

2.5 已知系统信号流图，用梅森公式求传递函数

用梅森公式求图 2-52 所示信号流图的传递函数。

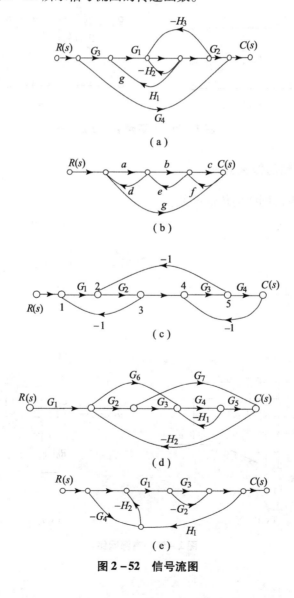

图 2-52 信号流图

2.6 综合题

1. 求图 2-53 所示有源网络的传递函数 $\dfrac{U_o(s)}{U_i(s)}$。

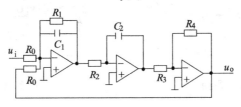

图 2-53 综合题 1 用图

2. 求图 2-54 所示有源网络的传递函数 $\dfrac{U_o(s)}{U_i(s)}$。

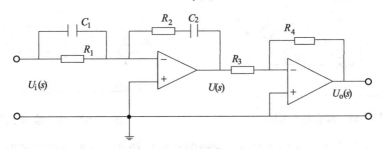

图 2-54 综合题 2 用图

3. 系统结构图如图 2-55 所示，画出信号流图，然后利用梅森公式求系统的传递函数。
4. 系统结构图如图 2-56 所示，画出信号流图，然后利用梅森公式求系统的传递函数。

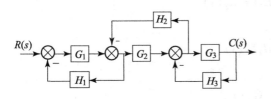

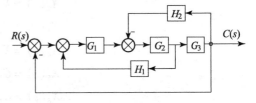

图 2-55 综合题 3 用图

图 2-56 综合题 4 用图

5. 系统结构图如图 2-57 所示，画出信号流图，然后利用梅森公式求系统的传递函数。
6. 系统结构图如图 2-58 所示，画出信号流图，然后利用梅森公式求系统的传递函数。

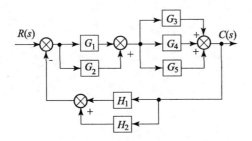

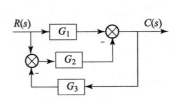

图 2-57 综合题 5 用图

图 2-58 综合题 6 用图

7. 系统结构图如图 2-59 所示，画出信号流图，然后利用梅森公式求系统的传递函数。

8. 系统结构图如图 2-60 所示，利用梅森公式求系统的传递函数。

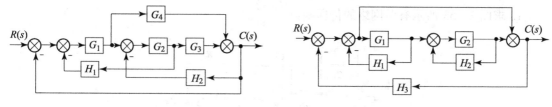

图 2-59　综合题 7 用图　　　　　　　图 2-60　综合题 8 用图

9. 系统结构图如图 2-61 所示，利用梅森公式求系统的传递函数。

10. 系统结构图如图 2-62 所示，求传递函数 $G_R(s) = \dfrac{C(s)}{R(s)}$ 和 $G_N(s) = \dfrac{C(s)}{N(s)}$。

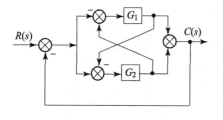 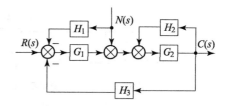

图 2-61　综合题 9 用图　　　　　　　图 2-62　综合题 10 用图

11. 已知某系统由下列方程组组成，试绘制系统结构图，并画出信号流图，然后求出闭环传递函数 $\dfrac{C(s)}{R(s)}$。

$$X_1(s) = R(s) - C(s)$$
$$X_2(s) = X_1(s) - H_1(s)X_5(s)$$
$$X_3(s) = G_1 X_2(s)$$
$$X_4(s) = X_3(s) - H_2 X_7(s)$$
$$X_5(s) = G_2 X_4(s)$$
$$X_6(s) = G_3 X_5 + G_4 X_3(s)$$
$$X_7(s) = X_6(s)$$

第 3 章 时 域 法

学习导航

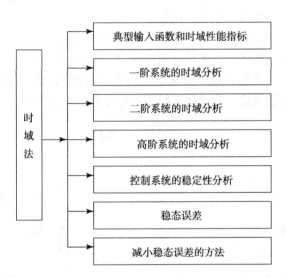

建立了控制系统的数学模型后,就可以对控制系统进行分析和综合。经典控制理论中常用的线性系统分析方法有时域分析法、根轨迹分析法和频域分析法。时域分析法是对响应的时间函数进行分析,具有直观简洁、结果精确的特点。所谓控制系统时域分析方法,就是给控制系统施加一个特定的输入信号,通过分析控制系统的输出响应对系统的性能进行分析。由于系统的输出变量一般是时间 t 的函数,故称这种响应为时域响应,这种分析方法为时域分析法。然而,时域分析需要求解微分方程,分析高阶系统是困难的,尤其是寄希望于通过改变数学模型来获得好的响应性能时,需要反复求解微分方程,不用计算机无法求解。随着计算机软硬件的发展,在计算机上应用诸如 MULTISIM 软件进行时域仿真技术,使得时域分析不仅容易而且快捷准确。当然,不同的方法有不同的特点和适用范围,但是比较而言,时域分析法是一种直接在时间域中对系统进行分析的方法,具有直观、准确的优点,并且可以提供系统时间响应的全部信息,在描述系统性能的数学模型的阶次较低的情况下是一种首选的方法。

本章主要研究线性系统时域分析法,包括系统的稳定性、稳态及瞬态响应和衡量这些性能的时域指标。

3.1 典型输入函数和时域性能指标

不论是时域分析法还是频域分析法，对系统的要求是不变的，仍然有 3 个方面：
(1) 系统应是稳定的；
(2) 系统达到稳态时，应满足稳态性能指标的要求；
(3) 系统在暂态过程中应满足暂态性能指标的要求。

3.1.1 系统的稳定性

一个闭环控制系统，当给定量发生变化或受到干扰时，输出量将偏离原来的稳定值。这时经过短暂的过渡过程，系统有可能趋近于或恢复到原来的稳态值稳定下来，也有可能由于系统内部的相互作用，使系统发散处于不稳定状态。

当有扰动作用于一个反馈系统，使输出量偏离原来的稳定值，这时由于反馈作用，经过几次振荡最终回到原来的稳定值，称这种系统为稳定系统，如图 3-1 (a) 所示。

当有扰动作用于一个反馈系统，使输出量偏离原来的稳定值，这时由于内部的相互作用，使系统偏离原来的稳定值，称这种系统为不稳定系统，如图 3-1 (b) 所示。

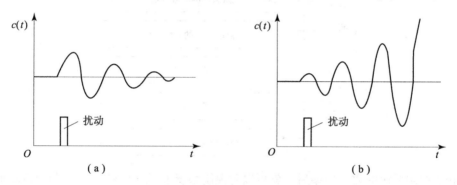

图 3-1 稳定系统和不稳定系统
(a) 稳定系统；(b) 不稳定系统

3.1.2 自动控制系统的典型输入信号

自动控制系统的典型输入信号有阶跃函数、斜坡函数、抛物线函数、脉冲函数和正弦函数等。利用这些典型输入信号能很容易对系统进行实验和数学分析。下面介绍几种典型的输入函数。

1. 阶跃函数

阶跃函数的数学表达式为

$$r(t) = \begin{cases} A, & t \geq 0 \\ 0, & t < 0 \end{cases} \tag{3-1a}$$

式中，A 为阶跃值。

幅值为 1 的阶跃函数称为单位阶跃函数，它表示为

$$r(t) = 1(t) \qquad (3-1b)$$

单位阶跃函数的拉氏变换为

$$R(s) = L[1(t)] = \frac{1}{s} \qquad (3-1c)$$

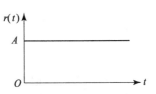

图 3-2 阶跃函数

如图 3-2 所示，在 $t=0$ 时刻以前的值为 0，在 $t=0$ 时刻发生了幅值为 A 的跃变。通常将恒值给定的输入信号用阶跃函数来描述。用它来描述恒速拖动控制系统的输入量是最合适的。

2. 斜坡函数

斜坡函数的数学表达式为

$$r(t) = \begin{cases} At, & t \geq 0 \\ 0, & t < 0 \end{cases} \qquad (3-2a)$$

式中，幅值 A 为 1 的斜坡函数称为单位斜坡函数，它表示为

$$r(t) = \begin{cases} t, & t \geq 0 \\ 0, & t < 0 \end{cases} \qquad (3-2b)$$

单位斜坡函数的拉氏变换为

$$R(s) = L[At] = \frac{A}{s^2} \qquad (3-2c)$$

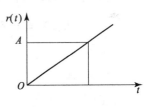

图 3-3 斜坡函数

如图 3-3 所示，式中 A 为斜坡函数的作用强度，$A=1$ 时为单位斜坡函数。

$$R(s) = \frac{1}{s^2}$$

3. 抛物线函数

抛物线函数的数学表达式为

$$r(t) = \begin{cases} At^2, & t \geq 0 \\ 0, & t < 0 \end{cases} \qquad (3-3a)$$

该函数的拉氏变换为

$$R(s) = L[At^2] = \frac{2A}{s^3} \qquad (3-3b)$$

抛物线函数曲线如图 3-4 所示。抛物线函数也称等加速度函数，它等于斜坡函数对时间的积分，而它对时间的导数就是斜坡函数。

当 $A = 1/2$ 时，称为单位抛物线函数。其拉氏变换为

$$R(s) = \frac{1}{s^3} \qquad (3-3c)$$

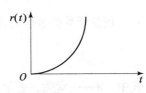

图 3-4 抛物线函数

4. 脉冲函数

脉冲函数的数学表达式为

$$r(t) = \begin{cases} \dfrac{A}{\varepsilon}, & 0 < t < \varepsilon\,(\varepsilon \to 0) \\ 0, & t < 0,\ t > \varepsilon\,(\varepsilon \to 0) \end{cases} \tag{3-4}$$

当 $A=1$ 时，记为 $\delta_\varepsilon(t)$，如图 3-5（a）所示，令 $\varepsilon \to 0$，则称之为单位脉冲函数 $\delta(t)$，如图 3-5（b）所示。

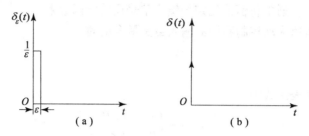

图 3-5　脉冲函数

(a) 当 $\varepsilon > 0$ 时；(b) 当 $\varepsilon \to 0$ 时

单位脉冲函数的拉氏变换为

$$\begin{aligned}
R(s) &= \int_0^\infty \delta(t) e^{-st} dt = \lim_{\varepsilon \to 0} \int_0^\infty \frac{1}{\varepsilon} e^{-st} dt \\
&= \lim_{\varepsilon \to 0} \left[\frac{1}{\varepsilon} \cdot \frac{-e^{-st}}{s} \right]_0^\varepsilon \\
&= \lim_{\varepsilon \to 0} \frac{1}{\varepsilon s} \left[1 - \left(1 - \varepsilon s + \frac{\varepsilon^2 s^2}{2!} - \cdots \right) \right] \\
&= 1
\end{aligned} \tag{3-5}$$

由于 $\int_{-\infty}^{\infty} \delta(t) dt = 1$，所以单位脉冲函数是单位阶跃函数对时间的导数，而单位阶跃函数则是单位脉冲函数对时间的积分。即

$$\delta(t) = \frac{d}{dt} 1(t)$$

$$\int_{-\infty}^{t} \delta(\tau) d\tau = 1(t)$$

5. 正弦函数

正弦函数的数学表达式为

$$r(t) = \begin{cases} A\sin(\omega t + \varphi), & t \geq 0 \\ 0, & t < 0 \end{cases} \tag{3-6}$$

式中　A——常数，表示正弦输入信号的幅值；

　　　ω——角频率；

　　　φ——位移。

当位移 $\varphi = 0$ 时，正弦函数的拉氏变换为

$$R(s) = \frac{A\omega}{s^2 + \omega^2} \tag{3-7}$$

当 $A=1$ 时，表示正弦函数的振幅为 1，其拉氏变换为

$$R(s) = \frac{\omega}{s^2 + \omega^2} \tag{3-8}$$

正弦信号在生产实际中常用来描述交流电源、电磁波等周期信号；用正弦函数作输入信号，可以求得系统对不同频率的正弦输入函数的稳态响应，由此可以间接判断系统的性能。

3.1.3 时域性能指标

在典型输入信号作用下，任何一个控制系统的时间响应都由暂态过程和稳态过程两部分组成。动态响应描述了系统的动态性能，而稳态响应反映了系统的稳态精度。两者都是线性控制系统的重要性能。因此，在对系统设计时必须同时给予满足。

暂态过程指系统在典型输入信号作用下，系统从初始状态到最终状态的响应过程。根据系统结构和参数选择情况，动态响应表现为衰减、发散或等幅振荡几种形式。显然，一个实际运行的控制系统，其动态响应必须是衰减的，也就是说，系统必须是稳定的。动态响应除提供系统稳定性的信息外，还可以提供响应速度及阻尼情况等运动信息，这些运动信息用动态性能来描述。

如果一个线性系统是稳定的，那么从任何初始条件开始，经过一段时间就可以认为它的过渡过程已经结束，进入了与初始条件无关而仅由外作用决定的状态，即稳态响应。所以稳态响应是指当 t 趋于无穷大时系统的输出状态。稳态响应表征系统输出量最终复现输入量的程度，提供系统有关稳态误差的信息，用稳态性能来描述。

由此可见，线性控制系统在输入信号作用下的性能指标，通常由暂态性能和稳态性能两部分组成。

1. 暂态性能指标

描述稳定系统在单位阶跃函数作用下，暂态过程随时间变化的指标称为暂态性能指标。为了便于分析和比较，假设系统在单位阶跃输入信号前处于静止状态，而且输出量及其各阶导数均为零。对于大多数控制系统来说，这种假设是符合实际情况的。

对于图 3-6 所示的单位阶跃响应，通常其暂态性能指标如下。

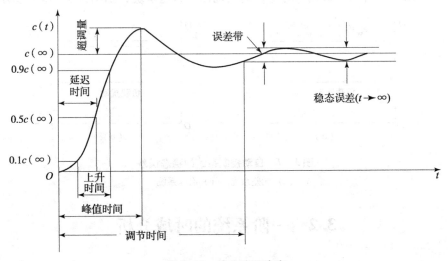

图 3-6 单位阶跃响应

(1) 延迟时间 t_d：响应第一次达到稳态值 $c(\infty)$ 的 50% 的时间。

(2) 上升时间 t_r：响应第一次达到稳态值 $c(\infty)$ 的时间。当无超调时，指响应从 $c(\infty)$ 的 10%~90% 的时间。

(3) 峰值时间 t_p：响应超过 $c(\infty)$ 达到第一个峰值的时间。

(4) 调节时间 t_s：在 $c(t)$ 曲线的 $c(\infty)$ 附近，取其 ±2% 或 ±5% 称为误差带，或叫允许误差，用 Δ 表示。t_s 是响应曲线 $c(t)$ 达到并不再超出其误差带的最小时间。

(5) 超调量 $\sigma\%$：响应的最大值 $c_{\max}$（或 $c(t_p)$）超过 $c(\infty)$ 的百分数。即

$$\sigma\% = \frac{c(t_p) - c(\infty)}{c(\infty)} \times 100\% \qquad (3-9)$$

若 $c(t_p) < c(\infty)$，则响应无超调。超调量也称最大超调量或百分比超调量。

(6) 振荡次数 μ：指在调节时间 t_s 内，$c(t)$ 偏离 $c(\infty)$ 的振荡次数；或在调节时间 t_s 内，$c(t)$ 曲线穿越 $c(\infty)$ 的次数的 $\frac{1}{2}$。

$$\mu = \frac{t_s}{t_f}$$

式中，t_f 为阻尼振荡的周期时间。

上述 6 个动态性能指标，基本上可以体现系统暂态过程的特征。在实际应用中，常用的暂态性能指标多为上升时间、调节时间和超调量。通常用上升时间和峰值时间评价系统的响应速度，用超调量评价系统的阻尼程度；而调节时间是同时反映响应速度和阻尼程度的综合性指标。应当指出，除一、二阶系统外，要精确地确定这些动态性能指标的解析表达式是很困难的。

2. 稳态性能指标

稳态性能指标是表征控制系统准确性的性能指标。当系统从一个稳态过渡到新的稳态，或系统受扰动作用又重新平衡后，系统可能会出现偏差，这种偏差称为稳态误差。系统稳态误差的大小反映了系统的稳态精度。它表明了系统控制的准确程度。

稳态误差越小，系统的稳态精度越高。若稳态误差为零，则系统为无差系统，如图 3-7（a）所示；若稳态误差不为零，则系统称为有差系统，如图 3-7（b）所示。

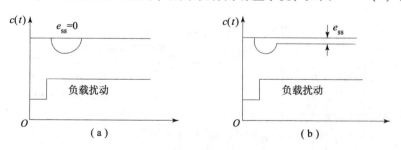

图 3-7　自动控制系统的稳态误差

(a) 无差系统；(b) 有差系统

3.2　一阶系统的时域分析

由一阶微分方程描述的系统，称为一阶系统。一阶系统在控制工程中应用广泛，特别是

有些高阶系统的特性，常可用一阶系统的特性来近似表征。如 RC 网络、发电机、液面控制系统等都是一阶系统。

3.2.1 一阶系统的数学模型

一阶系统的微分方程为

$$T\frac{\mathrm{d}c(t)}{\mathrm{d}t} + c(t) = r(t) \tag{3-10}$$

式中 $c(t)$ ——输出量；

$r(t)$ ——输入量；

T ——时间常数。

一阶系统的结构图如图 3-8 所示，其闭环传递函数为

$$G_{\mathrm{B}}(s) = \frac{C(s)}{R(s)} = \frac{1}{\frac{1}{K}s + 1} = \frac{1}{Ts + 1} \tag{3-11}$$

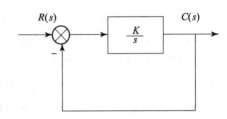

式中，$T = \frac{1}{K}$。

图 3-8 一阶系统的结构图

式（3-10）和式（3-11）称为一阶系统的数学模型。

3.2.2 一阶系统的单位阶跃响应

单位阶跃输入的拉氏变换为

$$R(s) = L[1(s)] = \frac{1}{s}$$

所以

$$C(s) = L^{-1}\left[\frac{1}{Ts+1} \cdot \frac{1}{s}\right] = L^{-1}\left[\frac{1}{s} - \frac{1}{s + \frac{1}{T}}\right]$$

取 $c(t)$ 的拉氏变换，可得单位阶跃响应，即

$$c(t) = 1 - \mathrm{e}^{-\frac{1}{T}t}, \quad t \geq 0 \tag{3-12}$$

其一阶系统的单位阶跃响应曲线如图 3-9 所示。由图 3-9 可见，一阶系统的单位阶跃响应曲线是一条由零开始，按指数规律上升并最终趋于 1 的曲线，响应曲线具有非振荡特征，也称为非周期响应。

时间常数 T 是表征系统响应特性的一个唯一参数，一阶系统也称为惯性环节。对于不同的系统，时间常数 T 具有不同的物理意义，但是由式（3-12）可以看出，它具有"秒"的量纲。此外，它与输出值有确定的关系：

$$t = T, \quad c(T) = 0.632$$

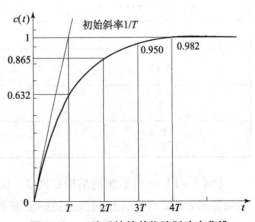

图 3-9 一阶系统的单位阶跃响应曲线

$$t=2T, \quad c(2T)=0.865$$
$$t=3T, \quad c(3T)=0.950$$
$$t=4T, \quad c(4T)=0.982$$

响应曲线的初始斜率

$$\left.\frac{dc(t)}{dt}\right|_{t=0} = \left.\frac{1}{T}e^{-\frac{1}{T}t}\right|_{t=0} = \frac{1}{T} \tag{3-13}$$

式（3-13）表明：在 T 等于零处曲线的斜率最大，其值为 $1/T$，一阶系统如能保持 $t=0$ 时刻的初始响应速度不变，则在 $t=0\sim T$ 时间里响应过程便可以完成其总变化量，而有 $c(T)=1$。但一阶系统单位阶跃响应的实际响应速度并不能保持 $1/T$ 不变，而是随时间的推移而单调下降，经过 T 时间，响应只上升到稳态值的 63.2%。

由于一阶系统的单位阶跃响应是一条单调上升的指数曲线，没有超调，所以其性能指标主要是调节时间 t_s，它表征系统过渡过程进行的快慢。由于 $t=3T$ 时，输出响应可达到稳态值的 95%；$t=4T$ 时，输出响应可达到稳态值的 98%，故一般取：

$$t_s = 3T(s)，（对应 5\% 误差带）$$
$$t_s = 4T(s)，（对应 2\% 误差带）$$

显然，系统的时间常数 T 越小，响应过程的快速性也越好。

一阶系统的单位阶跃响应的特点总结如下：

（1）一阶系统的单位阶跃响应是一条由零开始，按指数规律上升并最终趋于 1 的曲线，没有超调，响应曲线具有非振荡特征，也称为非周期响应。

（2）在 T 等于零处曲线的斜率最大，其值为 $1/T$。

（3）一阶系统的单位阶跃响应如果以初始速度等速上升至稳态值，所需要的时间应恰好为 T，实际上经过 T 时间，响应只上升到稳态值的 63.2%。

（4）一阶系统的性能指标只有调节时间 t_s，$t=3T$ 时，输出响应可达到稳态值的 95%；$t=4T$ 时，输出响应可达到稳态值的 98%。

我们分析了一阶系统的单位阶跃响应，其他响应信号的分析方法相同，这里就不一一赘述了，现将一阶系统对典型输入信号的输出响应归纳于表 3-1 中。

表 3-1　一阶系统对典型输入信号的输出响应

输入信号 $r(t)$	输出响应 $c(t)$
$1(t)$	$1-e^{-\frac{t}{T}} \quad t\geq 0$
$\delta(t)$	$\frac{1}{T}e^{-\frac{t}{T}} \quad t\geq 0$
t	$t-T+Te^{-\frac{t}{T}} \quad t\geq 0$
$\frac{1}{2}t^2$	$\frac{1}{2}t^2 - Tt + T^2(1-e^{-\frac{t}{T}}) \quad t\geq 0$

【例 3-1】 一阶系统的结构如图 3-10 所示。试求该系统单位阶跃响应的调节时间 t_s。如果要求 $t_s \leq 0.1(s)$，试问该系统的反馈系数应取何值？

解：首先由系统结构图写出闭环传递函数

$$G_B(s) = \frac{C(s)}{R(s)} = \frac{\frac{100}{s}}{1+\frac{100}{s}\times 0.1} = \frac{10}{0.1s+1}$$

由闭环传递函数得到时间常数
$$T = 0.1(\text{s})$$

因此调节时间：$t_s = 3T = 0.3(\text{s})$（取 5% 误差带）。

下面来求满足 $t_s \leq 0.1(\text{s})$ 时的反馈系数值。假设反馈系数为 $K_t(K_t > 0)$，那么同样可由结构图写出闭环传递函数

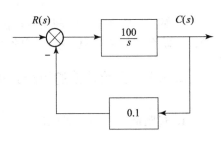

图 3-10 一阶系统结构图

$$G_B(s) = \frac{C(s)}{R(s)} = \frac{\frac{100}{s}}{1+\frac{100}{s}\times K_t} = \frac{\frac{1}{K_t}}{\frac{0.01}{K_t}s+1}$$

由闭环传递函数可得
$$T = 0.01/K_t$$

依题意要求 $t_s \leq 0.1(\text{s})$，则得到
$$t_s = 3T = 0.03/K_t \leq 0.1(\text{s})$$
$$K_t \geq 0.3$$

3.3 二阶系统的时域分析

由一阶微分方程描述的系统，称为一阶系统。同理，由二阶微分方程描述的系统，称为二阶系统。在控制工程中，二阶系统具有很重要的地位，这不仅是因为二阶系统在数学上容易分析，更重要的是因为关于二阶系统的知识是研究高阶系统的基础，可以在高阶系统中忽略一些次要的因素，将高阶系统降为二阶系统进行处理，仍不失其运动过程的基本性质。

3.3.1 二阶系统的数学模型

现以图 3-11 所示的典型二阶系统为例，求解二阶系统的数学模型及单位阶跃响应。图示系统的闭环传递函数为

$$G_B(s) = \frac{C(s)}{R(s)} = \frac{\omega_n^2}{s^2 + 2\xi\omega_n s + \omega_n^2} \quad (3-14)$$

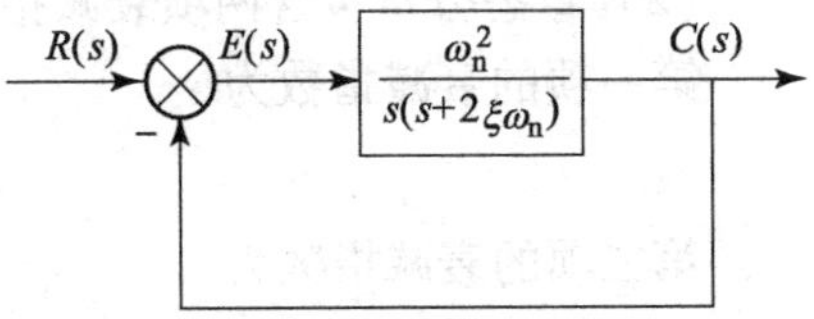

当输入信号为单位阶跃函数时，则二阶系统的单位阶跃响应的拉氏变换式为

$$C(s) = \frac{\omega_n^2}{s(s^2 + 2\xi\omega_n s + \omega_n^2)} \quad (3-15)$$

图 3-11 典型二阶系统的结构图

系统的特征方程为

$$s^2 + 2\xi\omega_n s + \omega_n^2 = 0 \quad (3-16)$$

由上式可以解出特征方程式的根为

$$-p_{1,2} = \frac{-2\xi\omega_n \pm \sqrt{4\xi^2\omega_n^2 - 4\omega_n^2}}{2} = -\xi\omega_n \pm \omega_n\sqrt{\xi^2-1} \quad (3-17)$$

显然，二阶系统的时间响应取决于 ξ 和 ω_n 这两个参数。特别是随着阻尼比 ξ 取值的不同，二阶系统的特征根具有不同的性质，从而系统的响应特性也不同。

3.3.2 二阶系统的阶跃响应

1. 过阻尼（$\xi > 1$）的情况

系统的特征根为

$$-p_1 = -\xi\omega_n - \omega_n\sqrt{\xi^2 - 1}$$
$$-p_2 = -\xi\omega_n + \omega_n\sqrt{\xi^2 - 1}$$

因为 $\xi > 1$，所以 $-p_1$、$-p_2$ 均位于复平面虚轴的左侧，并且均在实轴上，如图 3-12（a）所示。在这种情况下，系统输出量的拉氏变换可以写成

$$C(s) = \frac{\omega_n^2}{s(s^2 + 2\xi\omega_n s + \omega_n^2)} = \frac{A_1}{s} - \frac{A_2}{s + \xi\omega_n - \omega_n\sqrt{\xi^2 - 1}} + \frac{A_3}{s + \xi\omega_n + \omega_n\sqrt{\xi^2 - 1}}$$

其中各系数可按下类各式求出

$$A_1 = \text{Res}[C(s)s]_{s=0} = 1$$

$$A_2 = \text{Res}[C(s)(s+p_1)]_{s=-p_1} = \frac{-1}{2\sqrt{\xi^2 - 1}(\xi - \sqrt{\xi^2 - 1})}$$

$$A_3 = \text{Res}[C(s)(s+p_2)]_{s=-p_2} = \frac{1}{2\sqrt{\xi^2 - 1}(\xi + \sqrt{\xi^2 - 1})}$$

对 $C(s)$ 取拉氏反变换，得到

$$c(t) = L^{-1}[C(s)] = L^{-1}\left[\frac{A_0}{s} + \frac{A_1}{s + p_1} + \frac{A_2}{s + p_2}\right]$$
$$= 1 - \frac{1}{2\sqrt{\xi^2 - 1}}\left(\frac{e^{-(\xi - \sqrt{\xi^2 - 1})\omega_n t}}{\xi - \sqrt{\xi^2 - 1}} - \frac{e^{-(\xi + \sqrt{\xi^2 - 1})\omega_n t}}{\xi + \sqrt{\xi^2 - 1}}\right), \quad t \geq 0 \qquad (3-18)$$

由式（3-18）可见，二阶系统的单位阶跃响应由两部分组成，即稳态分量和暂态分量：
（1）稳态分量是上式的第一项；
（2）暂态分量包含两项衰减指数项。
第一项的衰减指数为

$$-p_1 = -(\xi - \sqrt{\xi^2 - 1})\omega_n$$

第二项的衰减指数为

$$-p_2 = -(\xi + \sqrt{\xi^2 - 1})\omega_n$$

当 $\xi > 1$ 时，后一项的衰减指数远比前一项大得多。也就是说，在暂态过程中，后一分量衰减得快，因此后一项暂态分量只是在响应的前期对系统有所影响；而在后期，则影响甚小。所以近似分析过阻尼的暂态响应时，可以将后一项忽略不计。这样二阶系统的暂态响应就类似于一阶系统的响应，可按一阶系统进行时域分析。

2. 欠阻尼（$0 < \xi < 1$）的情况

当 $0 < \xi < 1$ 时，特征方程式的根为

$$-p_1 = -(\xi - j\sqrt{\xi^2-1})\omega_n$$
$$-p_2 = -(\xi + j\sqrt{\xi^2-1})\omega_n$$

由于 $\xi<1$，故 $-p_1$、$-p_2$ 为一对共轭复根，如图 3-12（b）所示。

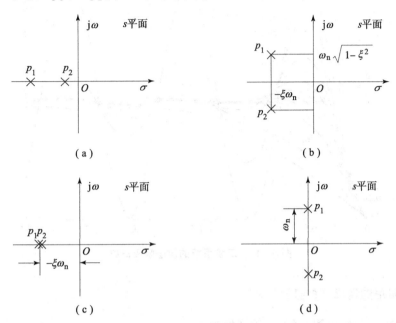

图 3-12 二阶系统极点的分布
(a) $\xi>1$；(b) $0<\xi<1$；(c) $\xi=1$；(d) $\xi=0$

已知二阶系统输出量的拉氏变换为

$$C(s) = \frac{\omega_n^2}{s(s^2+2\xi\omega_n s+\omega_n^2)}$$

或写成

$$C(s) = \frac{1}{s} - \frac{s+2\xi\omega_n}{s^2+2\xi\omega_n s+\omega_n^2}$$

为了求拉氏反变换，将上式作如下变换并求其原函数：

$$C(s) = \frac{1}{s} - \frac{s+\xi\omega_n}{(s+\xi\omega_n)^2+(\omega_n\sqrt{1-\xi^2})^2} - \frac{\xi\omega_n}{(s+\xi\omega_n)^2+(\omega_n\sqrt{1-\xi^2})^2}$$

$$c(t) = L^{-1}[C(s)] = 1 - e^{-\xi\omega_n t}\left(\cos\sqrt{1-\xi^2}\omega_n t + \frac{\xi}{\sqrt{1-\xi^2}}\sin\sqrt{1-\xi^2}\omega_n t\right)$$

$$= 1 - \frac{1}{\sqrt{1-\xi^2}}e^{-\xi\omega_n t}\sin(\sqrt{1-\xi^2}\omega_n t+\theta)$$

$$= 1 - \frac{1}{\sqrt{1-\xi^2}}e^{-\xi\omega_n t}\sin(\omega_d t+\theta), \quad t\geq 0 \tag{3-19}$$

式中，$\omega_d=\sqrt{1-\xi^2}\omega_n$，称为阻尼振荡角频率或振荡角频率；$\theta=\arctan\dfrac{\sqrt{1-\xi^2}}{\xi}$，称为二阶系统的阻尼角。

由上式可见，在 $\xi<1$ 的情况下，二阶系统暂态响应的暂态分量为一按指数衰减的简谐振荡时间函数。以 ξ 为变量的二阶系统的暂态响应曲线绘制于图 3-13 中。

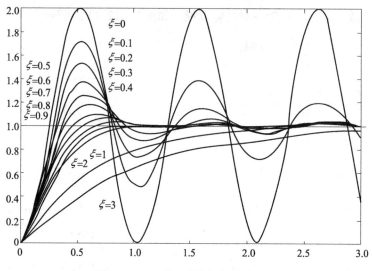

图 3-13 二阶系统的暂态响应曲线

3. 临界阻尼的情况（$\xi=1$）

当 $\xi=1$ 时，系统的输出量的拉氏变换为

$$C(s) = \frac{\omega_n^2}{s(s+\omega_n)^2}$$

其特征方程式的根为

$$-p_{1,2} = -\omega_n$$

可见，有两个负实重根，如图 3-12（c）所示。

二阶系统当 $\xi=1$ 时的暂态响应分析如下：

将上式展开成部分分式为

$$C(s) = \frac{1}{s} - \frac{1}{s+\omega_n} - \frac{\omega_n}{(s+\omega_n)^2}$$

将上式进行拉氏反变换，得到函数为

$$c(t) = 1 - e^{-\omega_n t}(1+\omega_n t), \quad t \geq 0 \tag{3-20}$$

因此，当 $\xi=1$ 时，二阶系统的暂态响应是一条无超调单调上升的曲线。

4. 无阻尼 $\xi=0$ 的情况

当 $\xi=0$ 时，输出量的拉氏变换为

$$C(s) = \frac{\omega_n^2}{s(s^2+\omega_n^2)}$$

特征方程式的根为

$$-p_1 = j\omega_n$$
$$-p_2 = -j\omega_n$$

可见特征方程式的根位于虚轴上,如图 3-12(d)所示。

二阶系统的暂态响应为

$$c(t) = 1 - \cos\omega_n t \tag{3-21}$$

在这种情况下,系统处于临界状态,为等幅余弦振荡曲线,无阻尼等幅振荡角频率是 ω_n。

综上所述,在不同的阻尼比时二阶系统的暂态响应有很大区别,因此阻尼比 ξ 是二阶系统的重要参数。当 $\xi=0$ 时系统不能正常工作,当 $\xi=1$ 时系统暂态响应又进行得太慢。所以对二阶系统来说,欠阻尼情况($0<\xi<1$)是最有意义的。

3.3.3 二阶欠阻尼系统的动态性能指标

下面推导二阶欠阻尼系统动态性能指标的计算公式。它们适用于传递函数分子为常数的二阶系统。

1. 上升时间 t_r

在暂态过程中第一次达到稳态值的时间称为上升时间 t_r。根据这一定义,在二阶系统的时域方程式中

$$c(t) = 1 - \frac{1}{\sqrt{1-\xi^2}} e^{-\xi\omega_n t}\sin(\omega_d t + \theta)$$

令 $t=t_r$ 时,$c(t)=1$,得:

$$1 - \frac{1}{\sqrt{1-\xi^2}} e^{-\xi\omega_n t_r}\sin(\omega_d t_r + \theta) = 1$$

即

$$\frac{e^{-\xi\omega_n t_r}}{\sqrt{1-\xi^2}}\sin(\omega_d t_r + \theta) = 0$$

又因为

$$e^{-\xi\omega_n t_r} \neq 0, \quad 且 \frac{e^{-\xi\omega_n t_r}}{\sqrt{1-\xi^2}} > 0$$

所以,为了满足上式,只有 $\sin(\omega_d t_r + \theta) = 0$。由此得

$$\omega_d t_r + \theta = \pi$$

$$t_r = \frac{\pi - \theta}{\omega_d} = \frac{\pi - \theta}{\omega_n \sqrt{1-\xi^2}} \tag{3-22}$$

由上式可以看出 ξ 和 ω_n 对上升时间的影响。当 ω_n 一定时,阻尼比 ξ 越大,则上升时间 t_r 越长;当 ξ 一定时,ω_n 越大,则上升时间 t_r 越短。

2. 超调量 $\sigma\%$

指响应的最大偏移量 $c(t_{max})$ 与终值 $c(\infty)$ 的差与终值 $c(\infty)$ 之比的百分数,即

$$\sigma\% = \frac{c_{max} - c(\infty)}{c(\infty)} \tag{3-23}$$

根据超调量的定义,在单位阶跃输入下,稳态值 $c(\infty)=1$,因此得最大超调量为

$$\sigma\% = \frac{c_{max} - 1}{1} \times 100\% = (1 + e^{-\frac{\xi\pi}{\sqrt{1-\xi^2}}} - 1) \times 100\% = e^{-\frac{\xi\pi}{\sqrt{1-\xi^2}}} \times 100\%$$

从上式可知，二阶系统的超调量与阻尼比有密切关系，阻尼比越小，超调量越大。超调量反映了系统的平稳性。超调量越小，说明过渡过程越平稳。

3. 峰值时间 t_p

已知最大超调量发生在第一个周期的 $t = t_p$ 时刻。根据求极值的方法，对下式求导并令其等于零得：

$$c(t) = 1 - \frac{1}{\sqrt{1-\xi^2}} e^{-\xi\omega_n t} \sin(\omega_d t + \theta)$$

$$\left. \frac{dc(t)}{dt} \right|_{t=t_p} = 0$$

得

$$\frac{1}{\sqrt{1-\xi^2}} e^{-\xi\omega_n t_p}(-\xi\omega_n)\sin(\omega_d t_p + \theta) + \frac{1}{\sqrt{1-\xi^2}} e^{-\xi\omega_n t_p}\cos(\omega_d t_p + \theta)\omega_d = 0$$

$$\frac{\sin(\omega_d t_p + \theta)}{\cos(\omega_d t_p + \theta)} = \frac{\sqrt{1-\xi^2}\omega_n}{\xi\omega_n}$$

$$\tan(\omega_d t_p + \theta) = \frac{\sqrt{1-\xi^2}\omega_n}{\xi\omega_n}$$

因此

$$\omega_d t_p + \theta = n\pi + \arctan\frac{\sqrt{1-\xi^2}}{\xi} = n\pi + \theta$$

$$\omega_d t_p = n\pi$$

因为在 $n = 1$ 时出现最大超调量，所以有 $\omega_d t_p = \pi$。峰值时间为

$$t_p = \frac{\pi}{\omega_d} = \frac{\pi}{\sqrt{1-\xi^2}\omega_n} \tag{3-24}$$

4. 调节时间 t_s

调节时间是指系统的输出量进入并一直保持在稳态输出值附近的允许误差带内所需的最短时间。允许误差带宽度一般取输出值的 $\pm 2\%$ 或 $\pm 5\%$。调节时间的长短反映了系统的快速性。调节时间越少，系统的快速性也越好。调节时间与阻尼比和自然振荡角频率有关，下面推导调节时间与阻尼比和自然振荡角频率的关系。

系统在稳态值附近的允许误差为

$$\Delta c(t) = c(\infty) - c(t) = 1 - \left[1 - \frac{e^{-\xi\omega_n t}}{\sqrt{1-\xi^2}}\sin(\omega_d t + \theta)\right]$$

$$= \frac{e^{-\xi\omega_n t}}{\sqrt{1-\xi^2}}\sin(\omega_d t + \theta)$$

$$= \frac{e^{-\xi\omega_n t}}{\sqrt{1-\xi^2}}\sin(\sqrt{1-\xi^2}\omega_n t + \theta)$$

当 $\Delta c=0.05$ 或 $\Delta c=0.02$ 时得到

$$\frac{e^{-\xi\omega_n t}}{\sqrt{1-\xi^2}}\sin(\sqrt{1-\xi^2}\omega_n t+\theta)=0.05(或0.02)$$

由上式可以看出，满足上述条件的 t_s 值有多个，其中最大的值就是调节时间 t_s。由于正弦函数的存在，t_s 值与阻尼比 ξ 之间的函数关系是不连续的。为简单起见，可以采用近似的计算方法，忽略正弦函数的影响，认为指数项衰减到 0.05 或 0.02 时，过渡过程即进行完毕。这样得到

$$t_s=\frac{3}{\xi\omega_n}\quad(\text{取}5\%\text{误差带})$$

$$t_s=\frac{4}{\xi\omega_n}\quad(\text{取}2\%\text{误差带}) \quad (3-25)$$

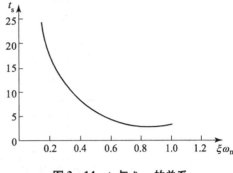

图 3-14 t_s 与 $\xi\omega_n$ 的关系

根据上式绘制成曲线如图 3-14 所示。

可见调节时间 t_s 与 $\xi\omega_n$ 呈反比的关系。在设计系统时，ξ 通常由主要的最大调解量所决定，所以调节时间 t_s 由自然振荡角频率 ω_n 所决定。也就是说，在不改变超调量的条件下，通过改变 ω_n 的值可以改变调节时间。

5. 振荡次数

振荡次数是指在调节时间内，$c(t)$ 波动的次数。根据这一定义，可得振荡次数为

$$\mu=\frac{t_s}{t_f} \quad (3-26)$$

式中，$t_f=\frac{2\pi}{\omega_d}=\frac{2\pi}{\omega_n\sqrt{1-\xi^2}}$ 为阻尼振荡的周期时间。

3.3.4 二阶系统特征参数与暂态性能指标之间的关系

根据上面分析的结果，可以将二阶系统特征参数（$\xi\omega_n$）和暂态性能指标（t_s、t_p、$\sigma\%$、t_r）之间的关系绘成曲线，如图 3-15 所示。这一结果是利用准确公式由计算机求得的。

图 3-15 中，$T_a=\frac{1}{2\xi\omega_n}$，为时间常数。

根据图 3-15 可以得到如下结论：

（1）调节时间曲线有突跳，这是由于在突跳点附近，ξ 的微小变化会引起调节时间显著变化造成的。在 $\xi=0.76$（或 $\xi=0.68$）附近，调节时间达到最小值；以后，随着 ξ 的增加，调节时间迅速增加。

（2）阻尼比 ξ 是二阶系统的一个重要参数，由 ξ 值的大小可以间接判断一个二阶系统的暂态品质。在过阻尼（$\xi>1$）的情况下，暂态特性为单调变化曲线，没有超调和振荡，但调节时间较长，系统反应迟缓。当 $\xi\le 0$ 时，输出量作等幅振荡或发散振荡，系统不能稳定工作。一般情况下，系统在欠阻尼（$0<\xi<1$）情况下工作。但是 ξ 过小，则超调量大，振荡次数多，调节时间长，暂态特性品质差，因此，通常可以根据允许的超调量来选择阻尼比 ξ。

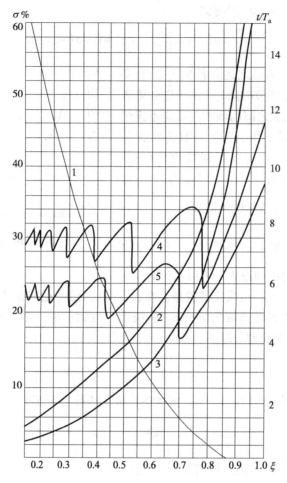

图 3 – 15　二阶系统暂态性能指标
1—$\sigma\%$；2—t_p；3—t_r；4—t_s（2%）；5—t_s（5%）

（3）调节时间与系统阻尼比和自然振荡角频率这两个特征参数的乘积成反比。在阻尼比 ξ 一定时，可以通过改变自然振荡角频率 ω_n，来改变暂态响应的持续时间。ω_n 越大，系统的调节时间越短。

（4）为了限制超调量，并使调节时间较短，阻尼比一般应在 0.4~0.8 范围，这时阶跃响应的超调量将在 25%~1.5% 范围。

3.3.5　二阶系统工程最佳参数

目前，在某些控制系统中，常常采用所谓的二阶系统工程最佳参数作为设计控制系统的依据，二阶系统的最佳工程参数为

$$\xi = 0.707$$

这时

$$T = \frac{1}{2\xi\omega_n} = \frac{1}{\sqrt{2}\omega_n}$$

将这一参数带入二阶系统标准式中，得到开环传递函数为

$$G_K(s) = \frac{1}{2Ts(Ts+1)}$$

闭环传递函数为

$$G_B(s) = \frac{1}{2T^2s^2 + 2Ts + 1}$$

系统的单位阶跃响应暂态指标为：
最大超调量为

$$\sigma\% = e^{-\frac{\xi\omega_n}{\sqrt{1-\xi^2}}} \times 100\% = 4.3\%$$

上升时间为

$$t_r = \frac{\pi - \theta}{\omega_n\sqrt{1-\xi^2}} = 4.7T$$

调节时间为

$$t_s(2\%) = 8.43T \text{（用近似公式求得为} 8T\text{）}$$
$$t_s(5\%) = 4.14T \text{（用近似公式求得为} 6T\text{）}$$

3.3.6 二阶系统计算举例

【例3-2】 设系统的单位阶跃响应为

$$c(t) = 1 + 0.2e^{-60t} - 1.2e^{-10t}$$

（1）试求系统的闭环传递函数 $\frac{C(s)}{R(s)}$；

（2）试确定系统的闭环特征参数 ξ 和 ω_n。

解：（1）输出的拉氏变换式为

$$C(s) = \frac{1}{s} + \frac{0.2}{s+60} - \frac{1.2}{s+10}$$

已知输入信号为

$$R(s) = \frac{1}{s}$$

所以闭环传递函数为

$$G_B(s) = \frac{C(s)}{R(s)} = \frac{600}{(s+60)(s+10)}$$

（2）将闭环传递函数写成标准形式与之比较

$$G_B(s) = \frac{C(s)}{R(s)} = \frac{600}{(s+60)(s+10)} = \frac{\omega_n^2}{s^2 + 2\xi\omega_n s + \omega_n^2}$$

得

$$\omega_n = \sqrt{600} = 24.5$$
$$\xi = \frac{70}{2\omega_n} = 1.43$$

【例3-3】 有一位置随动系统，结构图如图3-16所示。$K=40$，$T=0.1$。（1）求系统的开环传递函数和闭环传递函数；（2）当输入量 $R(s)$ 为单位阶跃函数时，求系统的自然振荡角频率 ω_n、阻尼比 ξ 和系统的动态性能指标 t_r、t_s、$\sigma\%$。

解：系统的开环传递函数和闭环传递函数分别为

$$G_K(s) = \frac{40}{s(0.1s+1)}$$

$$G_B(s) = \frac{400}{s^2+10s+400}$$

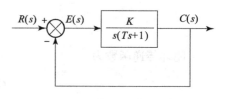

图 3 – 16 例 3 – 3 系统结构图

将该闭环传递函数与闭环传递函数的标准形式进行比较，有

$$\begin{cases}\omega_n^2 = 400 \\ 2\xi\omega_n = 10\end{cases}$$

解得

$$\begin{cases}\omega_n = 20 \\ \xi = 0.25\end{cases}$$

$$t_r = \frac{\pi - \theta}{\omega_d} = \frac{\pi - \arccos\xi}{\omega_n\sqrt{1-\xi^2}} = 0.094$$

系统的动态指标为

$$\begin{cases}t_s = \dfrac{3}{\xi\omega_n} = \dfrac{3}{0.25\times 20} = 0.6 \quad (\Delta = \pm 5\%) \\ t_s = \dfrac{4}{\xi\omega_n} = \dfrac{4}{0.25\times 20} = 0.8 \quad (\Delta = \pm 2\%)\end{cases}$$

$$\sigma\% = e^{-\frac{\xi\pi}{\sqrt{1-\xi^2}}}\times 100\% = 45\%$$

【例 3 – 4】 有随动系统，其结构图如图 3 – 17 所示，其中 $K_K = 4$。求该系统的

（1）自然振荡角频率；
（2）系统的阻尼比；
（3）超调量和调节时间；
（4）如果要求 $\xi = 0.707$，应怎样改变系统参数 K_K 的值。

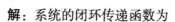

图 3 – 17 位置随动系统结构图

解：系统的闭环传递函数为

$$G_B(s) = \frac{K_K}{s^2+s+K_K} = \frac{4}{s^2+s+4}$$

与标准形式比较

$$G(s) = \frac{4}{s^2+s+4} = \frac{\omega_n^2}{s^2+2\xi\omega_n s+\omega_n^2}$$

由此得：

（1）自然振荡角频率为

$$\omega_n = 2$$

（2）系统的阻尼比由

$$2\xi\omega_n = 1$$

得

$$\xi = \frac{1}{2\omega_n} = 0.25$$

(3) 超调量和调节时间为

$$\sigma\% = e^{-\frac{\xi\pi}{\sqrt{1-\xi^2}}} \times 100\% = 47\%$$

$$t_s(5\%) = \frac{3}{\xi\omega_n} = \frac{3}{0.25 \times 2} = 6(s)$$

(4) 如果要求 $\xi = 0.707$，则 $\omega_n = \frac{1}{\sqrt{2}}$，$K_K = \omega_n^2 = 0.5$，所以必须降低开环放大系数 K_K 的值，才能满足二阶工程最佳参数的要求。但应注意，降低开环放大系数将使系统稳态误差增大。

【例 3-5】 设单位负反馈系统的开环传递函数为 $G_K(s) = \frac{1}{s(s+1)}$，试求系统的上升时间 t_r、峰值时间 t_p、调节时间 t_s 和最大超调量 $\sigma\%$。

解： 单位负反馈系统的闭环传递函数为

$$G_B(s) = \frac{G_K(s)}{1+G_K(s)} = \frac{\frac{1}{s(s+1)}}{1+\frac{1}{s(s+1)}} = \frac{1}{s^2+s+1}$$

与二阶系统的闭环传递函数的标准形式比较有

$$\begin{cases} \omega_n^2 = 1 \\ 2\xi\omega_n = 1 \end{cases}$$

解得

$$\begin{cases} \omega_n = 1 \\ \xi = 0.5 \end{cases}$$

则

$$t_r = \frac{\pi-\theta}{\omega_d} = \frac{\pi-\arccos\xi}{\omega_n\sqrt{1-\xi^2}} = 0.12$$

$$t_p = \frac{\pi}{\omega_n\sqrt{1-\xi^2}} = \frac{3.14}{1\sqrt{1-0.5^2}} = 3.63$$

$$t_s = \frac{3}{\xi\omega_n} = \frac{3}{0.5 \times 1} = 6$$

$$\sigma\% = e^{-\frac{\xi\pi}{\sqrt{1-\xi^2}}} \times 100\% = 16.32\%$$

【例 3-6】 单位负反馈系统的开环传递函数为

$$G_K(s) = \frac{K}{s(Ts+1)}$$

计算：(1) 当超调量在 30%~5% 变化时，参数 K 与 T 乘积的取值范围；

(2) 当阻尼比 $\xi = 0.707$ 时，求参数 K 与 T 的关系。

解： (1) 单位负反馈系统的闭环传递函数为

$$G_B(s) = \frac{G_K(s)}{1+G_K(s)} = \frac{\frac{K}{s(Ts+1)}}{1+\frac{K}{s(Ts+1)}} = \frac{\frac{K}{T}}{s^2+\frac{1}{T}s+\frac{K}{T}}$$

得

$$\omega_n = \sqrt{\frac{K}{T}}$$

$$2\xi\omega_n = \frac{1}{T}$$

$$\xi = \frac{1}{2T\omega_n}$$

由超调量的表达式有

$$\sigma\% = e^{-\frac{\xi\pi}{\sqrt{1-\xi^2}}} \times 100\% = 0.3 \sim 0.05$$

$$\xi = \frac{\ln 0.3}{\sqrt{\pi^2 + (\ln 0.3)^2}} = \frac{1}{2\sqrt{KT}}$$

$$\xi = \frac{\ln 0.05}{\sqrt{\pi^2 + (\ln 0.05)^2}} = \frac{1}{2\sqrt{KT}}$$

解得

$$KT = 1.96 \sim 0.52$$

(2) 当 $\xi = 0.707$ 时

$$\frac{1}{2\sqrt{KT}} = 0.707$$

$$\frac{1}{2\sqrt{KT}} = 0.5$$

【例 3-7】设二阶系统的单位阶跃响应曲线如图 3-18 所示,试确定其开环传递函数。

解:由图 3-18 可知系统为欠阻尼二阶系统,且 $\sigma\% = 30\%$,$t_p = 0.1(s)$,根据公式

$$\sigma\% = e^{-\frac{\xi\pi}{\sqrt{1-\xi^2}}} \times 100\% = 0.3$$

$$t_p = \frac{\pi}{\omega_n\sqrt{1-\xi^2}} = 0.1$$

解得:$\omega_n = 33.65$,$\xi = 0.36$。
开环传递函数为

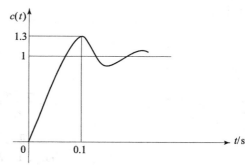

图 3-18 二阶系统的单位阶跃响应曲线

$$G_K(s) = \frac{\omega_n^2}{s(s+2\xi\omega_n)} = \frac{1132.32}{s(s+24.23)}$$

3.4 高阶系统的时域分析

高于二阶的系统就称为高阶系统。严格地说,大多数系统是高阶系统。用解微分方程的办法求解高阶系统的响应是很困难的。但是,多数高阶系统可以近似为一、二阶系统,并且在工程上能保证一定的准确度,在这种情况下前述的一、二阶系统的分析方法和结论基本适用。这也是我们详细介绍一、二阶系统时域分析法的重要原因。

高阶系统的响应也可分为稳态分量和暂态分量两部分。稳态分量的形式由输入信号的拉

氏变换式的极点决定,它们与输入信号的形式相同或相似。暂态分量的形式由传递函数的极点决定,它们与一阶、二阶系统暂态分量的形式是一样的。

关于高阶系统的暂态响应有以下特点:

(1) 暂态分量衰减的快慢,取决于对应的极点与虚轴的距离,离虚轴越远的极点衰减得越快。

(2) 系统响应曲线的形状是由系统的零点和极点共同决定的。由于远离虚轴的零极点衰减很快,可以忽略,这时高阶系统就近似为较低阶的系统。

(3) 高阶系统中离虚轴最近的极点,如果它与虚轴的距离比其他极点的距离的 1/5 还小,并且该极点附近没有零点,则可以认为系统的响应主要由该极点决定。这种对系统起主导作用的极点称为系统的主导极点。非主导极点所对应的时间响应在上升时间 t_r 之前能基本衰减完毕,对调节时间(过渡时间)等基本无影响。主导极点可以是一个实数,更多的是一对共轭复数。具有一对共轭复数的主导极点的高阶系统可以看作二阶系统来分析。

下面介绍高阶系统的时域分析方法。

高阶系统的数学模型可以表示为

$$C(s) = G_B(s)R(s) = \frac{b_0 s^m + b_1 s^{m-1} + \cdots + b_{m-1} s + b_m}{a_0 s^n + a_1 s^{n-1} + \cdots + a_{n-1} s + a_n} R(s), \ (n \geqslant m)$$

对于线性定常系统而言,系数 a_0,a_1,$\cdots$,a_n;b_0,$b_1\cdots$,b_m 均为常数,决定了闭环零、极点在复平面上的值。将闭环传递函数表示成如下的零极点形式为

$$G_B(s) = K_g \frac{\prod_{j=1}^{m}(s+z_j)}{\prod_{i=1}^{q}(s+p_i)\prod_{k=1}^{r}(s^2+2\xi\omega_{nk}s+\omega_{nk}^2)} \tag{3-27}$$

式中,m 个零点直接可以是实数也可以是共轭复数;n 个极点有 q 个实数极点,$2r$ 个共轭复数极点。单位阶跃响应的函数为

$$C(s) = G_B(s)R(s) = K_g \frac{\prod_{j=1}^{m}(s+z_j)}{\prod_{i=1}^{q}(s+p_i)\prod_{k=1}^{r}(s^2+2\xi\omega_{nk}s+\omega_{nk}^2)} \frac{1}{s}$$

将其展开成部分分式的形式为

$$K_g \frac{\prod_{j=1}^{m}(s+z_j)}{s\prod_{i=1}^{q}(s+p_i)\prod_{k=1}^{r}(s^2+2\xi\omega_{nk}s+\omega_{nk}^2)} = \frac{A_0}{s} + \sum_{i=1}^{q}\frac{A_i}{s+p_i} + \sum_{k=1}^{r}\frac{B_k s + C_k}{s^2+2\xi\omega_{nk}s+\omega_{nk}^2}$$

B_k、C_k 是与 $C(s)$ 在闭环复数极点处的留数有关的常数。

运用待定系数法可确定

$A_0 = \lim\limits_{s \to 0}[sC(s)] = \frac{b_m}{a_n}$,它是 $C(s)$ 在原点的留数。

$A_i = \lim\limits_{s \to s_i}[(s-s_i)C(s)]$,它是 $C(s)$ 在 s_i 处的留数。

则时域响应为

$$C(t) = A_0 + \sum_{i=1}^{n_1} A_i e^{s_i t} + \sum_{k=1}^{n_2} B_k e^{-\xi_k \omega_{nk} t} \cos\omega_{nk}\sqrt{1-\xi_k^2}\, t + \sum_{k=1}^{n_2} C_k e^{-\xi_k \omega_{nk} t} \sin\omega_{nk}\sqrt{1-\xi_k^2}\, t$$

(3 − 28)

可见，高阶系统的时间响应由一些简单函数项组成，它们是一阶系统和二阶系统的时间响应函数。结论：①如果所有闭环极点都具有负的实部，随着时间的增长，上式中的指数项和阻尼正弦项都将趋于零，则系统稳定。②闭环极点的负实部的绝对值越大（即闭环极点离虚轴越远），其对应的响应分量减小越快，而且快速减小的分量对响应曲线的初始阶段产生影响。③系统的闭环零点虽不影响系统响应的类型、趋势和稳定性，但影响其形状。因为闭环零点会影响留数的大小和正负，故 $c(t)$ 曲线既取决于指数项和阻尼正弦项的指数，又取决于这些项的系数。

3.5 控制系统的稳定性分析

稳定是自动控制系统能够正常运行的首要条件。系统在实际运行过程中，总会受到来自外部或内部的一些因素的干扰，例如周围环境条件的改变、负载和能源的波动、系统参数的变化等。

设线性系统处于某一平衡状态，若此系统在扰动作用下偏离原来的平衡状态，当扰动消失后，经过几次振荡能够恢复到原始的平衡状态，称这种系统为稳定系统。

若此系统在受到这些扰动的作用后，输出量将呈现为持续的振荡过程，或输出量无限制地偏离其平衡工作状态，系统不能够恢复到原始平衡状态，称这种系统为不稳定系统。

3.5.1 稳定性的基本概念

线性定常系统稳定的充分必要条件是：系统的微分方程的特征根必须全部分布在 s 平面的左半平面，即具有负实部。因为线性系统的闭环极点与其特征根是相同的，所以线性系统稳定的充分必要条件还可表示为：其闭环极点必须全部分布在 s 平面的左半平面。

实际上系统的稳定性与扰动信号无关，而与系统本身的固有特性有关，即取决于扰动消失后暂态分量的衰减与否。而暂态分量衰减与否取决于系统闭环传递函数的极点在 s 平面的分布。

（1）如果所有极点都分布在 s 平面的左侧，系统的暂态分量将逐渐衰减为零，则系统是稳定的。

（2）如果有共轭极点分布在虚轴上，则系统的暂态分量作简谐振荡，系统处于临界稳定状态。

（3）如果有闭环极点分布在 s 平面的右侧，系统具有分散振荡的分量，则系统是不稳定的。

线性系统稳定的充分必要条件是系统特征方程式的根（即系统闭环传递函数的极点）全部为负实数或具有负实数的共轭复数，也就是所有的闭环特征根分布在 s 平面的左侧。

3.5.2 稳定判据

既然线性定常系统稳定的充分必要条件是其特征根均需具有负实部，所以只要解出闭环特征方程就可以判别系统是否稳定。然而当特征方程的次数较高时，求解是很困难的。在工程实践中，需要一种方法，不必解出特征方程就能判别它是否有 s 平面右半平面的根，以及有几个根。这是数学中一个已经解决的问题，用它来研究线性定常控制系统的稳定性，称为稳定性的判据，即劳斯（Routh）判据和赫尔维茨（Hurwitz）判据。劳斯判据和赫尔维茨判据是劳斯于 1877 年和赫尔维茨于 1895 年分别独立提出的稳定性判据。常常合称为劳斯—赫尔维茨判据，又叫代数判据。它们的功能是判断一个代数多项式有几个根位于 s 平面的右半平面。

1. 劳斯（Routh）判据

首先将系统的特征方程式写成如下标准形式

$$a_0 s^n + a_1 s^{n-1} + a_2 s^{n-2} + \cdots\cdots + a_{n-1} s + a_n = 0 \tag{3-29}$$

式中，a_0 为正（如果原方程首项系数为负，可先将方程两端同乘以 -1）。

为判定系统的稳定与否，将系统特征方程式中 s 的各项系数排列成如下的劳斯表。

$$
\begin{array}{c|cccc}
s^n & a_0 & a_2 & a_4 & a_6 & \cdots \\
s^{n-1} & a_1 & a_3 & a_5 & a_7 & \cdots \\
s^{n-2} & b_1 & b_2 & b_3 & b_4 & \cdots \\
s^{n-3} & c_1 & c_2 & c_3 & c_4 & \cdots \\
\vdots & \vdots & \vdots & \vdots \\
s^2 & e_1 & e_2 \\
s^1 & f_1 \\
s^0 & g_1
\end{array}
\tag{3-30}
$$

劳斯表共 $n+1$ 行；最下面的两行各有 1 列，其上面两行各有 2 列，再上面两行各有 3 列，依此类推。最高一行应有 $(n+1)/2$ 列（若 n 为奇数）或 $(n+2)/2$ 列（若 n 为偶数）。

其中的有关系数为

$$b_1 = \frac{-1}{a_1}\begin{vmatrix} a_0 & a_2 \\ a_1 & a_3 \end{vmatrix}, \quad b_2 = \frac{-1}{a_1}\begin{vmatrix} a_0 & a_4 \\ a_1 & a_5 \end{vmatrix}, \quad b_3 = \frac{-1}{a_1}\begin{vmatrix} a_0 & a_6 \\ a_1 & a_7 \end{vmatrix}\cdots$$

$$c_1 = \frac{-1}{b_1}\begin{vmatrix} a_1 & a_3 \\ b_1 & b_2 \end{vmatrix}, \quad c_2 = \frac{-1}{b_1}\begin{vmatrix} a_1 & a_5 \\ b_1 & b_3 \end{vmatrix}, \quad c_3 = \frac{-1}{b_1}\begin{vmatrix} a_1 & a_7 \\ b_1 & b_4 \end{vmatrix}\cdots \tag{3-31}$$

这一计算一直持续到 s^0 行，计算到每行其余的系数全部等于零为止。

劳斯判据描述如下：特征方程式的全部根都在 s 左半平面的充分必要条件是劳斯表的第一列系数全部都是正数。劳斯判据还可以指出方程的右半平面根的个数，它等于劳斯表中第一列各元素改变符号的次数。

【例 3-8】 系统的特征方程式为

$$s^3 + 20s^2 + 4s + 100 = 0$$

计算劳斯表中各元素的值，并排列成下表

$$
\begin{array}{c|cc}
s^3 & 1 & 4 \\
s^2 & 20 & 100 \\
s^1 & -1 \\
s^0 & 100
\end{array}
$$

可见，劳斯表第 1 列元素不全为正数，符号改变两次，说明闭环系统有两个正实部的根，即在 s 平面右半部分有两个闭环极点，所以系统不稳定。

由表中第一列系数符号改变 2 次，即可判定方程有两个 s 平面右半部分的根。

在应用劳斯判据时，可能遇到如下的特殊情况。

1) 劳斯表中第一列中出现零的情况

如果劳斯表中第一列中出现零，那么可以用一个小的正数 ε 代替它，而继续计算其余各元素。

【例 3-9】有一系统的特征方程式为

$$s^4 + 2s^3 + s^2 + 2s + 1 = 0$$

列出劳斯表为

$$\begin{array}{c|ccc} s^4 & 1 & 1 & 1 \\ s^3 & 2 & 2 & \\ s^2 & 0 \to \varepsilon & 1 & \\ s^1 & \dfrac{2\varepsilon - 2}{\varepsilon} & & \\ s^0 & 1 & & \end{array}$$

因为劳斯表第一列元素符号改变两次 $\left(2 - \dfrac{2}{\varepsilon}\right.$ 是一个很大的负值$\left.\right)$，因此可以认为劳斯表中第一列中各元素的符号改变了两次。由此得出结论，该系统有两个正实部的特征根，即在 s 平面右半部分有两个闭环极点，所以系统是不稳定的。

如果 ε 上面一行的首列和 ε 下面一行的首列的符号相同，这表明有一对纯虚根存在。例如方程式为：

$$s^3 + 2s^2 + s + 2 = 0$$

列出劳斯表为

$$\begin{array}{c|cc} s^3 & 1 & 1 \\ s^2 & 2 & 2 \\ s^1 & 0 \to \varepsilon & \\ s^0 & 2 & \end{array}$$

可以看出，第一列各元素中 ε 的上面和 ε 下面的系数符号相同，说明存在一对虚根。

证明：将特征方程式因式分解为

$$(s^2 + 1)(s + 2) = 0$$

解得特征方程式的根为

$$-p_{1,2} = \pm j$$
$$-p_3 = -2$$

2) 劳斯表中某一行中所有元素都等于零

劳斯表的某一行各元素均为零，说明特征方程有关于原点对称的根，处理方法：

（1）利用全 0 行的上一行的各元素构造一个辅助方程，式中 s 均为偶次。

（2）再对该辅助方程求导得到一个新方程，取此新方程的各项系数代替全为零的一行。

（3）继续计算劳斯表。
（4）对称于原点的根可用辅助方程求得。

【例 3-10】 已知系统特征方程式为
$$s^6 + 2s^5 + 8s^4 + 12s^3 + 20s^2 + 16s + 16 = 0$$

列出劳斯表为

s^6	1	8	20	16
s^5	2	12	16	
s^4	2	12	16	→列辅助方程 $2s^4 + 12s^2 + 16$
s^3	0	0	0	
	8	24		←对辅助方程求导后的系数
s^2	3	8		
s^1	$\dfrac{4}{3}$			
s^0	8			

可见劳斯表第一列元素符号改变两次，所以系统不稳定，且有两个正实部的特征根，即在 s 平面右半部分有两个闭环极点。对称于原点的根可由辅助方程式求出。

令
$$2s^4 + 12s^2 + 16 = 0$$

由上式解得
$$-p_{1,2} = \pm j\sqrt{2}$$
$$-p_{3,4} = \pm j2$$
$$-p_{5,6} = -1 \pm j1$$

【例 3-11】 某控制系统的动态结构图如图 3-19 所示。试计算系统稳定时 T 的取值范围。在保证 $\sigma_1 = 1$ 的稳定裕量时，T 的取值范围又是多少？

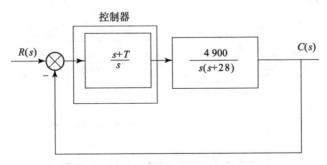

图 3-19 二阶系统的动态结构图

解：图中控制器的传递函数是由比例加积分环节构成的，设置控制器的目的是靠改变开环传递函数使系统有好的响应性能，它通过：①控制方式的设定；②控制器传递函数的确定来实现。

本系统的闭环传递函数为
$$G_B(s) = \frac{4\,900(s+T)}{s^3 + 28s^2 + 4\,900s + 4\,900T}$$

特征方程式为
$$s^3 + 28s^2 + 4\,900s + 4\,900T = 0$$

列出劳斯表为

s^3	1	4 900
s^2	28	4 900T
s^1	$\dfrac{28 \times 4\,900 - 4\,900T}{28}$	
s^0	4 900T	

系统稳定时,$0 < T < 28$。

判断是否有 $\sigma_1 = 1$ 的相对稳定裕量时,可令 $s = r - 1$,代入原特征方程
$$(r-1)^3 + 28(r-1)^2 + 4\,900(r-1) + 4\,900T = 0$$

得到 r 平面上的特征方程式为
$$r^3 + 25r^2 + 4\,847r + 4\,900T - 4\,873 = 0$$

新的劳斯表为

r^3	1	4 847
r^2	25	4 900T − 4 873
r^1	$\dfrac{25 \times 4\,847 - 4\,900T + 4\,873}{25}$	
r^0	4 900T − 4 873	

在 r 平面上保证特征根都分布在左半平面时,有
$$\frac{4\,873}{4\,900} < T < 25.7$$

显然,T 的取值范围小了。

【例 3 - 12】已知系统结构图如图 3 - 20 所示。试用劳斯稳定判据确定能使系统稳定的反馈参数 T 的取值范围。

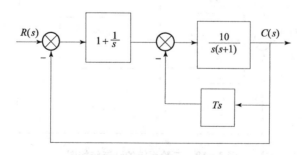

图 3 - 20 控制系统结构图

解:由图 3 - 20 的结构图求得系统的闭环传递函数为
$$G_B(s) = \frac{C(s)}{R(s)} = \frac{10(s+1)}{s^3 + (1+10T)s^2 + 10s + 10}$$

系统的特征方程为
$$D(s) = s^3 + (1+10T)s^2 + 10s + 10 = 0$$

列出劳斯表为

$$\begin{array}{c|cc} s^3 & 1 & 10 \\ s^2 & 1+10T & 10 \\ s^1 & \dfrac{100T}{1+10T} & \\ s^0 & 10 & \end{array}$$

由劳斯判据可知，要使系统稳定，必须满足如下条件

$$1+10T>0$$

$$\frac{100T}{1+10T}>0$$

解得

$$T>0$$

所以，使系统稳定的反馈参数 T 的取值范围为 $T>0$。

2. 赫尔维茨（Hurwitz）判据

设所研究的代数方程仍为

$$a_0 s^n + a_1 s^{n-1} + a_2 s^{n-2} + \cdots + a_{n-1} s + a_n = 0 \tag{3-32}$$

构造赫尔维茨行列式为

$$D = \begin{vmatrix} a_1 & a_3 & a_5 & \cdots & 0 \\ a_0 & a_2 & a_4 & \cdots & 0 \\ 0 & a_1 & a_3 & \cdots & 0 \\ 0 & a_0 & a_2 & \cdots & 0 \\ 0 & 0 & \cdots & \cdots & 0 \\ 0 & \cdots & \cdots & a_{n-1} & 0 \\ 0 & \cdots & \cdots & a_{n-2} & a_n \end{vmatrix} \tag{3-33}$$

赫尔维茨判据如下：特征方程式的全部根都在 s 左半平面的充分必要条件是赫尔维茨行列式的各阶主子式均大于 0，即

$$D_1 = a_1 > 0,\ D_2 = \begin{vmatrix} a_1 & a_3 \\ a_0 & a_2 \end{vmatrix} > 0,\ D_3 = \begin{vmatrix} a_1 & a_3 & a_5 \\ a_0 & a_2 & a_4 \\ 0 & a_1 & a_3 \end{vmatrix} > 0,\ \cdots,\ D_n = D > 0 \tag{3-34}$$

把这些主子行列式与劳斯表中第一列的系数比较，就会发现它们与劳斯表中第一列的各元素 b_1，c_1，$\cdots$，g_1 之间存在如下关系

$$b_1 = \frac{D_2}{D_1},\ c_1 = \frac{D_3}{D_2},\ \cdots,\ g_1 = \frac{D_n}{D_{n-1}}$$

若 b_1，c_1，$\cdots$，g_1 均为正，则 D_1，D_2，D_3，$\cdots$，D_n 也都为正，可见劳斯判据和赫尔维茨判据实质是一致的。

当 n 较大时，赫尔维茨判据计算量急剧增加，所以它通常只用于 $n \leq 6$ 的系统。

【例 3-13】 某控制系统的特征方程为

$$s^3 + 28s^2 + 4\,900s + 4\,900T = 0$$

试应用赫尔维茨判据确定系统稳定时 T 的取值范围。

解：由特征方程式的系数构造如下赫尔维茨行列式并计算，得

$$D = \begin{vmatrix} 28 & 4\,900T & 0 \\ 1 & 4\,900 & 0 \\ 0 & 28 & 4\,900T \end{vmatrix}$$

$$= 4\,900T \times 4\,900 \times 28 - (4\,900T)^2$$

$$= 4\,900T(137\,200 - 4\,900T)$$

各阶主子式分别为

$$D_1 = 28, \quad D_2 = \begin{vmatrix} 28 & 4\,900T \\ 1 & 4\,900 \end{vmatrix} = 137\,200 - 4\,900T$$

由 D 及其各阶主子式均大于 0 的稳定条件得

$$0 < T < 28$$

3.6 稳态误差

稳态误差是描述系统稳态性能的一项重要指标。当系统从一个稳态过渡到新的稳态，或系统受扰动作用又重新平衡后，系统可能会出现偏差，这种偏差称为稳态误差。系统稳态误差的大小反映了系统的稳态精度，它表明了系统控制的准确程度。稳态误差一般分为两类：一类为扰动稳态误差，主要针对恒值系统；另一类为给定稳态误差，主要针对随动系统。

稳态误差越小，系统的稳态精度越高。当稳态误差为零时，该系统为无差系统；当稳态误差不为零时，该系统为有差系统。

产生误差的原因很多，如传动机构的静摩擦、间隙，放大器的零点漂移、电子元件的老化等都会使系统产生误差。

控制系统设计的任务之一，是尽可能减小系统的稳态误差，或者使稳态误差小于某一允许值。所以，分析系统稳态误差的前提是系统必须稳定。因此，在分析系统稳态误差时所指的系统都是稳定系统。对于稳定的控制系统，它的稳态性能一般是根据阶跃、斜坡或加速度输入所引起的稳态误差来判断的。在本节中，所研究的稳态误差，是指由于系统不能很好跟踪特定形式的输入而引起的稳态误差。

3.6.1 稳态误差的定义

系统的误差 $e(t)$ 一般定义为期望值与实际值之差，即

$$e(t) = 期望值 - 实际值 \tag{3-35}$$

误差的定义有以下两种。

1. 从输出端定义

从输出端定义的误差为系统输出量的期望值与实际值之差。即

$$e(t) = r(t) - c(t) \tag{3-36}$$

2. 从输入端定义

从输入端定义的误差为系统的输入量的期望值与反馈值之差。即

$$e(t) = r(t) - b(t) \tag{3-37}$$

当主反馈为单位反馈时,这两种定义是统一的。本书均采用后一种定义。

稳态误差的定义:在误差信号 $e(t)$ 中,包含瞬态分量 $e_{st}(t)$ 和稳态分量 $e_{ss}(t)$ 两部分。由于系统稳定,故当时间趋于无穷时,必有 $e_{st}(t)$ 趋于零。因此,控制系统的稳态误差 $e_{ss}(t)$ 定义为当时间趋于无穷时,$e(t)$ 的极限,常以 e_{ss} 表示

$$e_{ss} = \lim_{t \to \infty} e(t) \tag{3-38}$$

若 $e(t)$ 的拉普拉斯变换为 $E(s)$,且 $\lim_{t \to \infty} e(t)$、$\lim_{s \to 0} sE(s)$ 存在,则由拉普拉斯终值定理得

$$e_{ss} = \lim_{t \to \infty} e(t) = \lim_{s \to 0} sE(s) \tag{3-39}$$

由式 (3-39) 可以看出,利用终值定理求稳态误差 $e_{ss}(t)$,实质问题归结为求误差的拉氏变换 $E(s)$。对于如图 3-21 所示的系统,就是求在输入信号作用下误差的拉氏变换 $E(s)$。根据图 3-21 求得误差传递函数为

$$\frac{E(s)}{R(s)} = \frac{1}{1 + G(s)H(s)} \tag{3-40}$$

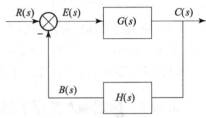

图 3-21 控制系统的典型结构图

则

$$E(s) = \frac{1}{1 + G(s)H(s)} R(s) \tag{3-41}$$

用终值定理可求得系统的稳态误差为

$$e_{ss} = \lim_{s \to 0} s \frac{1}{1 + G(s)H(s)} R(s) \tag{3-42}$$

式 (3-42) 说明,系统的稳态误差不但与其开环传递函数有关,而且也与其输入信号的形式和大小有关。即系统的结构和参数的不同,输入信号的形式和大小的差异,都会引起稳态误差的变化。

3.6.2 自动控制系统的类型

当误差函数 $sE(s)$ 除原点外在 s 右半平面及虚轴上解析时,才可以应用终值定理法求系统稳态误差。

设系统开环传递函数的一般形式为

$$G(s)H(s) = \frac{K_r \prod_{i=1}^{m}(s + z_i)}{s^{\nu} \prod_{j=\nu+1}^{n}(s + p_j)} \tag{3-43}$$

令

$$K = \frac{K_r \prod_{i=1}^{m} z_i}{\prod_{j=1}^{n} p_j} \tag{3-44}$$

其中 K 为开环增益。系统的稳态误差可表示为

$$e_{ss} = \lim_{s\to 0} s \frac{1}{1+G(s)H(s)} R(s) = \lim_{s\to 0} s \frac{1}{1+\dfrac{K_r \prod_{i=1}^{m}(s+z_i)}{s^\nu \prod_{j=\nu+1}^{n}(s+p_j)}} R(s) = \lim_{s\to 0} s \frac{1}{1+\dfrac{K}{s^\nu}} R(s) \quad (3-45)$$

由上式可以看出，决定系统稳态误差的结构和参数主要是：系统在原点的开环极点数 ν、系统的开环增益 K 和典型输入函数的拉氏变换式 $R(s)$。

在研究系统的稳态误差时，人们通常选择阶跃信号 $\left(R(s)=\dfrac{R}{s}\right)$、速度信号 $\left(R(s)=\dfrac{R}{s^2}\right)$ 和加速度信号 $\left(R(s)=\dfrac{R}{s^3}\right)$ 作为典型输入信号。

已知典型的开环传递函数如式（3-43）所示。其中，系统在原点处的极点数 ν 称为系统的类型：$\nu=0$ 时，称该开环系统为 0 型系统；$\nu=1$ 时，称该开环系统为 Ⅰ 型系统；$\nu=2$ 时，称该开环系统为 Ⅱ 型系统；以此类推。

3.6.3 给定输入作用下稳态误差系数和稳态误差分析

1. 单位阶跃函数输入

在这种情况下，$R(s)=\dfrac{1}{s}$，故得稳态误差为

$$\begin{aligned}
e_{ss} &= \lim_{s\to 0} sE(s) = \lim_{s\to 0} s \frac{1}{1+G(s)H(s)} \cdot \frac{1}{s} \\
&= \lim_{s\to 0} \frac{1}{1+G(s)H(s)}
\end{aligned} \quad (3-46)$$

令 $K_P = \lim\limits_{s\to 0} G(s)H(s)$，$K_P$ 称为位置误差系数，则有

$$K_P = \lim_{s\to 0} G(s)H(s) = \lim_{s\to 0} \frac{K_r \prod_{i=1}^{m}(T_i s+1)}{s^\nu \prod_{j=1}^{n}(T_j s+1)} \quad (3-47)$$

$$e_{ss} = \frac{1}{1+K_P} \quad (3-48)$$

因此，在单位阶跃输入下，给定稳态误差取决于位置误差系数。

对于 0 型系统，因为 $\nu=0$，则位置误差系数

$$K_P = \lim_{s\to 0} G(s)H(s) = \lim_{s\to 0} \frac{K_r \prod_{i=1}^{m}(T_i s+1)}{\prod_{j=1}^{n}(T_j s+1)} = K$$

因此，0 型系统的稳态误差为

$$e_{ss} = \lim_{s\to 0} sE(s) = \frac{1}{1+K_P} = \frac{1}{1+K}$$

由此可知，0 型系统的位置误差取决于开环放大系数 K，K 越大，e_{ss} 值越小。

对于Ⅰ型和Ⅱ型系统，因为 $\nu=1$ 或 $\nu=2$，则位置误差系数为

$$K_\mathrm{P} = \lim_{s\to 0}G(s)H(s) = \lim_{s\to 0}\frac{K_\mathrm{r}\prod\limits_{i=1}^{m}(T_i s + 1)}{s^\nu \prod\limits_{j=1}^{n}(T_j s + 1)} = \infty$$

故Ⅰ型和Ⅱ型系统的位置误差为

$$e_\mathrm{ss} = \frac{1}{1+K_\mathrm{P}} = 0$$

由此可知，对于单位阶跃输入，Ⅰ型以上各型系统的位置误差系数均为无穷大，稳态误差均为零。

2. 单位斜坡函数输入

在这种情况下，$R(s) = \dfrac{1}{s^2}$，故得稳态误差为

$$e_\mathrm{ss} = \lim_{s\to 0} s \frac{1}{1+G(s)H(s)} \frac{1}{s^2} = \lim_{s\to 0} \frac{1}{sG(s)H(s)} \tag{3-49}$$

令 $K_v = \lim\limits_{s\to 0} sG(s)H(s)$，$K_v$ 称为速度误差系数，则有

$$K_v = \lim_{s\to 0} sG(s)H(s) = \lim_{s\to 0} s \frac{K_\mathrm{r}\prod\limits_{i=1}^{m}(T_i s + 1)}{s^\nu \prod\limits_{j=1}^{n}(T_j s + 1)} = \lim_{s\to 0} \frac{K_\mathrm{r}\prod\limits_{i=1}^{m}(T_i s + 1)}{s^{\nu-1}\prod\limits_{j=1}^{n}(T_j s + 1)} \tag{3-50}$$

$$e_\mathrm{ss} = \lim_{s\to 0}\frac{1}{sG(s)H(s)} = \frac{1}{K_v} \tag{3-51}$$

因此，在单位斜坡输入情况下，给定稳态误差取决于速度误差系数。

对于 0 型系统，因为 $\nu=0$，则速度误差系数

$$K_v = \lim_{s\to 0} sG(s)H(s) = \lim_{s\to 0} s \frac{K_\mathrm{r}\prod\limits_{i=1}^{m}(T_i s + 1)}{s^0 \prod\limits_{j=1}^{n}(T_j s + 1)} = 0$$

因此，0 型系统的稳态误差为

$$e_\mathrm{ss} = \lim_{s\to 0} sE(s) = \frac{1}{K_v} = \infty$$

对于Ⅰ型系统，则速度误差系数为

$$K_v = \lim_{s\to 0} sG(s)H(s) = \lim_{s\to 0} s \frac{K_\mathrm{r}\prod\limits_{i=1}^{m}(T_i s + 1)}{s\prod\limits_{j=1}^{n}(T_j s + 1)} = \lim_{s\to 0} \frac{K_\mathrm{r}\prod\limits_{i=1}^{m}(T_i s + 1)}{\prod\limits_{j=1}^{n}(T_j s + 1)} = K$$

因此，稳态误差为

$$e_\mathrm{ss} = \frac{1}{K_v} = \frac{1}{K}$$

对于Ⅱ型系统，则速度误差系数为

$$K_v = \lim_{s \to 0} sG(s)H(s) = \lim_{s \to 0} s \frac{K_r \prod_{i=1}^{m}(T_i s + 1)}{s^2 \prod_{j=1}^{n}(T_j s + 1)} = \lim_{s \to 0} \frac{K_r \prod_{i=1}^{m}(T_i s + 1)}{s \prod_{j=1}^{n}(T_j s + 1)} = \infty$$

因此，稳态误差为

$$e_{ss} = \frac{1}{K_v} = 0$$

由此可知，对于单位斜坡输入情况下，0 型系统的稳态误差为 ∞，也就是说被控制量不能跟随按时间变化的斜坡函数。而对于 I 型系统，有跟踪误差，II 型系统则能准确地跟踪斜坡输入，稳态误差为零。

3. 单位抛物线函数输入

在这种情况下，$R(s) = \frac{1}{s^3}$，故得稳态误差为

$$e_{ss} = \lim_{s \to 0} s \frac{1}{1 + G(s)H(s)} \frac{1}{s^3} = \lim_{s \to 0} \frac{1}{s^2 G(s)H(s)} \quad (3-52)$$

令 $K_a = \lim_{s \to 0} s^2 G(s)H(s)$，$K_a$ 称为加速度误差系数，则有

$$K_a = \lim_{s \to 0} s^2 G(s)H(s) = \lim_{s \to 0} s^2 \frac{K_r \prod_{i=1}^{m}(T_i s + 1)}{s^\nu \prod_{j=1}^{n}(T_j s + 1)} = \lim_{s \to 0} \frac{K_r \prod_{i=1}^{m}(T_i s + 1)}{s^{\nu-2} \prod_{j=1}^{n}(T_j s + 1)} \quad (3-53)$$

因此稳态误差为

$$e_{ss} = \lim_{s \to 0} \frac{1}{s^2 G(s)H(s)} = \frac{1}{K_a} \quad (3-54)$$

由此得各型系统在斜坡输入时的稳态误差。

对于 0 型和 I 型系统，加速度误差系数为

$$K_a = \lim_{s \to 0} s^2 G(s)H(s) = \lim_{s \to 0} s^2 \frac{K_r \prod_{i=1}^{m}(T_i s + 1)}{s^\nu \prod_{j=1}^{n}(T_j s + 1)} = \lim_{s \to 0} \frac{K_r \prod_{i=1}^{m}(T_i s + 1)}{s^{\nu-2} \prod_{j=1}^{n}(T_j s + 1)} = 0$$

故得稳态误差为

$$e_{ss} = \lim_{s \to 0} sE(s) = \frac{1}{K_a} = \infty$$

对于 II 型系统，则加速度误差系数为

$$K_v = \lim_{s \to 0} s^2 G(s)H(s) = \lim_{s \to 0} s^2 \frac{K_r \prod_{i=1}^{m}(T_i s + 1)}{s^2 \prod_{j=1}^{n}(T_j s + 1)}$$

$$= \lim_{s \to 0} \frac{K_r \prod_{i=1}^{m}(T_i s + 1)}{\prod_{j=1}^{n}(T_j s + 1)} = K$$

因此，稳态误差为

$$e_{ss} = \frac{1}{K_a} = \frac{1}{K}$$

由此可知，对于抛物线输入情况下，0 型和 Ⅰ 型系统都不能跟踪抛物线输入，只有 Ⅱ 型系统可以准确地跟踪抛物线输入，但是有稳态误差。

表 3-2 列出了不同类型系统的误差系数及典型输入信号作用下的稳态误差。

表 3-2　不同类型系统的误差系数及典型输入信号作用下的稳态误差

系统类型 ν	静态误差系数			典型输入信号作用下的稳态误差		
	K_P	K_v	K_a	阶跃输入 $r(t)=1(t)$	斜坡输入 $r(t)=t$	加速度输入 $r(t)=\frac{1}{2}t^2$
0	K	0	0	$\frac{1}{1+K_P}$	∞	∞
Ⅰ	∞	K	0	0	$\frac{1}{K_v}$	∞
Ⅱ	∞	∞	K	0	0	$\frac{1}{K_a}$

由此可知，为了使系统具有较小的稳态误差，必须针对不同的输入量选择不同形式的系统，并且选取较高的 K 值。但是，为了考虑系统的稳定性，一般选择 Ⅱ 型以内的系统，并且 K 值也要满足系统稳定性的要求。

【例 3-14】 某单位负反馈系统，开环传递函数为

$$G(s) = \frac{2}{s(0.5s+1)(2s+1)}$$

当输入信号为 $r(t) = 1(t) + 2t + \frac{3}{2}t^2$ 时，求系统的稳态误差。

解：当 $r(t) = 1(t)$ 时

$$K_P = \lim_{s \to 0} G(s) = \infty, \quad e_{ss1} = \frac{1}{1+K_P} = 0$$

当 $r(t) = 2t$ 时

$$K_v = \lim_{s \to 0} sG(s) = 2, \quad e_{ss2} = \frac{2}{K_v} = 1$$

当 $r(t) = \frac{3}{2}t^2$ 时

$$K_a = \lim_{s \to 0} s^2 G(s) = 0, \quad e_{ss3} = \frac{3}{K_a} = \infty$$

因此系统总的稳态误差为 $e_{ss} = e_{ss1} + e_{ss2} + e_{ss3} = 0 + 1 + \infty = \infty$。

【例 3-15】 已知单位负反馈系统的开环传递函数分别为

$$G_{Ka}(s) = \frac{s+1}{s^3 + 2s^2 + 2s + 6}, \quad G_{Kb}(s) = \frac{10}{s(5s+2)}$$

试求系统的位置误差系数、速度误差系数和加速度误差系数，并求 $r(t) = 10 + 5t$ 时系统的稳态误差。

解：由于是单位负反馈系统，开环传递函数应为

$$G_{Ka}(s) = \frac{G_{Ba}(s)}{1 - G_{Ba}(s)} = \frac{s+1}{s^3 + 2s^2 + 2s + 6}$$

属于 0 型系统，以及

$$G_{Kb}(s) = \frac{G_{Bb}(s)}{1 - G_{Bb}(s)} = \frac{10}{s(5s+2)}$$

属于 I 型系统。从而有：

位置误差系数为

$$K_{Pa} = \lim_{s \to 0} G_{Ka}(s) = \frac{1}{6}, \quad K_{Pb} = \lim_{s \to 0} G_{Kb}(s) = \infty$$

速度误差系数为

$$K_{va} = \lim_{s \to 0} s G_{Ka}(s) = 0, \quad K_{vb} = \lim_{s \to 0} s G_{Kb}(s) = 5$$

加速度误差系数为

$$K_{aa} = \lim_{s \to 0} s^2 G_{Ka}(s) = 0, \quad K_{ab} = \lim_{s \to 0} s^2 G_{Kb}(s) = 0$$

当 $r(t) = 10 + 5t$ 时，系统的稳态误差为

$$e_{ssa} = \frac{1}{1 + K_{Pa}} + \frac{5}{K_{va}} = \infty$$

$$e_{ssb} = \frac{1}{1 + K_{Pb}} + \frac{5}{K_{vb}} = 1$$

【例 3–16】 复合控制系统结构图如图 3–22 所示。其中 $K_1 = 2$，$K_2 = 1$，$T_2 = 0.25$ s，$K_2 K_3 = 1$。求当 $r(t) = 1 + t + \frac{1}{2}t^2$ 时系统的稳态误差。

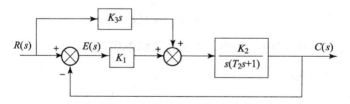

图 3–22　复合控制系统结构图

解：系统的闭环传递函数为

$$G_B(s) = \frac{(K_3 s + K_1)\dfrac{K_2}{s(T_2 s + 1)}}{1 + \dfrac{K_1 K_2}{s(T_2 s + 1)}} = \frac{K_2 K_3 s + K_1 K_2}{T_2 s^2 + s + K_1 K_2}$$

$$= \frac{s + 2}{0.25 s^2 + s + 2} = \frac{4s + 8}{s^2 + 4s + 8}$$

等效单位负反馈系统开环传递函数为

$$G_K(s) = \frac{G_B(s)}{1 - G_B(s)} = \frac{4s + 8}{s^2}$$

所以

$$\nu = 2, \quad K_P = \infty, \quad K_a = K = 8$$

当 $r(t) = 1 + t + \frac{1}{2}t^2$ 时，稳态误差为

$$e_{ss} = \frac{1}{1+K_P} + \frac{1}{K_v} + \frac{1}{K_a} = \frac{1}{1+\infty} + \frac{1}{\infty} + \frac{1}{8} = 0.25$$

3.6.4　扰动输入作用下的稳态误差分析

任何一个控制系统都会受到来自系统内部和外部各种扰动的影响。例如负载的变化、放大器的零点漂移和周围环境温度的变化等，这些都会使系统产生稳态误差，这种误差称为扰动稳态误差，它的大小反映了系统抗干扰能力的强弱。下面研究由扰动引起的稳态误差和系统结构的关系。扰动量单独作用下的闭环系统结构图如图 3-23 所示。

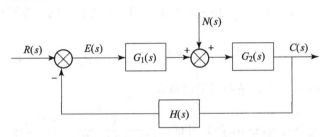

图 3-23　扰动量单独作用下的闭环系统结构图

图 3-23 给出了扰动作用下的控制系统方框图，假设系统是稳定的，则可求得在输入信号作用下，误差传递函数为

$$E(s) = -B(s) = -H(s)C(s) \tag{3-55}$$

扰动作用下的输出为

$$C(s) = \frac{G_2(s)}{1+G_1(s)G_2(s)H(s)}N(s) \tag{3-56}$$

代入式（3-55）得

$$E(s) = -B(s) = -H(s)\frac{G_2(s)}{1+G_1(s)G_2(s)H(s)}N(s)$$

根据终值定理得稳态误差为

$$e_{ss} = \lim_{s \to 0} sE(s) = \lim_{s \to 0} s \frac{-H(s)G_2(s)}{1+G_1(s)G_2(s)H(s)}N(s) \tag{3-57}$$

其中 $N(s)$ 由典型函数来描述。

【例 3-17】 控制系统框图如图 3-24 所示。当扰动信号分别为 $f(t) = 1(t)$、$f(t) = t$ 时，试计算下列两种情况下扰动信号 $f(t)$ 产生的稳态误差。

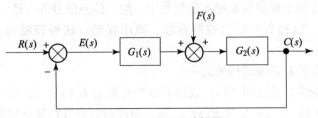

图 3-24　控制系统框图

(1) $G_1(s) = K_1$, $G_2(s) = \dfrac{K_2}{s(T_2 s + 1)}$;

(2) $G_1(s) = \dfrac{K_1(T_1 s + 1)}{s}$, $G_2(s) = \dfrac{K_2}{s(T_2 s + 1)}$, $(T_1 > T_2)$。

解：(1) 系统是单位负反馈系统，所以误差信号就是偏差信号 $E(s)$。设 $E_F(s)$ 为 $F(s)$ 产生的误差信号，则有

$$E_F(s) = \dfrac{\dfrac{K_2}{s(T_2 s + 1)}}{1 + \dfrac{K_1 K_2}{s(T_2 s + 1)}} F(s) = \dfrac{K_2}{s(T_2 s + 1) + K_1 K_2} F(s)$$

当 $f(t) = 1(t)$ 时，$F(s) = \dfrac{1}{s}$，用劳斯判据可知系统是稳定的，按照终值定理有

$$e_{ss}(\infty) = \lim_{s \to 0} s E_F(s) = \lim_{s \to 0} s \dfrac{K_2}{s(T_2 s + 1) + K_1 K_2} \cdot \dfrac{1}{s} = \dfrac{1}{K_1}$$

当 $f(t) = t$ 时，$F(s) = \dfrac{1}{s^2}$，按照终值定理有

$$e_{ss}(\infty) = \lim_{s \to 0} s E_F(s) = \lim_{s \to 0} s \dfrac{K_2}{s(T_2 s + 1) + K_1 K_2} \cdot \dfrac{1}{s^2} = \infty$$

(2) 求误差信号 $E_F(s)$。

$$E_F(s) = \dfrac{\dfrac{K_2}{s(T_2 s + 1)}}{1 + \dfrac{K_1(T_1 s + 1)}{s} \cdot \dfrac{K_2}{s(T_2 s + 1)}} F(s) = \dfrac{K_2 s}{s^2(T_2 s + 1) + (T_1 s + 1) K_1 K_2} F(s)$$

当 $f(t) = 1(t)$ 时，$F(s) = \dfrac{1}{s}$，用劳斯判据可知系统是稳定的，按照终值定理有

$$e_{ss}(\infty) = \lim_{s \to 0} s E_F(s) = \lim_{s \to 0} s \dfrac{K_2 s}{s^2(T_2 s + 1) + (T_1 s + 1) K_1 K_2} \cdot \dfrac{1}{s} = 0$$

当 $f(t) = t$ 时，$F(s) = \dfrac{1}{s^2}$，按照终值定理有

$$e_{ss}(\infty) = \lim_{s \to 0} s E_F(s) = \lim_{s \to 0} s \dfrac{K_2 s}{s^2(T_2 s + 1) + (T_1 s + 1) K_1 K_2} \cdot \dfrac{1}{s^2} = \dfrac{1}{K_1}$$

3.6.5 减小稳态误差的方法

为了进一步减小给定和扰动误差，可以采用补偿的方法。

所谓补偿是指作用于控制对象的控制信号中，除了偏差信号外，还引入了与扰动或给定量有关的补偿信号，以提高系统的控制精度，减小误差。这种控制称为复合控制或前馈控制。

图 3-25 为复合控制系统结构图之一。

在图示控制系统中，给定量 $R(s)$ 通过补偿校正装置 $G_c(s)$，对系统进行开环控制；或者引入补偿信号 $G_b(s)$ 与偏差信号 $E(s)$ 一起，对控制对象进行复合控制。

系统的闭环传递函数为

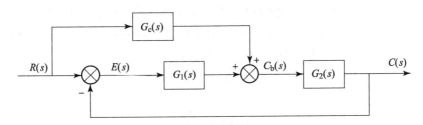

图 3-25 复合控制系统结构图之一

$$G_B(s) = \frac{C(s)}{R(s)} = \frac{[G_1(s) + G_c(s)]G_2(s)}{1 + G_1(s)G_2(s)}$$

由此得到给定误差的拉氏变换为

$$E(s) = R(s) - C(s) = R(s) - \frac{[G_1(s) + G_c(s)]G_2(s)}{1 + G_1(s)G_2(s)}R(s)$$

$$= \frac{1 + G_1(s)G_2(s) - [G_1(s) + G_c(s)]G_2(s)}{1 + G_1(s)G_2(s)}R(s)$$

$$= \frac{1 - G_c(s)G_2(s)}{1 + G_1(s)G_2(s)}R(s)$$

如果补偿校正装置的传递函数为

$$G_c(s) = \frac{1}{G_2(s)}$$

即补偿环节的传递函数为控制对象的传递函数的倒数,则系统补偿后的误差为

$$E(s) = 0$$

闭环传递函数为

$$G_B(s) = \frac{C(s)}{R(s)} = 1$$

即

$$C(s) = R(s)$$

这时,系统的给定误差为零,输出量完全再现输入量。这种将误差完全补偿的作用称为全补偿。

图 3-26 为复合控制系统结构图之二。

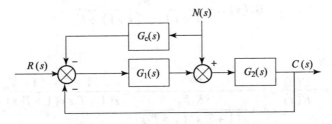

图 3-26 复合控制系统结构图之二

在图示控制系统中,为了补偿外部扰动 $N(s)$ 对系统产生的作用,引入了扰动的补偿信号,补偿校正装置为 $G_c(s)$。此时,系统的扰动误差就是给定量为零时系统的输出量。

$$C(s) = G_2(s)\{N(s) - G_1(s)[G_c(s)N(s) + C(s)]\}$$

$$= G_2(s)[N(s) - G_1(s)G_c(s)N(s) - G_1(s)C(s)]$$
$$= G_2(s)N(s) - G_1(s)G_2(s)G_c(s)N(s) - G_1(s)G_2(s)C(s)$$
$$= \frac{[1 - G_1(s)G_c(s)]G_2(s)}{1 + G_1(s)G_2(s)}N(s)$$

如果选取

$$G_c(s) = \frac{1}{G_1(s)}$$

或

$$1 - G_1(s)G_c(s) = 0$$

则得到

$$C(s) = 0$$

这种作用是对外部扰动的完全补偿。实际上实现完全补偿是很困难的，但即使采取部分补偿也可以取得显著效果。

图 3-27（a）为某随动系统结构图。

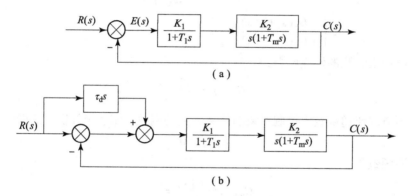

图 3-27 随动系统结构图

补偿前的开环传递函数为

$$G(s) = \frac{K_1 K_2}{s(T_1 s + 1)(T_m s + 1)}$$

闭环传递函数为

$$G_B(s) = \frac{K_K}{s(T_1 s + 1)(T_m s + 1) + K_K}$$

式中，$K_K = K_1 K_2$。

误差传递函数为

$$G_E(s) = \frac{E(s)}{R(s)} = \frac{1}{1 + \frac{K_1 K_2}{s(1 + T_1 s)(1 + T_m s)}} = \frac{s(1 + T_1 s)(1 + T_m s)}{s(1 + T_1 s)(1 + T_m s) + K_K}$$

当输入量为单位斜坡函数时，$R(s) = \frac{1}{s^2}$，系统的给定误差为

$$E(s) = \frac{s(1 + T_1 s)(1 + T_m s)}{s(1 + T_1 s)(1 + T_m s) + K_K} \cdot \frac{1}{s^2}$$

速度误差系数为

$$K_v = \lim_{s \to 0} sG(s) = \lim_{s \to 0} s \frac{K_1 K_2}{s(T_1 s+1)(T_m s+1)} = K_1 K_2 = K_K$$

系统的稳态误差为

$$e_{ss} = \lim_{s \to 0} sE(s) = \frac{1}{K_v} = \frac{1}{K_K}$$

这时系统将产生速度稳态误差，误差的大小决定于系统的速度误差系数 K_v，$K_v = K_K$。为了补偿系统的速度误差，引进了给定量的微分信号，如图 3–27（b）所示。

补偿校正装置的传递函数为

$$G_c(s) = \tau_d s$$

系统的闭环传递函数为

$$C(s) = \{\tau_d s R(s) + [R(s) - C(s)]\} \frac{K_1 K_2}{s(1+T_1 s)(1+T_m s)}$$

$$= [(\tau_d s + 1)R(s) - C(s)] \frac{K_1 K_2}{s(1+T_1 s)(1+T_m s)}$$

$$G_B(s) = \frac{C(s)}{R(s)} = \frac{(\tau_d s + 1) K_1 K_2}{s(1+T_1 s)(1+T_m s) + K_1 K_2}$$

$$= \frac{(\tau_d s + 1) K_K}{s(1+T_1 s)(1+T_m s) + K_K}$$

复合控制的给定误差传递函数为

$$E(s) = R(s) - C(s) = R(s) - \frac{C(s)}{R(s)} R(s) = R(s)[1 - G_B(s)]$$

$$G_E(s) = \frac{E(s)}{R(s)} = 1 - G_B(s) = \frac{s^2(T_1 T_m s + T_1 + T_m) + s(1 - K_K \tau_d)}{s(1+T_1 s)(1+T_m s) + K_K}$$

今选取 $\tau_d = \dfrac{1}{K_K}$，则误差传递函数为

$$G_E(s) = \frac{s^2(T_1 T_m s + T_1 + T_m)}{s(1+T_1 s)(1+T_m s) + K_K}$$

误差的拉氏变换为

$$E(s) = \frac{s^2(T_1 T_m s + T_1 + T_m)}{s(1+T_1 s)(1+T_m s) + K_K} R(s)$$

在输入量为斜坡函数的情况下，$R(s) = \dfrac{1}{s^2}$，系统的给定稳态误差为

$$e_{ss} = \lim_{s \to 0} sE(s) = \lim_{s \to 0} \frac{s(T_1 T_m s + T_1 + T_m)}{s(T_1 s+1)(T_m s+1) + K_K} = 0$$

由此可见，当加入补偿校正装置 $G_c(s) = \tau_d s = \dfrac{1}{K_K} s$ 时，可使系统的速度误差为零，将原来的 I 型系统提高为 II 型系统。

实现上述前馈补偿是很容易的，从输入端引入一理想的微分环节即可，该环节的微分时间常数为 $\tau_d = \dfrac{1}{K_K}$。

习 题

3.1 填空题

1. 自动控制系统的上升时间越短,响应速度越（   ）。
2. 稳态误差越小,系统的稳态精度越（   ）。
3. 设系统的初始条件为零,其微分方程式为 $0.5c(t)+c(t)=10r(t)$,则系统的单位阶跃响应为（   ）。
4. 已知系统的脉冲响应 $c(t)=0.1(1-e^{-t/3})$,则系统闭环传递函数为（   ）。
5. 在劳斯表中,若某一行元素全为零,说明闭环系统存在（   ）根。
6. 已知单位负反馈系统开环传递函数 $G(s)=\dfrac{16}{s(s+20)}$,则阻尼比 $\xi=$（   ）。
7. 一阶系统中,当调节时间 $t_s=3T$ 时,对应的误差带是（   ）。
8. 某系统在输入信号 $r(t)=1+t$ 的作用下,测得输出响应为 $c(t)=t+0.9-0.9e^{-10t}$,已知初始条件为零,系统的传递函数为（   ）。
9. 已知二阶系统的传递函数 $G(s)=\dfrac{4}{s^2+2.4s+4}$,则阻尼比为（   ）。
10. 已知某二阶系统的单位阶跃响应为等幅振荡曲线,则该系统的阻尼比的取值为（   ）。
11. 已知某二阶系统的单位阶跃响应为衰减振荡曲线,则该系统的阻尼比的取值为（   ）。

3.2 单项选择题

1. 控制系统稳定的充分必要条件是系统所有闭环极点都在 s 平面的（   ）半部分。
   A. 左   B. 右   C. Y 轴   D. X 轴
2. 在典型二阶系统中,当阻尼比的值等于 1 的时候,其闭环系统根的情况是（   ）。
   A. 两个纯虚根   B. 两个不等实根   C. 两个相等负实根   D. 两个共轭复根
3. 已知单位负反馈系统的开环传递函数为 $G(s)=\dfrac{16}{s(s+5)}$,则系统的输出响应曲线为（   ）。
   A. 发散的   B. 衰减的   C. 等幅振荡的   D. 单调上升的
4. 已知系统的开环传递函数为 $G(s)=\dfrac{100}{(0.1s+1)(s+5)}$,则该系统的开环增益为（   ）。
   A. 100   B. 1 000   C. 20   D. 不能确定
5. 已知控制系统的开环传递函数为 $G(s)=\dfrac{100}{(0.1s+1)(0.5s+1)}$,则其开环增益为（   ）。

A. 100 B. 1 000 C. 2 000 D. 500

6. 已知系统的特征方程为 $0.02s^3 + 0.3s^2 + s + 20 = 0$，则系统是（　　）。

A. 稳定的　　　　B. 不稳定的　　　C. 临界稳定　　　　D. 不能确定

7. 已知系统的特征方程为 $s^5 + 12s^4 + 44s^3 + 48s^2 + s + 1 = 0$，则系统是（　　）。

A. 稳定的　　　　B. 不稳定的　　　C. 临界稳定　　　　D. 不能确定

8. 系统的无阻尼自然振荡角频率反映系统的（　　）。

A. 稳定性　　　　B. 快速性　　　　C. 准确性　　　　　D. 抗干扰能力

9. 已知某控制系统闭环特征方程为 $s^4 + 2s^3 + 3s^2 + 6s + 2 = 0$，则系统是（　　）。

A. 稳定的　　　　B. 不稳定的　　　C. 临界稳定　　　　D. 不能确定

10. 已知某控制系统闭环特征方程为 $s^6 + 4s^5 - 4s^4 + 4s^3 - 7s^2 - 8s + 10 = 0$，则系统是（　　）。

A. 稳定的　　　　B. 不稳定的　　　C. 临界稳定　　　　D. 不能确定

3.3 判断题

（　　）1. 某二阶系统单位阶跃响应曲线为等幅振荡，则该系统的阻尼比是1。

（　　）2. 控制系统稳定的充分必要条件是系统所有闭环极点都在 s 平面的左半部分。

（　　）3. 某 I 型系统的输入信号为单位阶跃信号，则该系统的稳态误差为0。

（　　）4. 在典型二阶系统中，当阻尼比的值等于1的时候，其闭环系统根的情况是两个共轭复根。

（　　）5. 采用负反馈形式连接后，则一定能使闭环系统稳定。

（　　）6. 若系统增加合适的开环零点，可改善系统的快速性及平稳性。

（　　）7. 已知系统的特征方程为 $0.02s^3 + 0.3s^2 + s + 20 = 0$，则系统是稳定的。

（　　）8. 系统的无阻尼自然振荡角频率反映系统的快速性。

（　　）9. 已知控制系统的开环传递函数为 $G(s) = \dfrac{100}{(0.1s+1)(0.5s+1)}$，则其开环增益为100。

（　　）10. 已知单位负反馈系统的开环传递函数为 $G(s) = \dfrac{16}{s(s+5)}$，则系统的输出响应曲线为发散的。

3.4 劳斯判据的应用

1. 已知控制系统的特征方程式 $s^3 + 20s^2 + 4s + 50 = 0$，试用劳斯判据判断系统的稳定性，并说明特征根在复平面上的分布。

2. 已知控制系统的特征方程式 $2s^5 + s^4 - 15s^3 + 25s^2 + 2s - 7 = 0$，试用劳斯判据判断系统的稳定性，并说明特征根在复平面上的分布。

3. 已知控制系统的特征方程式 $s^6 + 2s^5 + 8s^4 + 12s^3 + 20s^2 + 16s + 16 = 0$，试用劳斯判据判断系统的稳定性，并说明特征根在复平面上的分布。

4. 已知单位负反馈系统的开环传递函数是 $G(s) = \dfrac{10(s+1)}{s(s-1)(s+5)}$，试用劳斯判据判断系统的稳定性。

5. 已知单位负反馈系统的开环传递函数为 $G(s) = \dfrac{24}{s(s+2)(s+4)}$,判断系统是否稳定。

6. 已知单位负反馈系统的开环传递函数为 $G(s) = \dfrac{100}{(0.1s+2)(s+5)}$,试分析闭环系统的稳定性。

7. 已知单位负反馈系统的开环传递函数为 $G(s) = \dfrac{K(s+1)}{18s^2\left(\dfrac{1}{3}s+1\right)\left(\dfrac{1}{6}s+1\right)}$,试用劳斯判据分析闭环系统稳定时 K 的取值范围。

8. 已知单位负反馈系统的开环传递函数为 $G(s) = \dfrac{K}{s^4+4s^3+13s^2+36s}$,试用劳斯判据分析闭环系统稳定时 K 的取值范围。

9. 已知单位负反馈系统的开环传递函数为 $G(s) = \dfrac{K}{s(s+1)(s+2)}$,试用劳斯判据分析闭环系统稳定时 K 的取值范围。

10. 已知单位负反馈系统开环传递函数为 $G(s) = \dfrac{K}{(s+2)(s+4)(s^2+6s+25)}$,试用劳斯判据分析闭环系统稳定时 K 的取值范围。

3.5 控制系统性能指标的计算

1. 一阶系统的结构如图 3-28 所示。试求该系统单位阶跃响应及调节时间 t_s。如果要求 $t_s \leqslant 0.1$ s,试问系统的反馈系数 $K_t(K_t \geqslant 0)$ 应该如何选取?

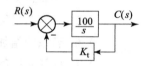

2. 已知单位反馈系统的开环传递函数为 $G(s) = \dfrac{K}{s(Ts+1)}$,

图 3-28 计算题 1 用图

若阶跃响应满足 $t_s(5\%) = 6$ s,$\sigma\% = 16\%$ 时,系统的时间常数 T 以及开环放大倍数 K 应为多少?

3. 典型二阶系统单位阶跃响应曲线如图 3-29 所示。试确定系统的闭环传递函数。

4. 有一位置随动系统,结构图如图 3-30 所示。$K=40$,$T=0.1$。(1) 求系统的开环和闭环极点;(2) 当输入量 $R(s)$ 为单位阶跃函数时,求系统的自然振荡角频率 ω_n、阻尼比 ξ 和系统的动态性能指标 t_r、t_s、$\sigma\%$。

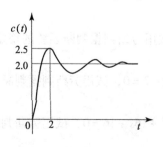

图 3-29 计算题 3 用图

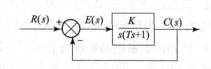

图 3-30 计算题 4 用图

5. 设单位负反馈系统的开环传递函数为 $G(s) = \dfrac{1}{s(s+1)}$,试求系统的上升时间 t_r、峰值

时间 t_p、过渡过程时间（调节时间）t_s 和最大超调量 $\sigma\%$。

6. 单位反馈控制系统的开环传递函数为 $G(s) = \dfrac{K}{s(0.1s+1)}$，当 $K=5$ 时，求系统的动态性能指标 t_r、t_p、t_s 和 $\sigma\%$。

7. 单位负反馈系统的开环传递函数为 $G(s) = \dfrac{K}{s(Ts+1)}$。试计算：

（1）当超调量在 30%~5% 变化时，参数 K 与 T 乘积的取值范围；

（2）当阻尼比 $\xi = 0.707$ 时，求参数 K 与 T 的关系。

8. 设系统的闭环传递函数为 $G_B(s) = \dfrac{C(s)}{R(s)} = \dfrac{\omega_n^2}{s^2 + 2\xi\omega_n s + \omega_n^2}$，为使系统阶跃响应有 5% 的最大超调量和 2 s 的调节时间，试求 ξ 和 ω_n。

3.6 稳态误差的计算

1. 已知单位负反馈系统开环传递函数为 $G_K(s) = \dfrac{100}{(0.1s+2)(0.5s+1)}$，试分别求出当 $r(t) = 1(t)$、t、t^2 时系统的稳态误差终值。

2. 已知单位负反馈系统开环传递函数为 $G_K(s) = \dfrac{4(s+3)}{s(s+4)(s^2+2s+2)}$，试分别求出当 $r(t) = 1(t)$、t、t^2 时系统的稳态误差终值。

3. 某单位负反馈系统，开环传递函数为 $G_K(s) = \dfrac{2}{s(0.5s+1)(2s+1)}$，当输入信号为 $r(t) = 1(t) + 2t + \dfrac{3}{2}t^2$ 时，求系统的稳态误差。

4. 已知单位反馈控制系统的开环传递函数为 $G_K(s) = \dfrac{K}{s(0.1s+2)(0.5s+1)}$，试求位置误差系数 K_P、速度误差系数 K_v 和加速度误差系数 K_a，并确定输入 $r(t) = 2t$ 时，系统的稳态误差 e_{ss}。

5. 已知单位反馈控制系统的开环传递函数为 $G_K(s) = \dfrac{100}{(0.1s+2)(s+5)}$，试求输入分别为 $r(t) = 2t$ 和 $r(t) = 2 + 2t + t^2$ 时，系统的稳态误差 e_{ss}。

6. 已知单位反馈控制系统的开环传递函数为 $G_K(s) = \dfrac{7(s+1)}{s(s+4)(s^2+2s+2)}$，试分别求出当输入信号为 $r(t) = 1(t)$、t、t^2 时，系统的稳态误差。

第4章 根轨迹法

学习导航

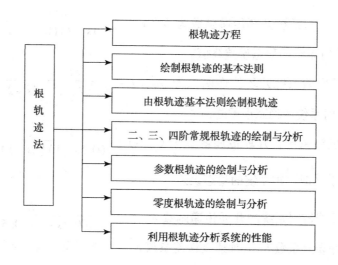

控制系统闭环暂态响应特性，取决于系统的闭环极点。系统的闭环极点在 s 平面上的分布不同，所表现出的暂态特性也不同。因此，在分析、设计一个控制系统时，确定闭环极点在 s 平面的位置十分重要。

系统闭环极点可以由解析方法得出，这对高阶系统来说并非易事，特别是在分析、研究系统中某参数变化对闭环系统瞬态响应的影响时，需多次求解闭环极点，既费时，又容易出错。

1948 年伊万思（W. R. Evans）提出了一种在复平面上由系统的开环零、极点来确定闭环系统零、极点的根轨迹法。利用这种方法可有效地确定当闭环系统中某参数值连续变化时，闭环极点在 s 平面上的变化轨迹，进而可以分析闭环系统的性能和改善系统性能。

根轨迹法是分析和设计线性控制系统的图解方法，使用简便，在控制工程上得到了广泛应用。本章首先介绍根轨迹的基本概念，然后重点介绍根轨迹绘制的基本法则，在此基础上，进一步讨论广义根轨迹的问题，最后介绍控制系统的根轨迹分析方法。

4.1 根轨迹的基本概念

4.1.1 根轨迹的概念

1. 根轨迹的定义

根轨迹是指开环系统某个参数从零变化到无穷时,闭环特征根在 s 平面上移动的轨迹。

根轨迹法既不需求解微分方程,也不需求解特征根,简便、直观,只要对根轨迹进行观察,就可看出系统响应的主要特征。

为建立根轨迹的基本概念,考察图 4-1 所示的二阶系统。

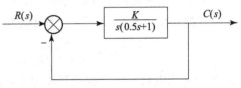

图 4-1 二阶系统结构

【例 4-1】已知系统结构图如图 4-1 所示,其开环传递函数为

$$G_K(s) = \frac{K}{s(0.5s+1)} = \frac{2K}{s(s+2)}$$

试分析开环放大系数 K 对系统闭环极点的影响。

解:系统有两个开环极点,$p_1 = 0$,$p_2 = -2$;无开环零点。

系统闭环传递函数为

$$G_B(s) = \frac{C(s)}{R(s)} = \frac{K_1}{s^2 + 2s + K_1}$$

求得闭环特征方程式为

$$D(s) = s^2 + 2s + K_1$$

求得闭环特征方程的根为

$$s_{1,2} = -1 \pm \sqrt{1 - K_1} = -1 \pm \sqrt{1 - 2K}$$

由此可知,闭环特征根 s_1、s_2 在 s 平面上的位置将随系统开环放大系数 K 值的变化而变化,对其在阶跃响应下的变化过程分析如下:

$$\begin{cases} K=0 \text{ 时},\ s_1 = 0,\ s_2 = -2 \\ K=0.5 \text{ 时},\ s_1 = s_2 = -1 \\ K=1 \text{ 时},\ s_{1,2} = -1 \pm j \\ K=2.5 \text{ 时},\ s_{1,2} = -1 \pm j2 \\ K=\infty \text{ 时},\ s_{1,2} = -1 \pm j\infty \end{cases}$$

令开环增益 K 从零变化到无穷,利用上式求出闭环特征根的全部数值,将这些值标注在 s 平面上,并连成光滑的粗实线,如图 4-2 所示,该粗实线就称为系统的根轨迹。箭头表示随 K 值增加根轨迹的变化趋势。

这种通过求解特征方程来绘制根轨迹的方

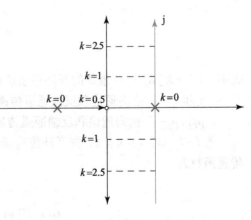

图 4-2 二阶系统的根轨迹图

法，称为解析法。

画出根轨迹的目的是利用根轨迹分析系统的各种性能。系统特征根的分布与系统的稳定性、暂态性能密切相关，而根轨迹正是直观反映了特征根在复平面的位置以及变化情况，所以利用根轨迹很容易了解系统的稳定性和暂态性能。又因为根轨迹上的任何一点都有与之对应的开环增益值，而开环增益与稳态误差成反比，因而通过根轨迹也可以确定出系统的稳态精度。可以看出，根轨迹与系统性能之间有着密切的联系。

对于高阶系统，求解特征方程是很困难的，因此采用解析法绘制根轨迹只适用于较简单的低阶系统。而高阶系统根轨迹的绘制是根据已知的开环零、极点位置，采用图解的方法来实现的。

2. 闭环零、极点与开环零、极点之间的关系

为了利用根轨迹来分析系统，有必要了解闭环零、极点与开环零、极点之间的关系。设某一控制系统如图 4 – 3 所示，其闭环传递函数为

$$G_B(s) = \frac{G(s)}{1 + G(s)H(s)} \quad (4-1)$$

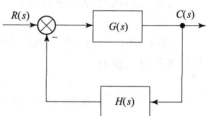

图 4 – 3 典型控制系统

式中 $G(s)H(s)$——系统的开环传递函数；

$G(s)$——前向通道传递函数；

$H(s)$——反馈通道传递函数。

设系统的前向通道传递函数和反馈通道传递函数分别为

$$G(s) = K_G^* \frac{\prod_{i=1}^{f}(s-z_i)}{\prod_{i=1}^{q}(s-p_i)}, \quad H(s) = K_H^* \frac{\prod_{j=1}^{l}(s-z_j)}{\prod_{j=1}^{h}(s-p_j)} \quad (4-2)$$

则系统的开环传递函数为

$$G_K(s) = G(s)H(s) = K_G^* K_H^* \frac{\prod_{i=1}^{f}(s-z_i) \prod_{j=1}^{l}(s-z_j)}{\prod_{i=1}^{q}(s-p_i) \prod_{j=1}^{h}(s-p_j)}$$

$$= K^* \frac{\prod_{i=1}^{f}(s-z_i) \prod_{j=1}^{l}(s-z_j)}{\prod_{i=1}^{q}(s-p_i) \prod_{j=1}^{h}(s-p_j)} \quad (4-3)$$

式中 $K^* = K_G^* K_H^*$——系统的开环根轨迹增益；

z_i 和 z_j——前向通道和反馈通道传递函数的零点；

p_i 和 p_j——前向通道和反馈通道传递函数的极点。

若 $f + l = m$，$q + h = n$，则开环传递函数有 m 个零点和 n 个极点，且 $n \geq m$。系统的开环传递函数为

$$G(s)H(s) = K^* \frac{\prod_{j=1}^{m}(s-z_j)}{\prod_{i=1}^{n}(s-p_i)} \quad (4-4)$$

式中，z_j 和 p_i 分别为开环系统的零、极点。

系统的闭环传递函数为

$$G_B(s) = \frac{K_G^* K_H^* \prod_{i=1}^{f}(s-z_i) \prod_{j=1}^{h}(s-p_j)}{\prod_{i=1}^{q}(s-p_i) \prod_{j=1}^{h}(s-p_j) + K_G^* K_H^* \prod_{i=1}^{f}(s-z_i) \prod_{j=1}^{l}(s-z_j)}$$

$$= K^* \frac{\prod_{k=1}^{f+h}(s-z_k)}{\prod_{k=1}^{n}(s-p_k)} \qquad (4-5)$$

式中，z_k 和 p_k 分别为闭环系统的零、极点。

比较式（4-3）、式（4-4）和式（4-5）可得到以下结论：

（1）闭环系统的根轨迹增益等于系统前向通道的根轨迹增益。对于单位反馈系统，闭环根轨迹增益等于开环根轨迹增益。

（2）闭环零点由前向通道的零点和反馈通道的极点构成。对于单位反馈系统，闭环零点就是开环零点。

（3）闭环系统的极点与开环系统的极点、零点及开环根轨迹增益 K^* 有关。

根轨迹法是指在已知开环零、极点分布的情况下，通过图解法求出闭环极点的分布。

4.1.2 根轨迹方程

根轨迹是系统所有闭环极点的集合，为了用图解法确定所有闭环极点的分布，令图 4-3 所示的系统的闭环传递函数的分母为零，可得到系统闭环特征方程式为

$$1 + G(s)H(s) = 0 \qquad (4-6)$$

或写成

$$G(s)H(s) = -1 \qquad (4-7)$$

绘制根轨迹即寻找所有满足上述特征方程的根，而满足式（4-7）的任何 s 值必然在根轨迹上，因此称式（4-7）为根轨迹方程。

将式（4-4）代入式（4-7）可以得到另一种形式的根轨迹方程

$$G(s)H(s) = K^* \frac{\prod_{j=1}^{m}(s-z_j)}{\prod_{i=1}^{n}(s-p_i)} = -1 \qquad (4-8)$$

它是一复数方程，由于复数方程两边的幅值和相角应相等，因此可将上式用两个方程描述为

$$K^* \frac{\prod_{j=1}^{m}|s-z_j|}{\prod_{i=1}^{n}|s-p_i|} = 1 \quad \text{或} \quad K^* = \frac{\prod_{i=1}^{n}|s-p_i|}{\prod_{j=1}^{m}|s-z_j|} \qquad (4-9)$$

$$\sum_{j=1}^{m}\angle(s-z_j) - \sum_{i=1}^{n}\angle(s-p_i) = \sum\alpha_j - \sum\beta_i = (2k+1)\pi; \quad k=0,\pm 1,\pm 2,\cdots$$

$$(4-10)$$

式（4-9）和式（4-10）分别称为幅值条件和相角条件，为绘制根轨迹的两个基本条件。满足幅值条件和相角条件的值，就是特征方程的根，即系统的闭环极点。在系统参数给定的条件下，随着 K^* 从零到无穷大变化，特征方程的根在复平面上变化的轨迹就是根轨迹。通过上述分析，可以得出以下结论。

（1）相角条件是绘制根轨迹的充分必要条件：绘制常规根轨迹或 $\pm 180°$ 根轨迹主要依据式（4-5），称之为 $\pm(2k+1)\pi$ 的相角条件；绘制零度根轨迹主要依据式（4-6），称之为 $\pm 2k\pi$ 的相角条件。

（2）式（4-9）常用于确定根轨迹上对应各点 s 的根轨迹增益值 K^*。K^* 等于开环极点到 s 的矢量长度之积除以开环零点到 s 的矢量长度之积。因为开环零、极点在 s 平面上的位置是已知的，故对任一特征根 s_0，可在图上量得 s_0 到开环零、极点的矢量长度，然后利用式（4-9）即可算得该点相应的 K_0^* 值。

由基本条件可知，系统的开环传递函数是绘制闭环根轨迹的重要依据，而通常开环传递函数是由一些低阶的基本环节组合构成的，其开环零、极点容易求得，使得我们能够以此为基础方便地近似绘制出系统闭环根轨迹。

下面举例说明如何按照上述基本条件来绘制根轨迹图。

【例4-2】 已知系统开环传递函数为

$$G(s)H(s) = k_1 \frac{(s-z_1)}{s(s-p_2)(s-p_3)}$$

其开环零、极点分布如图4-4所示，求取系统闭环根轨迹。

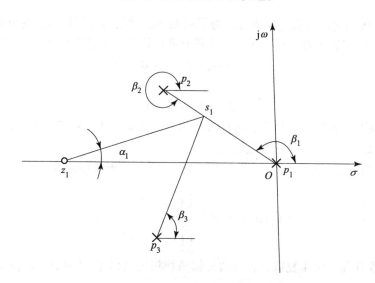

图 4-4 例 4-2 系统的开环零、极点分布图

解：在 s 平面任取一点 s_1，并画出从各个开环零、极点到 s_1 的向量；若 s_1 是特征方程的根即为根轨迹上的一个点，那么它必然满足相角条件：

$$\angle(s-z_1) - [\angle s_1 + \angle(s-p_2) + \angle(s-p_3)] = (2k+1)\pi$$

即

$$\alpha_1 - (\beta_1 + \beta_2 + \beta_3) = (2k+1)\pi$$

若 s_1 满足上式，则根据幅值条件可求出在这一点上的 K^* 值，即

$$K_0^* = \frac{|s||s-p_2||s-p_3|}{|s-z_1|}$$

在给出系统的开环传递函数 $G(s)H(s)$ 后，即得到开环零、极点的分布。因此得到根轨迹的绘制过程为：

（1）寻找 s 平面上所有满足相角条件的 s 值；
（2）利用幅值条件确定各点的 K_0^* 值。

4.2 绘制根轨迹的基本法则

绘制根轨迹时，完全依据基本条件来求各点是十分困难的。在实际绘制根轨迹时，通常依据基本法则来进行。掌握了这些基本法则，就可以快速、方便地绘制出所要求的根轨迹。

4.2.1 根轨迹的基本法则

【法则1】根轨迹的起点和终点

根轨迹起始于开环极点，终止于开环零点。
由式（4-8）可以确定根轨迹的起点

$$\frac{\prod_{j=1}^{m}(s-z_j)}{\prod_{i=1}^{n}(s-p_i)} = \frac{-1}{K^*} \tag{4-11}$$

当 $K^*=0$ 时，由式（4-11）知

$$\prod_{i=1}^{n}(s-p_i) = 0$$

上式为开环系统的特征方程式。可见当 $K^*=0$ 时，闭环极点就是开环极点，根轨迹起始于开环极点。

根轨迹的终点：当根轨迹增益 $K^*=\infty$ 时，由式（4-11）知

$$\prod_{j=1}^{m}(s-z_j) = 0$$

上式表明 $K^*=\infty$ 时，闭环极点就是开环零点。若把有限数值的零点称为有限零点，而把无穷远处的零点称为无限零点，则如果开环零点数目 m 小于开环极点数目 n，则有 m 条根轨迹终止于开环零点（即有限零点），$n-m$ 条根轨迹终止于 s 平面无穷远处（即无限零点）。

【法则2】根轨迹的分支数

根轨迹在 s 平面上的分支数等于系统特征方程的阶数 n。系统有 n 个闭环极点，就有 n 条根轨迹。由于系统有 n 个闭环极点，当开环根轨迹增益 K^* 从零到无穷变化时，每个极点都随着开环增益 K^* 的变化在 s 平面上将有不同的位置，这些位置上的点连接起来就是一条根轨迹。

【法则3】根轨迹的连续性与对称性

根轨迹是连续的，并且对称于实轴。由于系统特征方程式的系数均为实数，因而特征根

或为实数，或为共轭复数，根轨迹必然对称于 s 平面的实轴。

【法则4】实轴上的根轨迹

实轴上的根轨迹是那些在其右侧的开环实数零点、实数极点总数为奇数的区间。

这个结论可通过根轨迹方程的相角条件证明：设 N_z 为实轴上根轨迹右侧的开环有限零点数目，N_p 为实轴上根轨迹右侧的开环极点数目，考虑到实轴上根轨迹左侧的实数开环零、极点到实轴上根轨迹的矢量幅角总为零，而复平面上所有开环零、极点是共轭的，它们到实轴上根轨迹的矢量幅角之和也总为零。

$$N_z + N_p = 2k+1 \quad (k=0,1,2,\cdots)$$

只有这样，才能满足相角条件

$$\sum_{i=1}^{m}\alpha_i - \sum_{j=1}^{n}\beta_j = N_z \times 180° - N_p \times 180°$$
$$= \pm 180°(1+2k)$$

实轴上根轨迹存在的区间是其右侧实轴上开环零点、极点的数目总和为奇数。如图4-5所示，A、B、C 三段为实轴上根轨迹存在的区间。

图4-5 实轴上的根轨迹

【例4-3】 控制系统为 $G_K(s) = \dfrac{K^*(s+1)}{s(s+2)}$，试确定该系统的起点和终点，并绘制实轴上的根轨迹。

解：由法则1可知，系统的根轨迹共有2条，起始于开环极点 $p_1 = 0$，$p_2 = -2$；随着 K^* 增大至 ∞，一条根轨迹趋向于开环零点 $z_1 = -1$，另一条则趋向无穷远处。

按法则3可以判定，实轴上根轨迹区间为 $(-\infty, -2]$，$[-1, 0]$。

绘制出的根轨迹如图4-6所示。

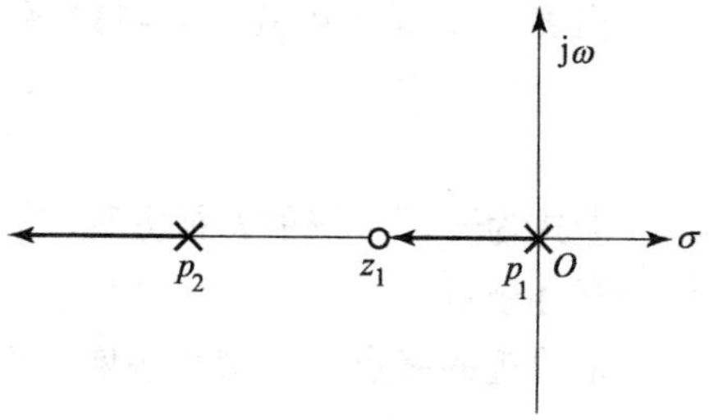

【法则5】根轨迹的渐近线

当 $K^* \to \infty$ 时，有 $n-m$ 条根轨迹沿着渐近线方向趋向于无穷远处。渐近线包含两个参数，即渐近线倾角和渐近线与实轴的交点。

(1) 根轨迹中 $n-m$ 条趋向于无穷远处分支的渐近线倾角为

$$\varphi_a = \pm \frac{(2k+1)\pi}{n-m}, \quad k=0,1,2,\cdots,n-m-1 \tag{4-12}$$

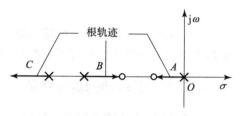

图4-6 例4-3的系统根轨迹图

(2) 根轨迹的渐近线与实轴交点为

$$\sigma_a = \frac{\sum_{i=1}^{n} p_i - \sum_{j=1}^{m} z_j}{n-m} \tag{4-13}$$

证明：假设在无穷远有特征方程的根 s_d，s 平面上所有的开环有限零点 z_j 和极点 p_i 到 s_d 的矢量长度本相等，因此对无穷远闭环极点 s_d 而言，所有的开环零点、极点都集中于一点，位置为 σ_a，即为所求的渐近线交点。

由幅值条件

$$\frac{\prod\limits_{j=1}^{m}|s-z_j|}{\prod\limits_{i=1}^{n}|s-p_i|} = \left|\frac{s^m + \sum\limits_{j=1}^{m}z_j s^{m-1} + \cdots + \prod\limits_{j=1}^{m}z_j}{s^n + \sum\limits_{i=1}^{n}p_i s^{n-1} + \cdots + \prod\limits_{i=1}^{n}p_i}\right| = \frac{1}{K^*}$$

当 $s = s_d = \infty$ 时,$z_j = p_i = \sigma_a$,因此上式分母能被分子除尽,即得

$$\left|\frac{1}{(s+\sigma_a)^{n-m}}\right| = \frac{\prod\limits_{j=1}^{m}|s-z_j|}{\prod\limits_{i=1}^{n}|s-p_i|} = \left|\frac{1}{s^{n-m} + (\sum\limits_{i=1}^{n}p_i + \cdots + \prod\limits_{j=1}^{m}z_j)s^{n-m-1}}\right| = \frac{1}{K^*}$$

令 s^{n-m-1} 项的系数相等,即

$$(n-m)\sigma_a = \left(\sum_{i=1}^{n}p_i - \sum_{j=1}^{m}z_j\right)$$

由此可得渐近线交点

$$\sigma_a = \frac{\sum\limits_{i=1}^{n}p_i - \sum\limits_{j=1}^{m}z_j}{n-m}$$

【例 4-4】 已知单位负反馈控制系统的开环传递函数为 $\dfrac{K^*}{s^2(s+1)}$。试绘制该系统的根轨迹图,并判断闭环系统的稳定性。

解: 根轨迹方程为

$$\frac{K^*}{s^2(s+1)} = -1$$

由系统开环传递函数知:

(1) 根轨迹共有 3 条,起始于开环极点:$p_{1,2}=0$,$p_3=-1$;由于开环传递函数无零点,故 3 条根轨迹随着 K^* 增大至 ∞ 而趋向于无穷远处;

(2) 实轴上的根轨迹:$(-\infty, -1]$;

(3) 根轨迹有 3 条渐近线。渐近线与实轴的交点:

$$\sigma_a = \frac{\sum\limits_{i=1}^{n}p_i - \sum\limits_{j=1}^{m}z_j}{n-m} = -\frac{1}{3}$$

渐近线与实轴正方向的夹角:

$$\varphi_a = \frac{(2k+1)\pi}{n-m} = \frac{(2k+1)\pi}{3}, \quad k=0,1,2$$

取 $k=0,2$ 时,$\varphi_a = \pm 60°$;$k=1$ 时,$\varphi_a = 180°$;根轨迹如图 4-7 所示。

(4) 根轨迹与虚轴无交点。

由于 3 条根轨迹中有两条均位于 s 平面虚轴右侧,因此系统不稳定。

【法则 6】 根轨迹的分离点与会合点

如果实轴上相邻开环极点之间存在根轨迹,则在此区间上必有分离点;如果实轴上相邻开环零点之间存在根轨迹,则在此区间上必有会合点;如果实轴上相邻开环极点和开环零点之间存在根轨迹,则在此区间上要么既无分离点也无会合点,要么既有分离点又有会合点。

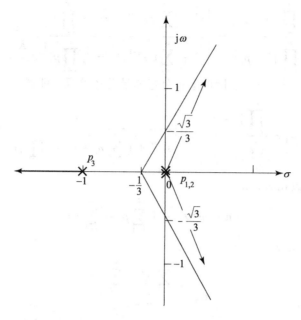

图 4-7 例 4-4 的系统根轨迹图

图 4-8 所示为一单位负反馈系统的根轨迹,由开环极点 $-p_1$ 和 $-p_2$ 出发的两条根轨迹,随着 K^* 的增大在实轴上 A 点相遇后即分离进入复平面,随着 K^* 的继续增大,又在实轴上的 B 点相遇,并分别沿实轴向左、右两方向运动。当 $K^* \to \infty$ 时,一条根轨迹终止于开环零点 $-z_1$,另一条根轨迹趋于实轴负无穷远处。把 A 点叫作根轨迹的分离点,B 点叫作根轨迹的会合点。

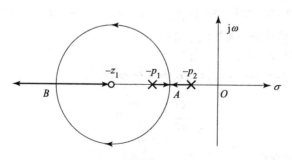

图 4-8 分离点和会合点

分离点、会合点的坐标可由以下方程求得:

$$\frac{\mathrm{d}K^*}{\mathrm{d}s} = 0$$

由图 4-8 可知,分离点和会合点是根轨迹方程出现重根的点,只要找到这些重根,就可以确定分离点或会合点的位置。

假设系统开环传递函数为

$$G_K(s) = \frac{K^* N(s)}{D(s)}$$

则闭环系统的特征方程为

$$K^* N(s) + D(s) = 0$$

可以得到

$$K^* = -\frac{D(s)}{N(s)}$$

$$\frac{\mathrm{d}K^*}{\mathrm{d}s} = \frac{\mathrm{d}}{\mathrm{d}s}\Big[-\frac{D(s)}{N(s)}\Big] = 0$$

即

$$D'(s)N(s) - N'(s)D(s) = 0 \tag{4-14}$$

如果方程阶次较高，则采用试探法来计算分离点的坐标，计算公式为

$$\sum_{j=1}^{m_1} \frac{1}{z_j - \sigma_\mathrm{d}} = \sum_{i=1}^{n_1} \frac{1}{p_i - \sigma_\mathrm{d}} \tag{4-15}$$

式中，m_1、n_1 分别为开环传递函数在实轴上的零、极点数。

一般来说，如果实轴上两相邻开环极点之间有根轨迹，则这两相邻极点之间必有分离点；如果实轴上两相邻开环零点（其中一个可为无限零点）之间有根轨迹，则这两相邻零点之间必有会合点。

分离点和会合点也可能位于复平面上。由于根轨迹的共轭对称性，故在复平面上若有分离点或会合点，则它们必对称于实轴。显然式（4-14）也适用于计算复数分离点或会合点。

【法则7】根轨迹与虚轴的交点

根轨迹与虚轴相交时，系统处于临界稳定状态，此时 K^* 为临界稳定状态的 K^*。确定根轨迹与虚轴的交点有以下两种方法。

解法一：令 $s = \mathrm{j}\omega$，代入特征方程，可以得到

$$1 + G(\mathrm{j}\omega)H(\mathrm{j}\omega) = 0$$

$$\mathrm{Re}[1 + G(\mathrm{j}\omega)H(\mathrm{j}\omega)] + \mathrm{jIm}[1 + G(\mathrm{j}\omega)H(\mathrm{j}\omega)] = 0$$

分别列写实轴和虚轴的两个方程，即

$$\mathrm{Re}[1 + G(\mathrm{j}\omega)H(\mathrm{j}\omega)] = 0 \tag{4-16}$$

$$\mathrm{Im}[1 + G(\mathrm{j}\omega)H(\mathrm{j}\omega)] = 0 \tag{4-17}$$

联立求解上式，即可求出与虚轴交点处 K^* 的值和 ω 值。

解法二：利用劳斯判据。令劳斯表第一列中包含 K^* 的项为零，即可确定根轨迹与虚轴交点上的 K^* 值，并利用劳斯表中 s^2 行的系数构成辅助方程，必可解出根轨迹与虚轴交点上的 ω 值。

【法则8】根轨迹的出射角和入射角

当开环系统的极点和零点位于复平面上时，根轨迹离开复数极点的出发角称为根轨迹的出射角，根轨迹终止于复数零点的角度称为入射角。换句话说，出射角就是根轨迹在起点的斜率，入射角就是根轨迹在终点的斜率，根据根轨迹的相角条件，可求得根轨迹的出射角和入射角。

根轨迹离开共轭复数极点的切线方向与正实轴的夹角称为根轨迹的出射角，根轨迹趋于共轭复数零点的切线方向与正实轴的夹角称为根轨迹的入射角。

设根轨迹的出射角和入射角分别为 θ_{pl}、θ_{zl}，可由下式计算：

$$\theta_{pl} = \pi + \sum_{j=1}^{m} \angle(p_l - z_j) - \sum_{\substack{i=1 \\ i \neq l}}^{n} \angle(p_l - p_i) \qquad (4-18)$$

$$\theta_{zl} = \pi - \sum_{\substack{j=1 \\ j \neq l}}^{m} \angle(z_l - z_j) + \sum_{i=1}^{n} \angle(z_l - p_i) \qquad (4-19)$$

【例 4-5】已知系统的开环传递函数为

$$G(s)H(s) = \frac{K^*(s+1)}{s^2 + 3s + 3.25}$$

试概略绘制出根轨迹图。

解：根轨迹方程为

$$G_K(s) = \frac{K^*(s+1)}{s^2 + 3s + 3.25} = -1$$

（1）由系统的开环传递函数可知，$n=2$，系统有两条根轨迹：起点为 $p_1 = -1.5 + j$，$p_2 = -1.5 - j$；终点为开环零点 $z_1 = -1$ 和无穷远点。

（2）实轴上的根轨迹段为 $(-\infty, -1]$；

（3）根轨迹有 1 条渐近线，渐近线与实轴正方向的交点为

$$\sigma_a = \frac{-1.5 + j1 - 1.5 - j1 + 1}{2 - 1} = -2$$

渐近线与实轴正方向的夹角为

$$\varphi_a = \frac{(2k+1)\pi}{n-m} = \frac{(2k+1)\pi}{1} = \pi \quad (取 k = 0)$$

（4）根轨迹离开复平面极点 p_1 和 p_2 处的出射角为

$$\theta_{p1} = \pi + \angle(p_1 - z_1) - \angle(p_1 - p_2)$$
$$= 180° + 116.57° - 90° = 206.57°$$
$$\theta_{p2} = -206.57°$$

（5）根轨迹的会合点，由下面方程求出

$$\frac{1}{d+1.5-j1} + \frac{1}{d+1.5+j1} = \frac{1}{d+1}$$

$$d_1 = -2.12, \quad d_2 = 0.12 \text{（舍去）}$$

（6）由于本系统为带零点的二阶系统，而且该系统具有复数极点，因此复平面上的根轨迹是以零点 $(-1, j0)$ 为圆心，以会合点到零点的距离为半径的圆弧，此圆弧与实轴的交点就是根轨迹在实轴上的会合点。

此系统根轨迹图如图 4-9 所示。

【例 4-6】已知单位负反馈控制系统的开环传递函数为

$$G_K(s) = \frac{K^*}{s(s+3)(s+6)}$$

（1）绘制系统的根轨迹图；（2）求系统临界稳定时的 K^* 值与系统的闭环极点。

解：（1）绘制系统的根轨迹。

①根轨迹共有 3 条，起始于开环极点：$p_1 = 0$，$p_2 = -3$，$p_3 = -6$；3 条根轨迹随着 K^* 增大至∞而趋向于无穷远处；

②实轴上的根轨迹段为 $(-\infty, -6]$，$[-3, 0]$；

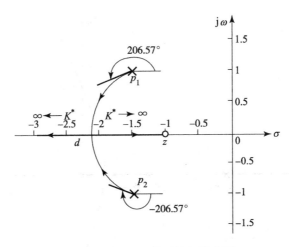

图 4-9 例 4-6 的系统根轨迹图

③根轨迹有 3 条渐近线

$$\sigma_a = \frac{\sum_{i=1}^{n} p_i - \sum_{j=1}^{m} z_j}{n-m} = \frac{-3-6}{3} = -3$$

$$\varphi_a = \frac{(2k+1)\pi}{n-m} = \frac{(2k+1)\pi}{3}, \quad k=0, 1, 2$$

取 $k=0$，2 时，$\varphi_a = \pm 60°$；$k=1$ 时，$\varphi_a = 180°$；

④分离点由特征方程式 $s^3 + 9s^2 + 18s + K^* = 0$ 求得

$$\frac{dK^*}{ds} = -(3s^2 + 18s + 18) = 0$$

解得 $s_1 = -1.27$，$s_2 = -4.73$。由于 $s_1 = -1.27$ 恰位于 $[-3, 0]$，因此分离点为 $s_1 = -1.27$。

⑤根轨迹与虚轴的交点：将 $s = j\omega$ 代入系统闭环特征方程，令其实部、虚部为零得

$$\begin{cases} 18\omega - \omega^3 = 0 \\ K^* - 9\omega^2 = 0 \end{cases}$$

解得

$$\omega = 4.24, \quad K^* = 162$$

绘制系统的根轨迹图，如图 4-10 所示。

（2）系统临界稳定即为根轨迹与虚轴的交点处，因此临界稳定时的 K^* 和临界稳定时的闭环极点为

$$K^* = 162, \quad s = \pm j4.24$$

【**例 4-7**】设某控制系统的开环传递函数为

$$G(s)H(s) = \frac{K^*(s+5)}{s(s^2 + 4s + 5)}$$

试绘制当参数 K^* 由 $0 \to +\infty$ 时的根轨迹。

解：根轨迹方程为

$$G_K(s) = \frac{K^*(s+5)}{s(s+2-j)(s+2+j)} = -1$$

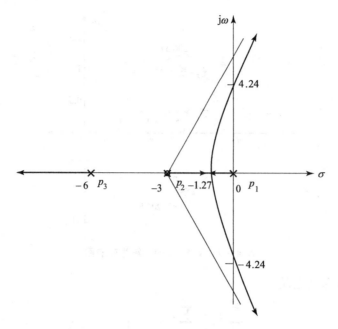

图 4-10 例 4-6 的系统根轨迹图

（1）$n=3$，有 3 条根轨迹：起点为 $p_1=0$，$p_2=-2+j$，$p_3=-2-j$；终点为开环零点 $z_1=-5$ 和无穷远零点；

（2）实轴上的根轨迹段为 $[-5,0]$；

（3）根轨迹有两条渐近线，渐近线与实轴正方向的交点：

$$\sigma_a = \frac{-2+j-2-j+5}{3-1} = \frac{1}{2}$$

渐近线与实轴正方向的夹角为

$$\varphi_a = \frac{(2k+1)\pi}{n-m} = \frac{(2k+1)\pi}{2} = \pm\frac{\pi}{2} \quad (取\ k=0,1)$$

（4）根轨迹与虚轴的交点。

根轨迹的特征方程为

$$s^3 + 4s^2 + (5+K^*)s + 5K^* = 0$$

将 $s=j\omega$ 带入特征方程，令其实部、虚部都为零，可得

$$\begin{cases} \omega^2 = 5 + K^* \\ 5K^* = 4\omega^2 \end{cases}$$

解得 $K^* = 20$，$\omega = \pm\sqrt{5}$；

（5）根轨迹离开复平面极点 p_2 和 p_3 处的出射角为

$$\theta_{p_2} = \pi + \angle(p_2 - z_1) - \angle(p_2 - p_1) - \angle(p_2 - p_3)$$

$$= 180° + \arctan\frac{1}{3} - \left(180° - \arctan\frac{1}{2}\right) - 90° = -45°$$

$$\theta_{p_3} = 45°$$

绘制根轨迹图如图 4-11 所示。

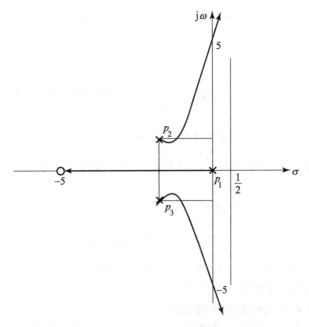

图 4-11 例 4-7 的系统根轨迹图

4.2.2 根轨迹的绘制与分析

由绘制根轨迹的基本法则,可以绘制出各种控制系统的根轨迹草图,再利用相角条件选择实验点加以修正,就可以得到根轨迹的概略图。

由系统的闭环极点可确定系统的稳定性,由系统的闭环极点和零点在 s 平面上的分布可以分析控制系统的暂态性能。因此确定控制系统闭环极点和零点在 s 平面上的分布,是对控制系统进行分析之前首先要解决的问题。由于根轨迹图能直观、完整地反映系统特征方程的根在 s 平面上的分布的大致情况,因此,通过一些简单的作图和计算,就可以看到系统参数的变化对系统闭环极点的影响趋势。这对分析、研究控制系统的性能,提出改善系统性能的途径都具有重要的意义。

1. 二阶系统根轨迹的绘制与分析

二阶系统可分为不带零点的二阶系统和带零点的二阶系统。

例 4-1 所研究的典型的二阶系统,其轨迹为从两实数极点出发,在二阶系统的重根处会合在一起,然后进入复平面的一条直线。

按根轨迹分析,令 $K^* = 2K$,K^* 为系统根轨迹的放大倍数,K^* 为任意值时,系统都是稳定的。当 $0 < K^* < 1$ 时,系统具有两个不相等的负实根,系统的动态响应为无超调的过阻尼状态;当 $K^* = 1$ 时,系统具有两个相等的实根,系统的动态响应为无超调的临界阻尼状态;当 $1 < K^* < +\infty$ 时,系统的动态响应是衰减振荡的欠阻尼状态。

例如:当 $K^* = 10$ 时,$s_{1,2} = -1 \pm j3$,$\omega_n = 3.16$ rad/s,由此可求得阻尼比 $\xi = \cos\theta = \dfrac{1}{3.16} = 0.316$,系统响应为欠阻尼条件下的衰减振荡,依据公式就可求得系统的性能指标如下:

超调量 $\sigma_p = e^{\frac{-\pi\xi}{\sqrt{1-\xi^2}}} \times 100\% = 35\%$

上升时间 $t_r = \dfrac{\pi - \theta}{\omega_n \sqrt{1-\xi^2}} = 0.63(\text{s})$

峰值时间 $t_p = \dfrac{\pi}{\omega_n \sqrt{1-\xi^2}} = 1.05(\text{s})$

过渡过程时间 $t_s = \dfrac{3}{\xi\omega_n} = 3(\text{s})$

下面举例说明当二阶系统增加零点（即开环带零点的二阶系统）时，根轨迹的变化情况。

【例 4-8】 已知系统的开环传递函数为

$$G_K(s) = \dfrac{K^*(s+3)}{(s+1)(s+2)}$$

（1）绘制开环传递函数所对应的负反馈系统的根轨迹；

（2）分析增加零点对系统性能的影响。

解：（1）绘制开环传递函数的根轨迹。

① 根轨迹共有 2 条，起始于开环极点 $p_1 = -1$，$p_2 = -2$；随着 K^* 增大至 ∞，一条根轨迹趋向于开环零点 $z_1 = -3$，另一条则趋向无穷远处；

② 实轴上的根轨迹段为 $(-\infty, -3]$，$[-2, -1]$；

③ 根轨迹有 1 条渐近线，渐近线与实轴正方向的夹角为

$$\varphi_a = \dfrac{(2k+1)\pi}{n-m} = \dfrac{(2k+1)\pi}{1} = \pi \quad (k=0)$$

④ 根轨迹的分离点、会合点为

$$K^* = \dfrac{(s+1)(s+2)}{(s+3)}$$

令 $\dfrac{dK^*}{ds} = 0$，即

$$s^2 + 6s + 7 = 0$$

解得 $s_1 = -1.59$（分离点），$s_2 = -4.41$（会合点）；

闭环系统概略根轨迹如图 4-12 所示。

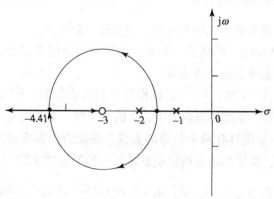

图 4-12 例 4-8 的系统根轨迹图

(2) 增加零点对系统性能的影响。

由根轨迹可见，增加开环零点将使系统的根轨迹向左弯曲，如果零点的位置设计合理，控制系统的稳定性和瞬态响应性能指标均可得到显著改善。

【例 4-9】 已知系统的开环传递函数为

$$G_K(s) = \frac{K^*(s+2)}{(s^2+2s+3)}$$

绘制该系统的根轨迹。

解：(1) 根轨迹共有两条，起始于开环极点 $-p_1 = -1+\sqrt{2}j$，$-p_2 = -1-\sqrt{2}j$；随着 K^* 增大至∞，一条根轨迹趋向于开环零点 $z_1 = -2$，另一条则趋向无穷远处；

(2) 实轴上的根轨迹段为 $(-\infty, -2]$；

(3) 根轨迹有两条渐近线，渐近线倾角和渐近线与实轴的交点为

$$\varphi_a = \frac{\mp 180°(1+2\mu)}{2-1} = 180°$$

$$\sigma_a = \frac{\sum_{i=1}^{n} p_i - \sum_{j=1}^{m} z_j}{n-m} = 0$$

(4) 分离点与会合点

$$K^* = \frac{s^2+2s+3}{(s+2)}$$

令 $\dfrac{dK^*}{ds} = 0$，即

$$s^2 + 4s + 1 = 0$$

解之得 $s_1 = -0.27$（舍），$s_2 = -3.73$（分离点）；

绘出常规根轨迹图如图 4-13 所示，复平面上的根轨迹是以零点 $(-2, j0)$ 为圆心，以分离点到零点的距离为半径的圆弧。

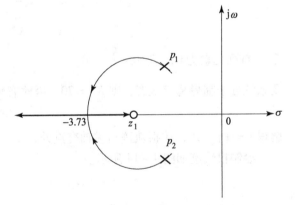

图 4-13 例 4-9 的系统根轨迹图

2. 三阶系统根轨迹的绘制与分析

【例 4-10】 已知系统的开环传递函数为

$$G_K(s) = \frac{K}{s(0.5s+1)(0.2s+1)}$$

(1) 绘制根轨迹；

(2) 分析系统稳定性。

解：(1) 绘制开环系统根轨迹。

系统开环传递函数为

$$G_K(s) = \frac{10K}{s(s+2)(s+5)} = \frac{K^*}{s(s+5)(s+2)}$$

其中，K^* 为根轨迹增益，且 $K^* = 10K$。

①根轨迹共有 3 条，起始于开环极点 $p_1 = 0$，$p_2 = -2$，$p_3 = -5$；随着 K^* 增大至∞，3

条根轨迹均趋向于无穷远处。

②实轴上的根轨迹段为 $[-2,0]$，$(-\infty,-5]$。

③有 3 条渐近线，渐近线与实轴正方向的交点和夹角为

$$\sigma_a = \frac{0-2-5}{3} = -\frac{7}{3}$$

$$\varphi_a = \frac{(2k+1)\pi}{n-m} = \frac{(2k+1)\pi}{3} = -\frac{\pi}{3}, \frac{\pi}{3}, \pi$$

④根轨迹的分离点

$$K^* = -(s^3 + 7s^2 + 10s)$$

令 $\dfrac{\mathrm{d}K^*}{\mathrm{d}s} = 0$，即

$$3s^2 + 14s + 10 = 0$$

解得 $s_1 = -0.88$（分离点），$s_2 = -3.79$（舍）；

⑤根轨迹与虚轴的交点：系统特征方程为

$$s^3 + 7s^2 + 10s + K^* = 0$$

列出劳斯表为

$$\begin{array}{ccc} s^3 & 1 & 10 \\ s^2 & 7 & K^* \\ s^1 & 10-\dfrac{K^*}{7} & \\ s^0 & K^* & \end{array}$$

令 s^1 首列元素为 0，即 $10 - \dfrac{K^*}{7} = 0$。

要系统处于临界稳定状态，则 $K^* = 70$，因此有辅助方程

$$7s^2 + 70 = 0$$

解得 $s = \pm\mathrm{j}\sqrt{10}$，故根轨迹与虚轴交点处，$K^* = 70$，$s = \pm\mathrm{j}\sqrt{10}$。

绘制根轨迹如图 4-14 所示。

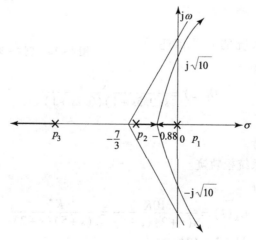

图 4-14 例 4-10 的系统根轨迹图

（2）稳定性分析，当 $0 < K^* < 70$，即 $0 < K < 7$ 时系统是稳定的，当 $K > 7$ 时，系统根轨迹向右半平面变化，系统不稳定。

【例 4 – 11】已知系统的开环传递函数为

$$G_K(s) = \frac{K^*(s+1)}{s(s+2)(s+3)}$$

绘制单位负反馈控制系统的根轨迹。

解：（1）根轨迹共有 3 条，起始于开环极点 $p_1 = 0$，$p_2 = -2$，$p_2 = -3$；随着 K^* 增大至 ∞，一条根轨迹趋向于开环零点 $z_1 = -1$，另两条则趋向无穷远处。

（2）实轴上的根轨迹段为 $[-3, -2]$，$[-1, 0]$。

（3）根轨迹的渐近线条数为 $n - m = 2$，渐近线的倾角为

$$\varphi_1 = 90°, \quad \varphi_2 = -90°$$

渐近线与实轴的交点为

$$\sigma_a = \frac{\sum_{i=1}^{n} p_i - \sum_{j=1}^{m} z_j}{n - m} = -2$$

（4）根轨迹的分离点

$$\frac{1}{d} + \frac{1}{d+2} + \frac{1}{d+3} = \frac{1}{d+1}$$

用试探法求得分离点 $d = -2.47$。

该闭环系统的概略根轨迹如图 4 – 15 所示。

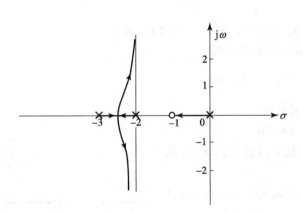

图 4 – 15 例 4 – 11 的系统根轨迹图

3. 四阶系统根轨迹的绘制与分析

【例 4 – 12】已知系统的开环传递函数为

$$G_K(s) = \frac{K^*(s+2)}{s(s+3)(s^2+2s+3)}$$

绘制单位负反馈控制系统的根轨迹。

解：（1）该闭环系统有 4 条根轨迹分别从 4 个开环极点出发

$$p_1 = 0, \quad p_2 = -3, \quad p_{3,4} = -1 \pm j\sqrt{2}$$

随着 K^* 增大至 ∞，其中一条根轨迹趋向开环零点为 $z_1 = -2$，其他 3 条根轨迹均趋于无穷远处。

（2）实轴上的根轨迹段为 $[-2, 0]$，$(-\infty, -3]$。

（3）渐近线与实轴的夹角为

$$\varphi_a = \frac{(2k+1)\pi}{n-m} = \frac{(2k+1)\pi}{3} = -\frac{\pi}{3}, \frac{\pi}{3}, \pi;$$

渐近线与实轴的交点为

$$\sigma_a = \frac{0 - 3 - 1 + j\sqrt{2} - 1 - j\sqrt{2} + 2}{3} = -1$$

（4）求根轨迹与虚轴的交点。

系统特征方程为

$$s^4 + 5s^3 + 9s^2 + (K^* + 9)s + 2K^* = 0$$

列出劳斯表为

s^4	1	9	$2K^*$
s^3	5	$K^* + 9$	
s^2	$9 - \frac{1}{5}(K^* + 9)$	$2K^*$	
s^1	$K^* + 9 - \frac{5K^*}{36 - K^*}$		
s^0	$2K^*$		

令 s^1 行为 0，则得到 $K_1^* = 9.86$，$K_2^* = -32.86$（舍）。

将 $K_1^* = 9.86$ 分别代入辅助方程

$$\left[9 - \frac{1}{5}(K^* + 9)\right]s^2 + 2K^* = 0$$

解得根轨迹与虚轴的交点为

$$s_{1,2} = \pm 1.94j$$

（5）根轨迹离开复平面极点 p_3 和 p_4 处的出射角为

$$\theta_{p3} = \pi + \angle(p_3 - z_1) - \angle(p_3 - p_2) - \angle(p_3 - p_4)$$
$$= 180° + \arg\tan\sqrt{2} - (180° - \arg\tan\sqrt{2}) -$$
$$\arg\tan\frac{\sqrt{2}}{2} - 90° = -15.79°$$

$\theta_{p4} = 15.79°$

绘制出的系统根轨迹如图 4-16 所示。

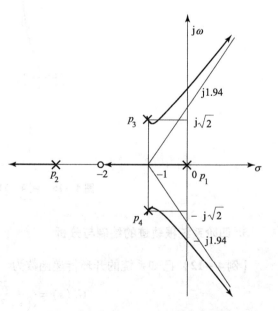

图 4-16 例 4-12 的系统根轨迹图

4.3 参数根轨迹的绘制

在负反馈系统中,可变参数不仅仅是开环根轨迹增益 K^*,还可以是开环传递函数中其他任何一个系统参数。对其他参数也可以按照绘制规则做出相应的根轨迹,此时所得到的根轨迹就称为参数根轨迹。

绘制参数根轨迹的步骤如下:
(1) 写出原系统的特征方程;
(2) 以特征方程中含该参量的各项除以特征方程中其他项,求得等效开环传递函数 $G_K^*(s)$,原方程中的可变参数即为等效系统的根轨迹增益;
(3) 按常规根轨迹的绘制法则,绘制等效系统的根轨迹即为原系统的参数根轨迹。

【例 4-13】 已知单位负反馈系统的开环传递函数为

$$G_K(s) = \frac{20}{(s+4)(s+p)}$$

试绘制以 p 为参变量的根轨迹。

解:系统的特征多项式为

$$D(s) = s^2 + (4+p)s + 4p + 20 = s^2 + 4s + 20 + p(s+4) = 0$$

系统的等效开环传递函数为

$$G_K^*(s) = \frac{p(s+4)}{s^2 + 4s + 20}$$

按照绘制常规根轨迹图的法则绘制根轨迹。

(1) 系统有两条根轨迹,起点分别为 $p_1 = -2+j4$,$p_2 = -2-j4$;两条根轨迹的终点其中一条为 $z_1 = -4$,另一条趋于无穷远处。
(2) 实轴上的根轨迹段为 $(-\infty, -4]$。
(3) 渐近线与实轴的夹角为

$$\varphi_a = \frac{(2k+1)\pi}{n-m} = \frac{(2k+1)\pi}{1} = \pi$$

(4) 根轨迹的分离点

$$p = -\frac{s^2 + 4s + 20}{s+4}$$

令 $\dfrac{dp}{ds} = 0$,即

$$s^2 + 8s - 4 = 0$$

解得 $s_1 = -8.47$,$s_2 = 0.47$(舍)。
(5) 起始角如下

$$\theta_{p3} = \pi + \angle(p_1 - z_1) - \angle(p_1 - p_2)$$
$$= 180° + \arg\tan 2 - 90° \approx 153.43°$$
$$\theta_{p2} = -153.43°$$

绘制出的系统根轨迹如图 4-17 所示。

【例 4-14】 绘制 $G_K(s) = \dfrac{(s+p)}{s(s+1)^2}$ 的系统根轨迹。

解：闭环系统特征方程为
$$s(s+1)^2 + s + p = s^3 + 2s^2 + 2s + p = 0$$
$$1 + \frac{p}{s(s^2+2s+2)} = 0$$

等效开环传递函数为
$$G_K^*(s) = \frac{p}{s(s^2+2s+2)}$$

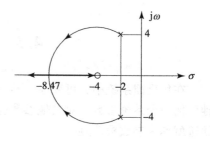

图 4-17　例 4-13 的系统根轨迹图

（1）$n=3$，即根轨迹有 3 条，起点分别为 $p_1=0$，$p_2=-1+j$，$p_3=-1-j$；3 条根轨迹均趋于无穷远处。

（2）实轴上的根轨迹段为 $(-\infty, 0]$。

（3）根轨迹有 3 条渐近线，$n-m=3$。渐近线与实轴的交点和夹角为
$$\sigma_a = \frac{-1+j-1-j}{3} = -\frac{2}{3}$$
$$\varphi_a = \frac{(2k+1)\pi}{n-m} = \frac{(2k+1)\pi}{3}$$
$$= -\frac{\pi}{3}, \frac{\pi}{3}, \pi$$

（4）求根轨迹与虚轴的交点。
列出劳斯表为

$$\begin{array}{c|cc} s^3 & 1 & 2 \\ s^2 & 2 & p \\ s^1 & 2-\dfrac{p}{2} & \\ s^0 & p & \end{array}$$

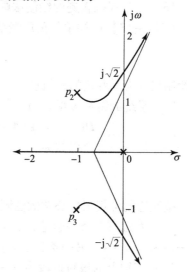

图 4-18　例 4-14 的系统根轨迹图

令 $s^1 = 0$，则 $p = 4$，由辅助方程
$$2s^2 + 4 = 0$$

解得 $s_{1,2} = \pm j\sqrt{2}$。

绘制出的系统根轨迹如图 4-18 所示。

4.4　零度根轨迹的绘制

负反馈系统根轨迹是常规根轨迹，正反馈系统的根轨迹是零度根轨迹。
一般情况下，在以下两种情况下需绘制零度根轨迹：
（1）控制系统中包含正反馈回路；
（2）非最小相位系统中包含 s 最高次幂为负的因子。

1. 零度根轨迹的绘制

绘制零度根轨迹时，原则上可以应用常规根轨迹的法则，但与相角条件有关的一些法则需改变。
（1）绘制零度根轨迹时，根轨迹方程变为

$$G(s)H(s) = K\frac{\prod_{j=1}^{m}(s-z_j)}{\prod_{i=1}^{n}(s-p_i)} = 1 \quad (4-20)$$

(2) 绘制零度根轨迹时，根轨迹方程变为

$$\sum_{j=1}^{m}\angle(s-z_j) - \sum_{i=1}^{n}\angle(s-p_i) = \sum_{j=1}^{m}\alpha_j - \sum_{i=1}^{n}\beta_i = 2k\pi \quad (4-21)$$

式中，$k = 0, \pm 1, \pm 2, \cdots$。

绘制零度根轨迹时，原则上可以应用常规根轨迹绘制的法则，但与相角条件有关的一些法则需要改变。

绘制零度根轨迹时，与常规根轨迹相对应，需改变下面 3 条绘制法则。

(1) 实轴上的根轨迹。

实轴上的根轨迹是那些在其右侧开环实数极点、实数零点总数为偶数的区间。

(2) 根轨迹的渐近线。

根轨迹中 $n-m$ 条趋向于无穷远处分支的渐近线倾角为

$$\varphi_a = \pm\frac{2k\pi}{n-m} \quad (4-22)$$

(3) 根轨迹的出射角和入射角。

$$\theta_{pl} = 2k\pi + \sum_{j=1}^{m}\angle(p_l - z_j) - \sum_{\substack{i=1\\i\neq l}}^{n}\angle(p_l - p_i) \quad (4-23)$$

$$\theta_{zl} = 2k\pi - \sum_{\substack{j=1\\j\neq l}}^{m}\angle(z_l - z_j) + \sum_{i=1}^{n}\angle(z_l - p_i) \quad (4-24)$$

除上述 3 个法则外，其他法则不变。

【例 4-15】 某控制系统的内环如图 4-19 所示，试绘制内环的根轨迹，并分析其稳定性。

解：(1) 由图可知内环为正反馈回路，因此按零度根轨迹绘制。

正反馈回路的开环传递函数为

$$G(s)H(s) = \frac{K^*}{s(s+1)(s+3)}$$

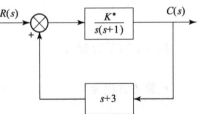

图 4-19 具有正反馈内环的复杂控制系统

(2) 内环根轨迹共有 3 条，起始于开环极点：$p_1 = 0$，$p_2 = -1$，$p_3 = -3$；根轨迹的终点：3 条根轨迹随着 K^* 增大至 ∞ 而趋向于无穷远处；

(3) 实轴上的根轨迹段为 $[-3, -1]$，$[0, \infty]$。

(4) 根轨迹共有 3 条渐近线，渐近线与实轴的夹角为

$$\varphi_a = \frac{2k\pi}{n-m} = \frac{2k\pi}{3} \quad (k = 0, 1, 2)$$

取 $k=0$ 时，$\varphi_a = 0°$；$k=1$ 时，$\varphi_a = 120°$；$k=2$ 时，$\varphi_a = 240°$；渐近线与实轴的交点为

$$\sigma_a = \frac{\sum_{i=1}^{n} p_i - \sum_{j=1}^{m} z_j}{n-m} = \frac{0-1-3}{3} = -1.33$$

（5）根轨迹的分离点坐标，特征方程为
$$s^3 + 4s^2 + 3s - K^* = 0$$

则有
$$\frac{dK^*}{ds} = 3s^2 + 8s + 3 = 0$$

由此解得 $s_1 = -2.22$，$s_2 = -0.45$。s_2 不在实轴上的根轨迹段内，故舍掉。因此实轴上分离点的坐标为（-2.22，j0）。

绘制内环的根轨迹如图4-20所示。

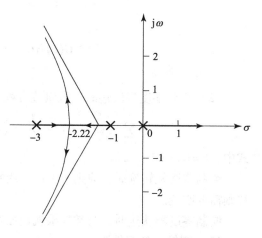

图4-20 例4-15的系统根轨迹图

如图4-20所示，3条根轨迹其中一条位于正实轴上，所以系统是不稳定的。

2. 非最小相位系统根轨迹的绘制

开环传递函数的零点、极点均位于 s 左半平面的系统，称为最小相位系统；反之，则称为非最小相位系统。出现非最小相位系统有如下3种情况：

（1）系统中有局部正反馈回路；
（2）系统中含有非最小相位元件；
（3）系统中含有纯滞后环节。

内回路的闭环传递函数为
$$\frac{C(s)}{R(s)} = \frac{G(s)}{1 - G(s)H(s)}$$

相应的特征方程为
$$1 - G(s)H(s) = 0$$

根轨迹方程为
$$G(s)H(s) = 1$$

正反馈系统根轨迹与负反馈系统根轨迹的不同之处有：

（1）实轴上线段成这根轨迹的充要条件是该线段右方实轴上开环零点数与极点数之和为偶数；

（2）渐近线与实轴的倾角为
$$\theta = \frac{\pm 2k\pi}{n-m}, \quad k = 0, 1, 2, \cdots$$

（3）开环共轭极点的出射角与开环共轭零点的入射角分别为
$$\theta_l = \mp 2k\pi + \sum_{i=1}^{m} \varphi_i - \sum_{\substack{j=1 \\ j \neq l}}^{n} \theta_j$$

$$\varphi_k = \pm 2k\pi + \sum_{j=1}^{n} \theta_j - \sum_{\substack{i=1 \\ i \neq k}}^{m} \varphi_i$$

【例4-16】已知系统结构图如图4-21所示。（1）绘出 K^* 从 $0 \to +\infty$ 变化时的闭环根轨迹图；（2）确定系统处于欠阻尼条件下 K^* 的取值范围；（3）确定系统稳定时的最小阻尼比。

解：（1）绘制根轨迹图。

由

$$G(s) = \frac{K^*}{(s-1)(s+2)}$$

$$H(s) = s+3$$

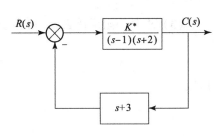

图 4-21 例 4-16 系统结构图

可得

$$G_K(s) = G(s)H(s) = \frac{K^*(s+3)}{(s-1)(s+2)}$$

根轨迹方程为

$$\frac{K^*(s+3)}{(s-1)(s+2)} = -1$$

因此按常规根轨迹绘制方法绘制。

① $n=2$，有两条根轨迹：起点为 $p_1=1$，$p_2=-2$；终点为开环零点 $z_1=-3$ 和无穷远零点。

② 实轴上的根轨迹段为 $(-\infty, -3]$，$[-2, 1]$。

③ 根轨迹有 1 条渐近线，渐近线与实轴正方向的夹角为

$$\varphi_a = \frac{(2k+1)\pi}{n-m} = \frac{(2k+1)\pi}{1} = \pi$$

④ 求根轨迹的分离点与会合点：

$$K^* = -\frac{(s-1)(s+2)}{s+3}$$

$$\frac{dK^*}{ds} = -\frac{s^2+6s+5}{(s+3)^2} = 0$$

解得

$s_1 = -1$（分离点），$s_2 = -5$（会合点）

绘出常规根轨迹图如图 4-22 所示，复平面上的根轨迹是以零点 $(-3, j0)$ 为圆心，以会合点到零点的距离为半径的圆，此圆与实轴的交点就是根轨迹在实轴上的分离点与会合点。

（2）系统处于欠阻尼条件下时，系统的闭环极点应该位于左侧的复平面内，在分离点 $s_1=-1$ 处，

$$K_1^* = \frac{|-1-(-2)||-1-1|}{|-1-(-3)|} = 1$$

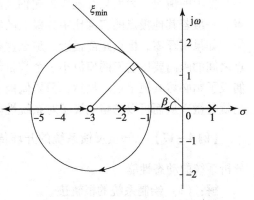

图 4-22 例 4-16 的系统根轨迹图

在会合点 $s_2=-5$ 处，

$$K_2^* = \frac{|-5-(-2)||-5-1|}{|-5-(-3)|} = 9$$

所以系统处于欠阻尼条件下时 K^* 的范围为：$1 < K^* < 9$。

（3）求最小阻尼比 $\xi_{\min}$，可在图 4-22 上作切线，由图可见

$$\cos\beta = \frac{\sqrt{9-4}}{3} = 0.75$$

所以

$$\xi_{\min} = \cos\beta = 0.75$$

4.5 利用根轨迹分析系统性能

由系统的闭环极点可确定系统的稳定性，由系统的闭环极点和零点在 s 平面上的分布可以分析控制系统的暂态性能。

1. 稳定性

（1）若根轨迹都在 s 平面虚轴左侧，无论 K^* 为何值总是稳定的。

（2）只要有一条根轨迹位于 s 平面虚轴右侧，无论 K^* 为何值总是不稳定的。

（3）根轨迹的起点均在 s 平面虚轴的左侧，随着 K^* 增大，有一部分根轨迹越过虚轴，进入 s 平面虚轴的右侧，求出根轨迹与虚轴交点对应的 K^* 值，当根轨迹增益 K^* 小于该值时闭环系统稳定，K^* 大于该值时闭环系统不稳定。

2. 动态性能

若绘制了闭环系统的根轨迹，则可以依据闭环零、极点的位置以及给定的输入信号分析系统的动态性能。

接近虚轴的闭环极点基本可以确定系统的动态性能，因此称对整个系统响应过程起主要作用的闭环极点为系统的主导极点。由于系统的响应又与零点有关，存在零点、极点的响应相互抵消的情况，因而只有既接近虚轴且附近又没有闭环零点的闭环极点才可能成为主导极点。一般若其他极点的实部比主导极点的实部大 6 倍以上，则其他闭环极点可以忽略。

如果闭环零、极点距离很近，那么这样的闭环零、极点常称为偶极子。一般闭环零、极点之间的距离要比它们的模值小一个数量级。偶极子有实数偶极子和复数偶极子之分，复数偶极子则必然共轭出现。显然，只要偶极子不十分接近坐标原点，它们对系统动态性能的影响就甚微，从而可以忽略偶极子对系统性能的影响。

【**例 4-17**】已知负反馈系统的开环传递函数 $G_K(s) = \dfrac{K^*(s+1)}{s(s-1)(s^2+4s+16)}$，用根轨迹分析系统的动态性能。

解：（1）绘制系统的根轨迹。

①根轨迹共有 4 条，起始于开环极点 $p_1=0$，$p_2=1$，$p_{3,4}=-2\pm j2\sqrt{3}$；随着 K^* 增大至 ∞，其中一条根轨迹趋向开环零点 $z_1=-1$，其他 3 条根轨迹均趋向于无穷远处。

②实轴上的根轨迹段为 $[0,1]$，$(-\infty,-1]$。

③根轨迹有 3 条渐近线，渐近线与实轴的交点和夹角为

$$\sigma_a = \frac{1-2+j2\sqrt{3}-2-j2\sqrt{2}+1}{3} = -\frac{2}{3}$$

$$\varphi_a = \frac{(2k+1)\pi}{n-m} = \frac{(2k+1)\pi}{3} = -\frac{\pi}{3}, \frac{\pi}{3}, \pi$$

④求根轨迹的分离点与会合点：

$$\frac{1}{d} + \frac{1}{d-1} + \frac{1}{s+2-j2\sqrt{3}} + \frac{1}{s+2+j2\sqrt{3}} = \frac{1}{d+1}$$

上式为四阶方程，难以求解，所以利用离虚轴最近的闭环极点，即闭环主导极点来分析，因为对系统的动态过程的性能影响最大。通常，若主导极点离虚轴的距离比其他极点离虚轴的 1/6 还小，而且附近没有闭环零点存在，则其他极点可以忽略。在工程计算中，采用主导极点代替系统的全部闭环极点来估计系统性能指标的方法称为主导极点法。

根据判断，分离点将在 [0，1] 和 z_1 附近，相比之下 d 距离 p_3、p_4 较远，所以 $\frac{1}{d-p_3}$、$\frac{1}{d-p_4}$ 较小，可以忽略不计，那么求分离点的近似方程为

$$\frac{1}{d} + \frac{1}{d-1} = \frac{1}{d+1}$$
$$d^2 + 2d - 1 = 0$$

解得 $d_1 = 0.414$，$d_2 = -2.414$。

⑤出射角为：

$$\theta_{p3} = \pi + \angle(p_3 - z_1) - \angle(p_3 - p_2) - \angle(p_3 - p_4)$$
$$= 180° + (180° - \arg\tan 2\sqrt{3}) - (180° - \arg\tan\sqrt{3}) - \left(180° - \arg\tan\frac{2\sqrt{3}}{3}\right) - 90°$$
$$= -54.79°$$

$\theta_{p4} = 54.79°$

⑥求根轨迹与虚轴的交点。

系统特征方程为

$$s^4 + 3s^3 + 12s^2 + (K^* - 16)s + K^* = 0$$

列出劳斯表为

s^4	1	12	K^*
s^3	3	$K^* - 16$	
s^2	$\frac{52 - K^*}{3}$	K^*	
s^1	$K^* - 16 + \frac{9K^*}{K^* - 52}$		
s^0	K^*		

令 s^1 行为 0，则得到 $K_1^* = 35.68$，$K_2^* = 23.32$。

将 $K_1^* = 35.68$，$K_2^* = 23.32$ 分别代入辅助方程

$$\frac{52 - K^*}{3}s^2 + K^* = 0$$

解得根轨迹与虚轴的交点为：$s_{1,2} = \pm 2.56j(K_1^* = 35.68)$，$s_{3,4} = \pm 1.56j(K_2^* = 23.32)$。

概略绘制根轨迹如图 4-23 所示。

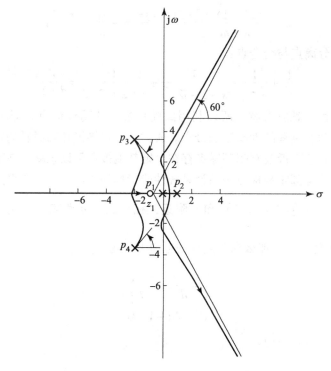

图 4-23 例 4-17 的系统根轨迹图

(2) 系统动态分析。

此系统是条件稳定的系统，当 $23.32 < K^* < 35.68$ 时，4 条根轨迹都位于 s 平面左侧，系统稳定。K^* 在其他范围内时，系统不稳定。

采用根轨迹法分析系统性能的步骤可归纳如下。

(1) 根据系统的开环传递函数和绘制根轨迹的基本法则绘制系统的根轨迹。

(2) 由根轨迹在复平面上的分布来分析系统的稳定性。若所有的根轨迹分支都位于 s 平面的左半部分，则说明无论系统的开环增益（或根轨迹增益）取何值，系统始终都是稳定的；若有一条（或一条以上的）根轨迹始终位于 s 平面的右半部分，则系统始终都是不稳定的；当开环增益在某一范围取值时，系统的根轨迹都在 s 平面左半部分，而当开环增益在另一范围取值时，有根轨迹分支进入 s 平面右半部分，则系统为有条件稳定系统；系统根轨迹穿越虚轴，由左半 s 平面进入右半 s 平面所对应的 K^* 值，称为临界稳定的根轨迹增益 K_c^*。

(3) 根据对系统的要求和系统的根轨迹图分析系统的瞬态性能。对于低阶系统，可以很容易地在根轨迹上确定对于对应参数的闭环极点；对于高阶系统，通常是用简单的作图法求出系统的主导极点（若存在主导极点），然后将高阶系统化为由主导极点（通常是一对共轭复数极点）决定的二阶系统，来分析系统的性能。

习 题

4.1 填空题

1. 根轨迹终止于（　　　　　　　　　　）。

2. 若系统的根轨迹有两个起点位于原点，则说明该系统（　　　　　　　　）。

3. 实轴上的根轨迹是指那些在其右侧开环实数零、极点总数为（　　　　　　）数的区间。

4. 已知系统的开环传递函数为 $G_K(s) = \dfrac{K^*(s+1)}{s(s+2)(s+3)}$，则系统的无限零点有（　　）个。

5. 开环传递函数 $G_K(s) = \dfrac{K(0.1s+1)}{s(s+1)(0.25s+1)^2}$，则其终止于无限远处的根轨迹有（　　）条。

6. 开环传递函数 $G_K(s) = \dfrac{K^*(s+2)}{s(s+3)(s^2+2s+3)}$，则其根轨迹的渐近线有（　　）条。

7. 根轨迹的分离点一定在两个（　　　　　　）点之间。

8. 已知开环传递函数 $G_K(s) = \dfrac{K^*}{s(s+2)(s^2+2s+2)}$，则其实轴上的根轨迹是（　　　　　　）。

9. 已知单位负反馈控制系统的开环传递函数为 $G_K(s) = \dfrac{K^*}{s(s+3)(s+6)}$，则其渐近线的倾角为（　　）。

10. 已知控制系统的开环传递函数为 $G_K(s) = \dfrac{10(2s+1)(4s+1)}{s^2(s^2+2s+10)}$，则该系统有（　　）条根轨迹。

11. 开环传递函数满足 $G(s)H(s) = -1$，则绘制（　　）根轨迹。

12. 开环传递函数满足 $G(s)H(s) = 1$，则绘制（　　）根轨迹。

13. 根轨迹离开共轭复数极点的切线方向与正实轴的夹角称为根轨迹的（　　　　）。

14. 根轨迹趋于共轭复数零点的切线方向与正实轴的夹角称为根轨迹的（　　　　）。

4.2 多项选择题

1. 下列关于系统稳定性的表述正确的是（　　　）。
A. 根轨迹都在 s 平面虚轴左侧时，无论 K^* 为何值总是稳定的
B. 只要有一条根轨迹位于 s 平面虚轴右侧，无论 K^* 为何值总是不稳定的
C. 根轨迹的起点均在 s 平面虚轴的左侧，随着 K^* 增大，有一部分根轨迹越过虚轴，进入 s 平面虚轴的右侧，增益 K^* 小于该值时闭环系统稳定，K^* 大于该值时闭环系统不稳定
D. 若有根轨迹在 s 右半平面，则系统一定是不稳定的

2. 已知单位负反馈控制系统的开环传递函数为 $G_K(s) = \dfrac{K^*}{s(s+3)(s+6)}$，则下列说法不正确的是（　　　）。
A. 根轨迹共有 3 条
B. 两条根轨迹随着 K^* 增大至∞而趋向于无穷远处
C. 实轴上的根轨迹段为 $(-\infty, -6]$，$[-3, 0]$
D. 根轨迹有两条渐近线

3. 下列关于根轨迹的说法正确的是（   ）。

A. 如果开环零点数目 m 小于开环极点数目 n，则有 $n-m$ 条根轨迹终止于 s 平面无穷远处

B. 根轨迹是连续的，并且对称于实轴

C. 如果实轴上相邻开环极点之间存在根轨迹，则在此区间上必有分离点

D. 如果实轴上相邻开环零点之间存在根轨迹，则在此区间上必有会合点

4. 系统开环传递函数为 $G_K(s)=\dfrac{K^*(s+10)}{s(s+1)(s+4)^2}$，则关于根轨迹的说法正确的是（   ）。

A. 根轨迹有 4 条分支

B. 根轨迹有 3 条渐近线

C. 实轴上的根轨迹分支有 $(-\infty,-10]$，$[-1,0]$

D. 根轨迹是圆的一部分

5. 系统开环传递函数为 $G_K(s)=\dfrac{20}{s(s+4)(s+p)}$，则关于根轨迹的说法正确的是（   ）。

A. 系统的等效开环传递函数为 $G_K(s)=\dfrac{p(s+4)}{s^2+4s+20}$

B. 根轨迹有 1 条渐近线

C. 实轴上的根轨迹段为 $(-\infty,-4]$

D. 根轨迹是圆的一部分

6. 系统开环传递函数为 $G_K(s)=\dfrac{(s+p)}{s(s+1)^2}$，则关于根轨迹的说法正确的是（   ）。

A. 系统的等效开环传递函数为 $G_K(s)=\dfrac{p}{s(s^2+2s+2)}$

B. 根轨迹有 3 条渐近线

C. 实轴上的根轨迹段为 $(-\infty,-4]$

D. 根轨迹是圆的一部分

7. 系统开环传递函数为 $G_K(s)=\dfrac{K^*}{s(s+1)(s+10)}$，则关于根轨迹的说法正确的是（   ）。

A. 实轴上的根轨迹段为 $(-\infty,-10]$，$[-1,0]$

B. 根轨迹有 3 条渐近线

C. 分离点为 $s_2=0.49$

D. 根轨迹与虚轴的交点 $s_{1,2}=\pm j3.16$

8. 系统开环传递函数为 $G_K(s)=\dfrac{K^*(s+10)}{s(s+1)(s+2)}$，则关于根轨迹的说法正确的是（   ）。

A. 实轴上的根轨迹分支有 $[-10,-2]$，$[-1,0]$

B. 根轨迹有 2 条渐近线

C. 分离点为 $s_2=0.49$

D. 根轨迹与虚轴的交点 $s_{1,2} = \pm j3.16$

9. 系统开环传递函数为 $G_K(s) = \dfrac{K^*}{s(s+2)(s+5)}$，则关于根轨迹的说法正确的是（　　）。

   A. 实轴上的根轨迹段为 $[-5, -2]$
   B. 根轨迹有 4 条渐近线
   C. 根轨迹有 4 条分支
   D. 根轨迹与虚轴的交点 $s_{1,2} = \pm j3.16$

10. 系统开环传递函数为 $G_K(s) = \dfrac{K^*}{s^2(s+1)}$，则关于根轨迹的说法正确的是（　　）。

    A. 实轴上的根轨迹为 $(-\infty, -1]$
    B. 根轨迹有 3 条渐近线
    C. 根轨迹有 3 条分支
    D. 根轨迹是圆的一部分

4.3 绘图题

1. 绘制开环传递函数 $G_K(s) = \dfrac{K^*(s+3)}{(s+1)(s+2)}$ 所对应负反馈系统的根轨迹。

2. 绘制开环传递函数 $G_K(s) = \dfrac{K^*(s+2)}{s(s^2+2s+3)}$ 所对应负反馈系统的根轨迹。

3. 绘制开环传递函数 $G_K(s) = \dfrac{K^*(s+1)}{s(s+2)}$ 所对应负反馈系统的根轨迹。

4. 设某系统的开环传递函数为 $G_K(s) = \dfrac{K^*}{s(s+1)(s+10)}$，试概略绘制系统的根轨迹，并计算闭环系统产生纯虚根的开环增益。

5. 已知单位负反馈系统的开环传递函数为 $G_K(s) = \dfrac{20}{(s+4)(s+p)}$，试绘制以 p 为参变量的根轨迹。

6. 已知单位负反馈系统的开环传递函数为 $G_K(s) = \dfrac{(s+p)}{s(s+1)^2}$，绘制以 p 为参变量的根轨迹。

7. 已知闭环系统特征方程式 $s^2 + 2s + K^*(s+4) = 0$，绘制系统的根轨迹，并确定使系统无超调时的 K^* 值范围。

第 5 章 频 域 法

学习导航

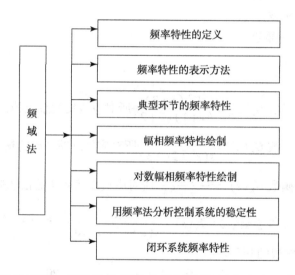

在正弦输入信号的作用下,系统输出的稳态分量称为频率响应。应用频率特性作为数学模型来分析和设计系统的方法称为频域分析法,简称频域法。频域法具有以下特点。

频域法是一种图解分析方法,可以根据系统的开环频率特性去判断闭环系统的性能,并能较方便地分析系统中的参量对系统暂态响应的影响,从而进一步提出改善系统性能的途径。

(1) 频率特性具有明确的物理意义。对于一阶系统和二阶系统,频域性能指标和时域性能指标有明确的对应关系;对于高阶系统,可建立近似的对应关系。因此,频率特性虽然是一种稳态特性,但它不仅能够反映系统的稳态性能,而且还可以用来研究系统的暂态性能。

(2) 许多系统和元件的频率特性都可以用实验的方法测定,这对于难以采用解析方法的系统和元件,具有特别重要的意义。

(3) 频率特性主要适用于线性定常系统。在线性定常系统中频率特性与输入正弦信号的幅值和相位无关。当然,这种方法也可以有条件地推广应用到某些非线性系统中去。

频域分析和设计方法已经发展成为一种实用的工程方法,应用十分广泛。本章主要介绍频率特性的基本概念、频率特性曲线的绘制方法、典型环节和系统的频率特性、奈奎斯特稳定判据及系统的相对稳定性与频域特性分析。利用频率特性对系统进行校正的方法将在第 6 章中介绍。

5.1 频率特性

我们以图 5-1 所示的 RC 串联电路为例,建立频率特性的基本概念。

对于图 5-1 所示电路,当输出阻抗足够大时,可以列写出以下方程

$$u_1 = Ri + u_2$$
$$u_2 = \frac{1}{C}\int i\mathrm{d}t$$

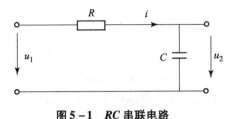

图 5-1 RC 串联电路

从上两式中消去中间变量 i 后可得

$$T\frac{\mathrm{d}u_2}{\mathrm{d}t} + u_2 = u_1 \tag{5-1}$$

式中,$T = RC$,为时间常数。

对上式进行拉普拉斯变换,可以求该电路的传递函数为

$$\frac{U_2(s)}{U_1(s)} = \frac{1}{Ts+1} \tag{5-2}$$

设输入电压 u_1 为正弦电压,即

$$u_1 = U_{1\mathrm{m}}\sin\omega t$$

上式的拉普拉斯变换式为

$$U_1(s) = \frac{U_{1\mathrm{m}}\omega}{s^2 + \omega^2} \tag{5-3}$$

将式 (5-3) 代入式 (5-2),可以得到

$$U_2(s) = \frac{1}{Ts+1} \times \frac{U_{1\mathrm{m}}\omega}{s^2 + \omega^2} \tag{5-4}$$

对上式进行拉普拉斯反变换,可得

$$u_2(t) = \frac{U_{1\mathrm{m}}T\omega}{1 + T^2\omega^2}\mathrm{e}^{-\frac{t}{T}} + \frac{U_{1\mathrm{m}}}{\sqrt{1 + T^2\omega^2}}\sin(\omega t + \varphi) \tag{5-5}$$

式中,$\varphi = -\arctan(T\omega)$。

式 (5-5) 中,第一项是输出的暂态分量,第二项是输出的稳态分量。当时间 $t \to \infty$ 时,暂态分量趋近于零,所以图 5-1 所示 RC 电路的稳态响应可以表示为

$$\lim_{t \to \infty} u_2(t) = \frac{U_{1\mathrm{m}}}{\sqrt{1 + T^2\omega^2}}\sin(\omega t + \varphi) = U_{1\mathrm{m}}\left|\frac{1}{1 + \mathrm{j}\omega T}\right|\sin\left(\omega t + \angle\frac{1}{1 + \mathrm{j}\omega T}\right) \tag{5-6}$$

以上分析表明,当 RC 电路的输入为正弦信号时,其输出的稳态响应(频率响应)也是一个正弦信号,其频率和输入信号的频率相同,但幅值和相角发生了变化,其变化取决于 ω。

若把输出的暂态响应和输入正弦信号用复数表示,并求它们的复数比,可以得到下式:

$$G(\mathrm{j}\omega) = \frac{U_{1m}\left|\dfrac{1}{1+\mathrm{j}\omega T}\right|\sin\left(\omega T + \angle \dfrac{1}{1+\mathrm{j}\omega T}\right)}{U_{1m}\sin\omega T} = \frac{1}{1+\mathrm{j}\omega T} = A(\omega)\mathrm{e}^{\mathrm{j}\varphi(\omega)} \quad (5-7)$$

式中,

$$A(\omega) = \left|\frac{1}{1+\mathrm{j}\omega T}\right| = \frac{1}{\sqrt{1+T^2\omega^2}}$$

$$\varphi(\omega) = \angle \frac{1}{1+\mathrm{j}\omega T} = -\arctan(T\omega)$$

$G(\mathrm{j}\omega)$ 是 RC 电路的频率响应与输入正弦信号的复数比,称为频率特性。由式(5-7)可见,将传递函数中的 s 以 $\mathrm{j}\omega$ 代替,即得频率特性。$A(\omega)$ 是输出信号的幅值与输入信号的幅值之比,称为幅频特性。$\varphi(\omega)$ 是输出信号的相角与输入信号的相角之差,称为相频特性。

5.2 频率特性的表示方法

系统(或环节)的频率特性的表示方法很多,最常用的有如下形式。
(1)数学表示形式:包括代数形式和指数形式。
(2)几何表示形式:包括奈奎斯特曲线(Nyquist 图)和极坐标图,也称幅相频率特性曲线;对数频率特性曲线,又称伯德(Bode)图。

5.2.1 幅相频率特性的表示方法

幅相频率特性可以表示成代数形式或极坐标形式。
设系统或环节的传递函数为

$$G(s) = \frac{b_0 s^m + b_1 s^{m-1} + \cdots + b_m}{a_0 s^n + a_1 s^{n-1} + \cdots + a_n}$$

令 $s = \mathrm{j}\omega$,可得系统或环节的频率特性为

$$G(\mathrm{j}\omega) = \frac{b_0(\mathrm{j}\omega)^m + b_1(\mathrm{j}\omega)^{m-1} + \cdots + b_m}{a_0(\mathrm{j}\omega)^n + a_1(\mathrm{j}\omega)^{n-1} + \cdots + a_n} = P(\omega) + \mathrm{j}Q(\omega) \quad (5-8)$$

这就是系统频率特性的代数形式,其中 $P(\omega)$ 是频率特性的实部,称为实频特性,$Q(\omega)$ 为频率特性的虚部,称为虚频特性。

上式可以表示成指数形式,即

$$G(\mathrm{j}\omega) = \sqrt{P^2(\omega) + Q^2(\omega)}\,\mathrm{e}^{\mathrm{j}\varphi(\omega)} = A(\omega)\mathrm{e}^{\mathrm{j}\varphi(\omega)} \quad (5-9)$$

式中,$A(\omega)$——频率特性的模,即幅频特性,$A(\omega) = \sqrt{P^2(\omega) + Q^2(\omega)}$;

$\varphi(\omega)$——频率特性的幅角或相位移,即相频特性,$\varphi(\omega) = \arctan\dfrac{Q(\omega)}{P(\omega)}$。

频率特性的指数形式,可以在极坐标中用一个矢量表示,如图 5-2(a)所示。矢量的长度等于模 $A(\omega_i)$,而相对于极坐标的转角等于相位移 $\varphi(\omega_i)$。

通常,将极坐标重合在直角坐标中,如图 5-2(b)所示。取极点为直角坐标的原点,取极坐标轴为直角坐标轴的实轴。

由于 $A(\omega)$ 和 $\varphi(\omega)$ 是频率的函数,故随着频率的变化,$G(j\omega)$ 的矢量长度和相位移也改变,如图 5-2(c)所示。当 ω 由 0 变到 ∞ 时,$G(j\omega)$ 的矢量的终端将绘出一条曲线。该曲线称为系统(或环节)的幅相频率特性,也称奈奎斯特曲线或奈氏图(Nyquist)。

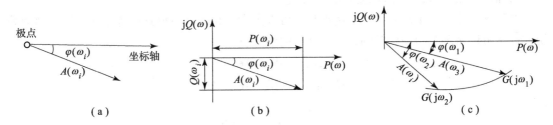

图 5-2 幅相频率特性表示法
(a) 极坐标形式; (b) 直角坐标形式; (c) 奈奎斯特曲线

5.2.2 对数幅相频率特性的表示方法

对数幅相频率特性又称伯德图,它由对数幅频特性曲线和相频特性曲线组成,是工程中广泛使用的一组曲线。

对数幅相频率特性曲线的横坐标为对数坐标,单位是弧度/秒(rad/s),对数幅频特性曲线的纵坐标为线性刻度,单位是分贝(dB),即

$$L(\omega) = 20\lg|G(j\omega)| = 20\lg A(\omega)$$

对数相频特性曲线的纵坐标也为线性刻度,单位为度(°)。

对数幅相频率特性的坐标如图 5-3 所示。

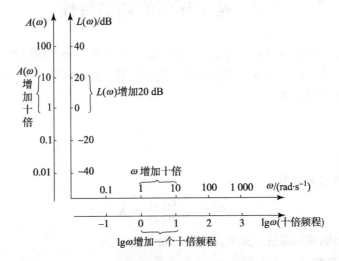

图 5-3 对数幅相频率特性的坐标

无论是对数幅频特性还是对数相频特性,横坐标均为角频率 ω,采用对数比例尺。ω 每变化 10 倍,横坐标就增加一个单位长度。这个单位长度代表 10 倍频的距离,故称为"十倍频"或"十倍频程"。对数幅频特性的纵坐标为 $L(\omega) = 20\lg A(\omega)$,即 $A(\omega)$ 每变化 10 倍,$L(\omega)$ 变化 20 dB。将 $\lg A(\omega)$ 变换成 $L(\omega)$ 以后,纵坐标可用普通比例尺标注。对数相频特

性的纵坐标表示相角位移,采用普通比例尺。

使用对数频率特性表示法的第一个优点是在研究频率范围很宽的频率特性时,缩小了比例尺,在一张图上,既画出了频率特性的中、高频段,又能清楚地画出频率特性的低频段。在分析和设计系统时,低频段也是很重要的。

对数频率特性表示法的第二个优点是,可以大大简化绘制系统频率特性的工作。因为系统往往是由许多环节串联构成的,设各环节的频率特性为

$$G_1(j\omega) = A_1(\omega) e^{j\varphi_1(\omega)}$$
$$G_2(j\omega) = A_2(\omega) e^{j\varphi_2(\omega)}$$
$$\vdots$$
$$G_n(j\omega) = A_n(\omega) e^{j\varphi_n(\omega)}$$

则串联后的开环系统频率特性为

$$G_K(j\omega) = A_1(\omega) e^{j\varphi_1(\omega)} A_2(\omega) e^{j\varphi_2(\omega)} \cdots A_n(\omega) e^{j\varphi_n(\omega)} = A(\omega) e^{j\varphi(\omega)} \tag{5-10}$$

其中,

$$A(\omega) = A_1(\omega) A_2(\omega) \cdots A_n(\omega)$$
$$\varphi(\omega) = \varphi_1(\omega) + \varphi_2(\omega) + \cdots + \varphi_n(\omega)$$

在极坐标中绘制幅相频率特性,要花很多时间。绘制对数幅相频率特性时,由于

$$L(\omega) = 20\lg A_1 + 20\lg A_2 + \cdots + 20\lg A_n \tag{5-11}$$
$$\varphi(\omega) = \varphi_1(\omega) + \varphi_2(\omega) + \cdots + \varphi_n(\omega) \tag{5-12}$$

将乘除运算变成了加减运算,这样,如果绘出各环节的对数幅相频率特性,然后进行加减,就能得到串联各环节所组成系统的对数频率特性。

5.3 典型环节的频率特性

如第 2 章所述,控制系统通常由若干环节组成。根据传递函数的特性,可以归纳为 6 种典型环节:比例环节、惯性环节、积分环节、微分环节、振荡环节和时滞环节。这一节将介绍这些典型环节的频率特性。

1. 比例环节

1)传递函数

比例环节的传递函数为

$$G(s) = \frac{C(s)}{R(s)} = K$$

其特点是输出能够无滞后、无失真地复现输入信号。

2)幅相频率特性

用 $j\omega$ 替换 s 即得到比例环节的频率特性

$$G(j\omega) = K \tag{5-13}$$

表示在直角坐标中则为

$$G(j\omega) = P(\omega) + jQ(\omega) = K + j0$$

或写成

$$G(j\omega) = |G(j\omega)|e^{j\varphi(\omega)} = Ke^{j0}$$

其幅相频率特性曲线如图 5-4 所示。

可以看出，比例环节的幅频特性和相频特性均与频率 ω 无关。所以 ω 由 0 变到 ∞ 时，$G(j\omega)$ 在图中为实轴上一点。$\varphi(\omega) = 0$，表示输出与输入同相位。

3）对数频率特性

比例环节的对数幅相频率特性分别为

$$L(\omega) = 20\lg|G(j\omega)| = 20\lg K \tag{5-14}$$
$$\varphi(\omega) = 0$$

如果 $K = 10$，则 $L(\omega) = 20\lg 10 = 20$ dB；如果 $K = 100$，则 $L(\omega) = 20\lg 100 = 40$ dB。这在对数频率特性上表现为平行于横轴的一条直线。比例环节的相频特性为 $\varphi(\omega) = 0°$，即相当于相频特性图的横轴，如图 5-5 所示。

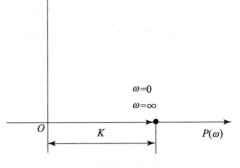

图 5-4 比例环节的幅相频率特性

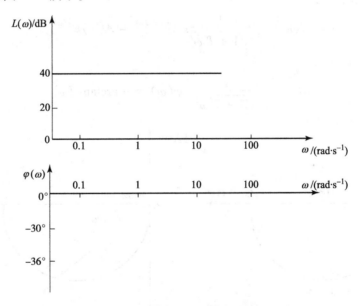

图 5-5 比例环节的对数频率特性

2. 惯性环节

1）传递函数

惯性环节的传递函数为

$$G(s) = \frac{C(s)}{R(s)} = \frac{1}{1+Ts}$$

式中，T 为惯性环节的时间常数。

2）幅相频率特性

以代数形式表示时

$$G(j\omega) = \frac{1}{1+jT\omega} = P(\omega) + jQ(\omega) \tag{5-15}$$

其中，

$$P(\omega) = \frac{1}{1+T^2\omega^2}, Q(\omega) = \frac{-T\omega}{1+T^2\omega^2}$$

给出一个频率，可以算出响应的 $P(\omega)$ 和 $Q(\omega)$，这就是直角坐标中的一点。当 ω 从 0 变到 ∞ 时，可以算出一组 $P(\omega)$ 和 $Q(\omega)$ 值，选出几个特殊点，计算出 $P(\omega)$ 和 $Q(\omega)$，填入表 5-1 中。

表 5-1 几个特殊点及其 $P(\omega)$ 和 $Q(\omega)$ 值

ω	0	$1/T$	∞
$P(\omega)$	1	1/2	0
$Q(\omega)$	0	-1/2	0

根据这些数据，可以绘出幅相频率特性，如图 5-6（a）所示，这是一个半圆，圆心为 (1/2, 0)，直径为 1。

以指数形式表示为

$$G(j\omega) = \frac{1}{\sqrt{1+T^2\omega^2}} e^{-j\arctan(T\omega)} = A(\omega) e^{j\varphi(\omega)}$$

其中，

$$A(\omega) = \frac{1}{\sqrt{1+T^2\omega^2}}, \varphi(\omega) = -\arctan(T\omega)$$

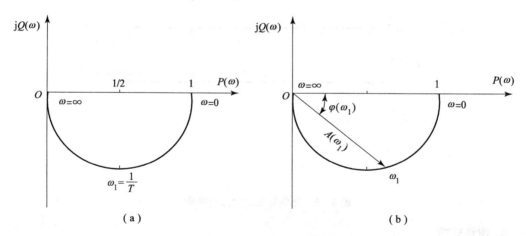

图 5-6 惯性环节的幅相频率特性

给出一个频率，可算出相应的 $A(\omega)$ 和 $\varphi(\omega)$，这就是极坐标中的一点。当 ω 由 0 变到 ∞ 时，可以算出一组 $A(\omega)$ 和 $\varphi(\omega)$ 值，如表 5-2 所示。

表 5-2 几个特殊点及其 $A(\omega)$ 和 $\varphi(\omega)$ 值

ω	0	$1/T$	∞
$A(\omega)$	1	1/2	0
$\varphi(\omega)$	0°	-45°	-90°

根据这些数据,可以绘出幅相频率特性。在图 5-6(b)中将极坐标与直角坐标重合在一起表示出幅相频率特性。

3) 对数频率特性

因为惯性环节的幅频特性为

$$A(\omega) = \frac{1}{\sqrt{1+T^2\omega^2}}$$

故

$$L(\omega) = 20\lg A(\omega) = 20\lg \frac{1}{\sqrt{1+T^2\omega^2}} = -20\lg \sqrt{1+T^2\omega^2}$$

下面分段来讨论对数幅频特性。

(1) 低频段。在 $T\omega \ll 1 \left(\text{或 } \omega \ll \frac{1}{T}\right)$ 的区段,可以忽略 $T\omega$,得到

$$L(\omega) \approx -20\lg 1 = 0$$

故在频率很低时,对数幅频特性可以近似用零分贝线表示,这称为低频渐近线,如图 5-7 ①段所示。

(2) 高频段。在 $T\omega \gg 1 \left(\text{或 } \omega \gg \frac{1}{T}\right)$ 的区段,可以近似地认为 $L(\omega) \approx -20\lg(T\omega)$。这是一条斜线,它与低频渐近线的交点为 $\omega = \frac{1}{T}$。这条斜线的斜率可以这样计算:把频率 ω 提高 10 倍,求出 $L(\omega)$ 变化的分贝数,即可得到斜率的大小。

例如,当 $\omega = 10$ 时,$L(10) = -20\lg(10T)$;

当 $\omega = 100$ 时,$L(100) = -20 \times \lg(100T) = -20\lg(10T) - 20$ dB;

当 $\omega = 1\,000$ 时,$L(1\,000) = -20 \times \lg(1\,000T) = -20\lg 10T - 40$ dB。

所以,$L(100) - L(10) = -20$ dB;$L(1\,000) - L(100) = -40$ dB。也就是说,当频率变化十倍频时,$L(\omega)$ 变化 -20 dB;即斜率为 -20 dB/dec,如图 5-7 ②段所示,称为高频渐近线。

高频渐近线和低频渐近线的交点频率 $\omega = \frac{1}{T}$ 称为交接频率或转折频率。在绘制惯性环节的对数频率特性时,交接频率是一个重要参数。

渐近特性和准确特性相比,存在误差:越靠近交接频率,误差越大;在交接频率这一点,误差最大。这时

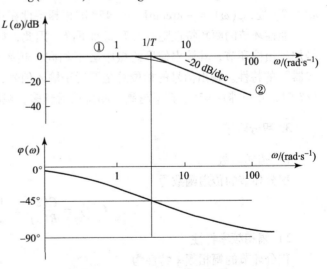

图 5-7 惯性环节的对数频率特性

$$L(\omega = 1/T) = -20\lg \sqrt{2} = -3 \text{ dB}$$

这说明,在交接频率上,用渐近线绘制的幅频特性的误差为 3 dB。

对数相频特性为

$$\varphi(\omega) = -\arctan(T\omega) = -\arctan\frac{\omega}{\omega_1} \qquad (5-16)$$

其中，$\omega_1 = 1/T$。

为计算简便，可以考虑用如下近似式。

①在低频区。$\frac{\omega}{\omega_1} \ll 1$ 时，将式（5-16）展开成级数

$$\varphi(\omega) = -\arctan\frac{\omega}{\omega_1} = -\left[\frac{\omega}{\omega_1} - \frac{1}{3}\left(\frac{\omega}{\omega_1}\right)^3 + \frac{1}{5}\left(\frac{\omega}{\omega_1}\right)^5 - \cdots\right]$$

当 $\frac{\omega}{\omega_1} \ll 1$ 时，$\varphi(\omega) \approx -\frac{\omega}{\omega_1}$。

②在高频区。$\frac{\omega}{\omega_1} \gg 1$ 时，将式（5-16）改写成

$$\varphi(\omega) = -\arctan\frac{\omega}{\omega_1} = -\left(\frac{\pi}{2} - \arctan\frac{\omega_1}{\omega}\right)$$

展开成级数为

$$\varphi(\omega) = -\arctan\frac{\omega}{\omega_1} = -\left\{\frac{\pi}{2} - \left[\frac{\omega_1}{\omega} - \frac{1}{3}\left(\frac{\omega_1}{\omega}\right)^3 + \frac{1}{5}\left(\frac{\omega_1}{\omega}\right)^5 - \cdots\right]\right\}$$

当 $\frac{\omega_1}{\omega} \ll 1$ 时，亦即当 $\frac{\omega}{\omega_1} \gg 1$ 时，

$$\varphi(\omega) \approx \frac{\omega_1}{\omega} - \frac{\pi}{2}$$

相频特性如图 5-7 所示。

分析图 5-7 可见，当 $\omega = 0$ 时 $\varphi(\omega) = 0°$；当 $\omega \to \infty$ 时 $\varphi(\omega) = -90°$；转折频率 $\omega(1/T)$ 处，$\varphi(\omega) = -\arctan 1 = -45°$ 即相频特性在 0 到 $-90°$ 之间，斜对称于 $-45°$。

惯性环节的幅频特性随频率升高而下降。因此，如果以同样振幅，但不同频率的正弦信号加于惯性环节，其输出信号的振幅必不相同；频率越高，输出振幅越小，呈现"低通滤波器"的特性。输出信号的相位总是滞后于输入信号，当频率等于交接频率，即 $\omega = \omega_1 = 1/T$ 时，相位滞后 $45°$，频率越高，相位滞后越多，极限为 $90°$。

3. 积分环节

1）传递函数

积分环节的传递函数为

$$G(s) = \frac{C(s)}{R(s)} = \frac{1}{s}$$

2）幅相频率特性

积分环节的幅相频率特性为

$$G(j\omega) = \frac{1}{j\omega} = -j\frac{1}{\omega}$$

以代数形式表示为

$$G(j\omega) = 0 - j\frac{1}{\omega} \qquad (5-17)$$

即
$$P(\omega) = 0, \quad Q(\omega) = -\frac{1}{\omega}$$

以指数形式表示为
$$G(j\omega) = \frac{1}{\omega}e^{-j\frac{\pi}{2}} \tag{5-18}$$

幅频特性为
$$A(\omega) = \frac{1}{\omega}$$

相频特性为
$$\varphi(\omega) = -\frac{\pi}{2}$$

积分环节的幅相频率特性如图 5-8 所示。$0 \leqslant \omega < \infty$ 时，幅相频率特性为负虚轴。

3）对数频率特性

积分环节的对数频率特性为
$$L(\omega) = 20\lg A(\omega) = 20\lg\frac{1}{\omega} = -20\lg\omega$$

为了绘制积分环节的对数幅频特性，研究如下几点：

当 $\omega = 0.1$ 时，$L(\omega = 0.1) = +20$ dB；

当 $\omega = 1$ 时，$L(\omega = 1) = 0$ dB；

当 $\omega = 10$ 时，$L(\omega = 10) = -20$ dB。

故积分环节的对数幅频特性是一条斜率为 -20 dB/dec 的直线，在 $\omega = 1$ 处这一点穿过零分贝线，如图 5-9 所示。

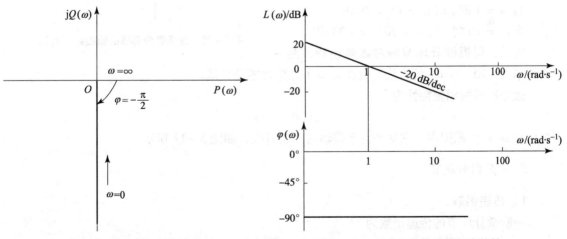

图 5-8　积分环节的幅相频率特性　　　图 5-9　积分环节的对数频率特性

如果传递函数中有 N 个串联积分环节，这时对数幅频特性为
$$L(\omega) = 20\lg\frac{1}{\omega^N} = -N \times 20\lg\omega$$

这是一条斜率为 $-20N$ dB/dec 的斜线，且在 $\omega = 1$ 处穿过零分贝线。

积分环节的对数相频特性为

$$\varphi(\omega) = -90°$$

它与频率无关，在 $0 \leq \omega \leq \infty$ 范围内，为平行于横轴的一条直线，如图 5-9 所示。

当传递函数中有 N 个串联积分环节时，对数相频特性为

$$\varphi(\omega) = -N \times 90°$$

4. 理想微分环节

1) 传递函数

理想微分环节的传递函数为

$$G(s) = s$$

2) 幅相频率特性

微分环节的幅相频率特性为

$$G(j\omega) = j\omega = \omega e^{+j\frac{\pi}{2}} \tag{5-19}$$

幅频特性为 $A(\omega) = \omega$；相频特性为 $\varphi(\omega) = \frac{\pi}{2}$。所以在 $0 \leq \omega \leq \infty$ 范围内，幅相频率特性是正虚轴，如图 5-10 所示。

3) 对数频率特性

理想微分环节的对数幅频特性为

$$L(\omega) = 20\lg A(\omega) = 20\lg\omega \tag{5-20}$$

为了绘制微分环节的对数幅频特性，研究如下几点：

当 $\omega = 0.1$ 时，$L(\omega = 0.1) = -20$ dB；

当 $\omega = 1$ 时，$L(\omega = 1) = 0$ dB；

当 $\omega = 10$ 时，$L(\omega = 10) = +20$ dB。

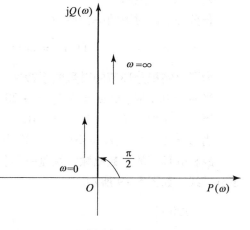

图 5-10 理想微分环节的幅相频率特性

可见，理想微分环节的对数幅频特性是一条斜率为 +20 dB/dec 的直线，它在 $\omega = 1$ 处穿过零分贝线。

微分环节的相频特性为

$$\varphi(\omega) = 90°$$

在 $0 \leq \omega < \infty$ 范围内，它是平行于横轴的一条直线，如图 5-11 所示。

5. 一阶微分环节

1) 传递函数

一阶微分环节的传递函数为

$$G(s) = Ts + 1$$

2) 幅相频率特性

一阶微分环节的幅相频率特性为

$$G(j\omega) = jT\omega + 1 = \sqrt{1 + (T\omega)^2}\, e^{j\arctan(T\omega)} = A(\omega) e^{j\varphi(\omega)} \tag{5-21}$$

其幅频特性为

$$A(\omega) = \sqrt{1 + (T\omega)^2}$$

相频特性为
$$\varphi(\omega) = \arctan(T\omega)$$
一阶微分环节的幅相频率特性如图 5-12 所示。

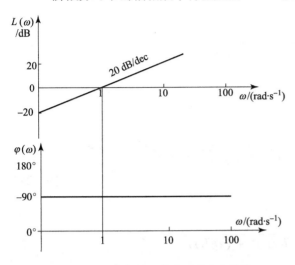

图 5-11 理想微分环节的对数频率特性　　图 5-12 一阶微分环节的幅相频率特性

3) 对数频率特性

对数幅频特性为
$$L(\omega) = 20\lg A(\omega) = 20\lg\sqrt{1+(T\omega)^2} \tag{5-22}$$

对数相频特性为
$$\varphi(\omega) = \arctan(T\omega) \tag{5-23}$$

① 低频段。在 $T\omega \ll 1\left(或 \omega \ll \dfrac{1}{T}\right)$ 的区段，可以忽略 $T\omega$，得到
$$L(\omega) \approx -20\lg 1 = 0$$

故在频率很低时，对数幅频特性可以近似用零分贝线表示。

② 高频段。在 $\tau\omega \gg 1\left(或 \omega \gg \dfrac{1}{\tau}\right)$ 的区段，可以近似地认为 $L(\omega) \approx -20\lg(T\omega)$。这是一条斜线，频率变化十倍频时，$L(\omega)$ 变化 $+20$ dB，即斜率为 $+20$ dB/dec，如图 5-13 所示，这称为高频渐近线。它与低频渐近线的交点为 $\omega = \dfrac{1}{T}$。高频渐近线和低频渐近线的交点频率 $\omega = \dfrac{1}{T}$ 称为交接频率或转折频率。

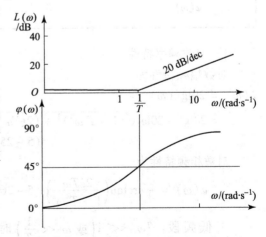

图 5-13 一阶微分环节的对数频率特性

由比较可知，一阶微分环节的对数幅频特性和对数相频特性与惯性环节的相应特性互以横轴为镜像。

6. 振荡环节

1）传递函数

振荡环节的传递函数为

$$G(s) = \frac{1}{T^2 s^2 + 2\xi T s + 1}$$

式中，T 为时间常数；ξ 为阻尼比。

2）幅相频率特性

幅相频率特性为

$$G(j\omega) = \frac{1}{1 + 2\xi T j\omega - T^2\omega^2} = \frac{1}{\sqrt{(1 - T^2\omega^2)^2 + (2\xi T\omega)^2}} e^{-\arctan\left(\frac{2\xi T\omega}{1 - T^2\omega^2}\right)}$$

$$= A(\omega) e^{j\varphi(\omega)} \quad (5-24)$$

幅频特性为

$$A(\omega) = \frac{1}{\sqrt{(1 - T^2\omega^2)^2 + (2\xi T\omega)^2}}$$

相频特性为

$$\varphi(\omega) = -\arctan\left(\frac{2\xi T\omega}{1 - T^2\omega^2}\right)$$

以 ξ 为参变量，计算不同频率 ω 时的幅值和相角，如表 5-3 所示，并在极坐标上画出 ω 由 0 变到 ∞ 时的矢量端点的轨迹，即可得到振荡环节的幅相频率特性，如图 5-14 所示。

表 5-3　几个特殊点及其 $A(\omega)$ 和 $\varphi(\omega)$ 的计算值

ω	0	$1/T$	∞
$A(\omega)$	1	$\dfrac{1}{2\xi}$	0
$\varphi(\omega)$	0°	$-\dfrac{\pi}{2}$	$-\pi$

3）对数频率特性

对数幅频特性为

$L(\omega) = 20\lg A(\omega)$

$\quad = 20\lg 1 - 20\lg \sqrt{(1 - T^2\omega^2)^2 + (2\xi T\omega)^2} \quad (5-25)$

对数相频特性为

$\varphi(\omega) = -\arctan\left(\dfrac{2\xi T\omega}{1 - T^2\omega^2}\right) \quad (5-26)$

① 低频段。$T\omega \ll 1\left(\text{或 } \omega \ll \dfrac{1}{T}\right)$ 时，$A(\omega) \approx 1, L_1(\omega) \approx 20\lg 1 = 0$。这是 $L_1(\omega) = 0$ 的一条直线，这条直线与横坐标重合，如图 5-15 ① 段所示。

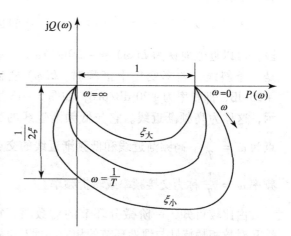

图 5-14　振荡环节的幅相频率特性

②高频段。$T\omega \gg 1\left(或 \omega \gg \dfrac{1}{T}\right)$时，

$$A(\omega) \approx \dfrac{1}{\sqrt{T^2\omega^2(T^2\omega^2+4\xi^2)}} \approx \dfrac{1}{T^2\omega^2}$$

$$L_2(\omega) \approx -20\lg(T\omega)^2 = -40\lg(T\omega)$$

当频率变化 10 倍时，

$$L_2(\omega) = -40\lg T(10\omega) = -40\lg(T\omega) - 40 \text{ dB}$$
$$L_2(10\omega) - L_2(\omega) = -40 \text{ dB}$$
$$L_2(100\omega) - L_2(\omega) = -80 \text{ dB}$$

这说明高频段是一条斜率为 –40 dB/dec 的直线，如图 5 – 15②段所示，称为高频渐近线。

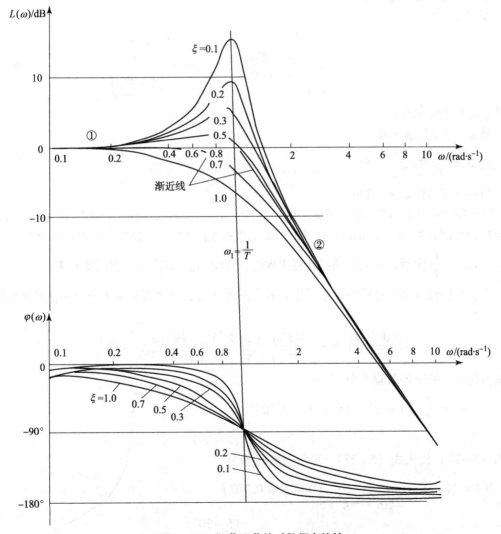

图 5 – 15　振荡环节的对数频率特性

$\omega_1 = \dfrac{1}{T}$ 时，$L_2(\omega) = 20\lg 1$，$L_2(\omega)$ 与 $L_1(\omega)$ 相接，所以称 $\omega_1 = \dfrac{1}{T}$ 为交接频率。在绘制振荡环节对数频率特性时，这个频率是一个重要的参数。

在 $\omega_1 = \dfrac{1}{T}$ 附近，用渐近线得到的对数幅频特性存在较大的误差。在 $\omega = \dfrac{1}{T}$ 时，用渐近线得到

$$L\left(\omega = \dfrac{1}{T}\right) = 20\lg 1 = 0$$

而用准确特性时，得到

$$L\left(\omega = \dfrac{1}{T}\right) = 20\lg \dfrac{1}{2\xi} \tag{5-27}$$

只在 $\xi = 0.5$ 时，二者相等。在 ξ 不同时，精确曲线如图 5-15 所示。所以，对于振荡环节，以渐近线代替实际幅相特性时，要特别加以注意。如果 ξ 在 $0.4 \sim 0.7$ 范围内，误差不大，而当 ξ 很小时，要考虑它有一个尖峰。

相频特性为

$$\varphi(\omega) = -\arctan\left(\dfrac{2\xi T\omega}{1 - T^2\omega^2}\right) = -\arctan\left(\dfrac{2\xi\dfrac{\omega}{\omega_1}}{1 - \dfrac{\omega^2}{\omega_1^2}}\right) \tag{5-28}$$

容易求出几个特殊点：

当 $\omega = 0$ 时，$\varphi = 0°$；

当 $\omega = \dfrac{1}{T}$ 时，$\varphi = -90°$；

当 $\omega = \infty$ 时，$\varphi = -180°$。

这个特性如图 5-15 所示，可见，当 $\omega = 0$ 时，$\varphi(\omega) = 0°$；当 $\omega \to \infty$ 时，$\varphi(\omega) = -180°$；转折频率处 $\varphi(1/T) = -\arctan\infty = -90°$，即对数相频特性在 $0° \sim 180°$，斜对称于 $-90°$。

在 $\omega_1 = \dfrac{1}{T}$ 附近，对数幅频特性将出现谐振峰值 M_p，其大小与阻尼比有关。

由幅频特性 $A(\omega)$ 对频率 ω 求导数，并令其等于零，可求得谐振角频率 ω_p 和谐振峰值 M_p。即由

$$\dfrac{\mathrm{d}}{\mathrm{d}\omega}A(\omega) = -\dfrac{4T^4\omega^3 + 2(4\xi^2 T^2 - 2T^2)\omega}{2\sqrt{[(1-T^2\omega^2)^2 + 4\xi^2 T^2 \omega^2]^2}} = 0$$

可得振荡环节的谐振角频率为

$$\omega_p = \dfrac{1}{T}\sqrt{1 - 2\xi^2} \quad (0 \leqslant \xi \leqslant 0.707) \tag{5-29}$$

将式 (5-29) 代入式 (5-27)，可得谐振峰值为

$$M_p = A(\omega_p) = \dfrac{1}{2\xi\sqrt{1-\xi^2}} \quad (0 \leqslant \xi \leqslant 0.707) \tag{5-30}$$

当 $\xi > 0.707$ 时，不产生谐振峰值；当 $\xi \to 0$ 时，$M_p \to \infty$。M_p 与 ξ 的关系如图 5-16 所示。

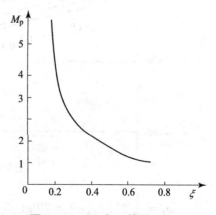

图 5-16　M_p 与 ξ 的关系图

7. 二阶微分环节

二阶微分环节的传递函数为振荡环节传递函数的倒数，几个特殊点对应的 $A(\omega)$ 和 $\varphi(\omega)$ 的值，如表 5-4 所示。

表 5-4 几个特殊点及其 $A(\omega)$ 和 $\varphi(\omega)$ 的计算值

ω	0	$1/T$	∞
$A(\omega)$	1	2ξ	∞
$\varphi(\omega)$	0°	90°	180°

二阶微分环节的幅相频率特性如图 5-17 所示，按对称性可得二阶微分环节的对数频率特性曲线，即其对数幅相频率特性曲线与振荡环节的对数幅频渐近特性曲线关于 0 dB 线对称。

8. 时滞环节

1）传递函数

时滞环节的传递函数为

$$G(s) = e^{-Ts}$$

2）幅相频率特性

用 $j\omega$ 代换 s，得

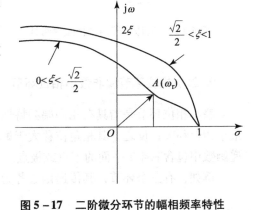

图 5-17 二阶微分环节的幅相频率特性

$$G(j\omega) = e^{-jT\omega} \qquad (5-31)$$

幅频特性为

$$A(\omega) = 1$$

相频特性为

$$\varphi(\omega) = -T\omega$$

故幅相频率特性是一个以原点为圆心，半径为 1 的圆，如图 5-18 所示。

3）对数频率特性

时滞环节的对数幅频特性为

$$L(\omega) = 20\lg A(\omega) = 0 \text{ (dB)} \qquad (5-32)$$

对数相频特性为

$$\varphi(\omega) = -T\omega \qquad (5-33)$$

时滞环节的对数频率特性如图 5-19 所示。

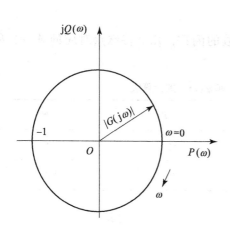

图 5-18 时滞环节的幅相频率特性

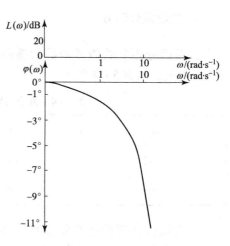

图 5-19 时滞环节的对数频率特性

9. 最小相位环节和非最小相位环节

最小相位环节是指具有相同幅频特性的一些环节，其中相角位移有最小可能值的，称为最小相位环节；反之，其相角位移大于最小可能值的环节称为非最小相位环节，后者常在传递函数中包含右半 s 平面的零点或极点。

例如，有三个环节，其传递函数各为

$$G_1(s) = \frac{K(T_3 s + 1)}{(T_1 s + 1)(T_2 s + 1)}, G_2(s) = \frac{K(T_3 s - 1)}{(T_1 s + 1)(T_2 s + 1)}, G_3(s) = \frac{K(T_3 s - 1)}{(T_1 s + 1)(T_2 s - 1)}$$

注意，三者的对数幅频特性是相同的，因为

$$A_1(\omega) = A_2(\omega) = A_3(\omega) = \frac{\sqrt{T_3^2 \omega^2 + 1}}{\sqrt{(T_1^2 \omega^2 + 1)(T_2^2 \omega^2 + 1)}}$$

$$L(\omega) = 20\lg K + 20\lg \sqrt{T_3^2 \omega^2 + 1} - 20\lg \sqrt{T_1^2 \omega^2 + 1} - 20\lg \sqrt{T_2^2 \omega^2 + 1}$$

三者的相频特性分别为

$$\varphi_1(\omega) = -\arctan(T_3 \omega) - \arctan(T_1 \omega) - \arctan(T_2 \omega)$$

$$\varphi_2(\omega) = -\arctan \frac{T_3 \omega}{-1} - \arctan(T_1 \omega) - \arctan(T_2 \omega)$$

$$= 180° - \arctan(T_3 \omega) - \arctan(T_1 \omega) - \arctan(T_2 \omega)$$

$$\varphi_3(\omega) = -\arctan \frac{T_3 \omega}{-1} - \arctan(T_1 \omega) - \arctan \frac{T_2 \omega}{-1}$$

$$= -\arctan(T_3 \omega) - \arctan(T_1 \omega) + \arctan(T_2 \omega)$$

绘出这三个传递函数的对数频率特性，如图 5-20 所示。从伯德图上看，第一个对数幅频特性所代表的环节，能给出最小可能相位移，为最小相位环节，后两个传递函数不能给出最小相位移，为非最小相位环节。

三个环节的对数相频特性分别如图 5-20 中的曲线②、③和④所示。比较环节 $G_1(s)$ 和 $G_2(s)$ 知，最小相位环节的相角变化量比非最小相位环节的相角变化量小。开环不稳定系统

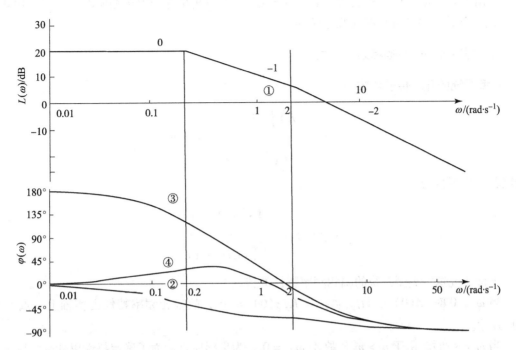

图 5-20　最小相位环节、非最小相位环节与开环不稳定环节的对数幅相频率特性

$G_3(s)$ 在右半 s 平面有一个开环零点和一个开环极点，相角的变化量与 $G_1(s)$ 相同，均是 90°。但是，当参数选得适当时，开环不稳定系统相频特性的动态相移有可能比最小系统的还小。所以定义最小相位环节不包括开环不稳定系统是必要的。

根据这一定义可知，时滞环节也是非最小相位环节，因为时滞环节的对数幅频特性是一条水平线，不给出最小相移，所以是非最小相位环节。

最小相位环节或系统有一个重要特征，这就是：当给出了环节（或系统）的幅频特性时，也就决定了相频特性；或者，给定了环节（或系统）的相频特性时，也就决定了幅频特性。

5.4　开环频率特性的绘制

系统开环频率特性分为开环幅相频率特性和开环对数幅相频率特性。

5.4.1　开环幅相频率特性的绘制

方法一：将开环传递函数写成代数形式

$$G_K(j\omega) = P(\omega) + jQ(\omega)$$

给出不同的 ω，计算相应的 $P(\omega)$ 和 $Q(\omega)$，在直角坐标中得出相应的点。当 ω 由 0 变到 ∞ 时，就得到系统开环幅相频率特性。

方法二：将幅相频率特性写成指数形式时，

$$G_K(j\omega) = A(\omega) e^{j\varphi(\omega)}$$

给出不同的 ω，计算相应的 $A(\omega)$ 和 $\varphi(\omega)$，在直角坐标中得出相应的点。当 ω 由 0 变到 ∞ 时，就得到系统开环幅相频率特性。

1. 0 型系统的开环幅相频率特性

0 型系统的开环传递函数为

$$G_K(s) = \frac{K\prod_{i=1}^{m}(T_i s + 1)}{\prod_{j=1}^{n}(T_j s + 1)}, n > m$$

所以其频率特性为

$$G_K(j\omega) = \frac{K\prod_{i=1}^{m}(j\omega T_i + 1)}{\prod_{j=1}^{n}(j\omega T_j + 1)}$$

下面研究这一类型系统的幅相频率特性的特点。

当 $\omega = 0$ 时，$A(0) = |G_K(j0)| = K, \varphi(0) = 0°$，故幅相频率特性由实轴上一点（$K$, j0）开始。

当 $\omega = \infty$ 时，由于 $n > m$，故 $A(\omega) = 0$，为坐标原点。为了确定特性以什么角度进入坐标原点，需要求出 $\omega \to \infty$ 时的相角。注意到当 $\omega \to \infty$ 时，分母中每一个因子（$j\omega T_j + 1$）的角位移为 $\varphi_j(\infty) = -90°$，而分子中每个因子（$j\omega T_i + 1$）的角位移为 $\varphi_i(\infty) = 90°$，故总的相角位移为

$$\varphi(\infty) = -n \times 90° + m \times 90° = -(n - m) \times 90°$$

例如，$n - m = 3$，则 $\varphi(\infty) = -270°$，即幅相特性从 $-270°$ 进入坐标原点。

在 $0 < \omega < \infty$ 的区段，频率特性的形状与具体环节及其参数有关。

例如，开环系统传递函数的形式为

$$G_K(j\omega) = \frac{K}{(j\omega T_1 + 1)(j\omega T_2 + 1)(j\omega T_3 + 1)}$$

时，相位移 $\varphi(\omega)$ 随 ω 增加以一个方向连续减小，由 0 减到 $-270°$。幅相频率特性的形状如图 5-21 所示。

但是，在分子中存在因子（$j\omega T_i + 1$）时，当 ω 由 0 变到 ∞，每一因子使相位移由 0 变到 90°。这样 $\varphi(\omega)$ 可能不按一个方向连续变化。例如，开环传递函数的形式为

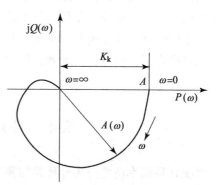

图 5-21 0 型系统幅相频率特性（一）

$$G_K(j\omega) = \frac{K(j\omega T_1 + 1)^2}{(j\omega T_2 + 1)(j\omega T_3 + 1)(j\omega T_4 + 1)}, T_2 > T_1, T_3 > T_1, T_1 > T_4$$

其幅相频率特性如图 5-22 所示。如果 $T_1 < T_4$，则其幅相频率特性将为如图 5-21 所示形状。

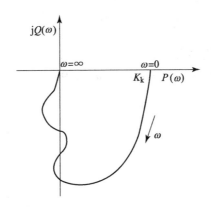

图 5-22 0 型系统幅相频率特性（二）

2. Ⅰ型系统的幅相频率特性

Ⅰ型系统的开环传递函数为

$$G_K(s) = \frac{K\prod_{i=1}^{m}(T_i s + 1)}{s\prod_{j=1}^{n-1}(T_j s + 1)}, n > m$$

其开环频率特性为

$$G_K(j\omega) = \frac{K\prod_{i=1}^{m}(j\omega T_i + 1)}{j\omega \prod_{j=1}^{n-1}(j\omega T_j + 1)}$$

当 $\omega \to 0^+$ 时，有

$$G_K(j\omega) = \frac{K}{j\omega} = \frac{K}{\omega}e^{-j\frac{\pi}{2}}$$

即幅值趋于∞，而相角位移为 $-\frac{\pi}{2}$，亦即Ⅰ型系统的幅相频率特性起始于与负虚轴平行的一条渐近线，渐近线与负虚轴的距离为

$$\sigma_x = \lim_{\omega \to 0^+} P(\omega)$$

Ⅰ型系统的幅相频率特性曲线如图 5-23（a）所示。

在 $\omega \to 0^+$ 时，$A(\omega)$ 趋于无穷大的物理意义可以这样理解：在 $\omega = 0$ 时，相当于在系统输入端增加一个恒指信号；由于系统有积分环节，所以开环系统输出量将无限增长。

在 $\omega = 0$ 时，输出量与输入量之间的相角位移没有意义。在这种情况下，可以认为开环系统频率特性由实轴上无穷远一点开始，在极小的频率范围内按无穷大半径变化，如图 5-23（a）虚线所示。

在 $\omega \to \infty$ 时，$A(\infty) = 0$，$\varphi(\infty) = -(n-m) \times 90°$。例如，$n-m=4$，则 $\varphi(\infty) = -360°$，所以，特性按顺时针方向经过四个象限然后进入原点。

3. Ⅱ型系统的幅相频率特性

对于Ⅱ型系统，当 $\omega \to 0^+$ 时

$$G_K(j\omega) = \frac{K}{(j\omega)^2} = \frac{K}{\omega^2}e^{-j\pi}$$

即幅值趋于无穷大，而相角位移为 $-\pi$。

在 $\omega \to \infty$ 时，$A(\infty) = 0$，$\varphi(\infty) = -(n-m) \times 90°$。图 5-23（b）所示为 II 型系统相频特性示例。

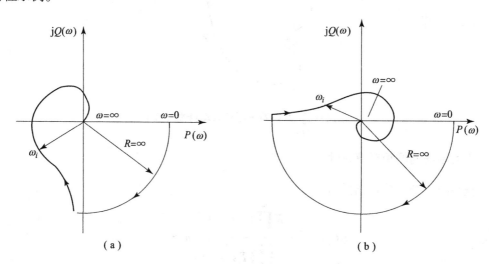

图 5-23　I 型和 II 型系统的幅相频率特性
（a）I 型系统的幅相频率特性；（b）II 型系统的幅相频率特性

系统开环幅相频率特性的特点如下。

（1）当频率 $\omega = 0$ 时，其开环幅相频率特性完全由比例环节和积分环节决定。

开环传递函数不含积分环节，即 $v=0$（v 为开环传递函数中积分环节个数）时，$G_K(j\omega)$ 曲线从正实轴开始；$G_K(j0) = K\angle 0°$。

开环传递函数含有一个积分环节，即 $v=1$ 时，$G_K(j\omega)$ 曲线从负虚轴方向开始，$G_K(j0) = \infty \angle -90°$。

开环传递函数含有两个积分环节，即 $v=2$ 时，$G_K(j\omega)$ 曲线从负实轴方向开始，$G_K(j0) = \infty \angle -2\times 90°$。

开环传递函数含有三个积分环节，即 $v=3$ 时，$G_K(j\omega)$ 曲线从正虚轴方向开始，$G_K(j0) = \infty \angle -3\times 90°$。

其余依次类推，不同类型系统的幅相频率特性如图 5-24 所示。

（2）当频率 $\omega = \infty$ 时，若 $n>m$，即 $G_K(s)$ 中分母的阶次大于分子的阶次时，其 $G_K(j\omega)$ 的模值等于 0，相角为 $-(n-m)\times 90°$。即

$$G_K(j\infty) = 0\angle -(n-m)\times 90°$$

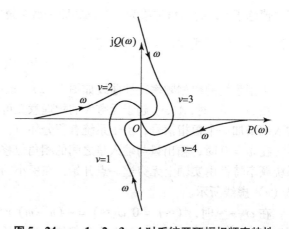

图 5-24　$v=1,2,3,4$ 时系统开环幅相频率特性

（3）若 $G_K(s)$ 中的分子含有 s 因子的环节时，其 $G_K(j\omega)$ 曲线随 ω 变化时发生弯曲。不

含 s 因子的环节时,其 $G_K(j\omega)$ 曲线随 ω 变化时,将是一条平滑的曲线。

(4) $G_K(j\omega)$ 曲线与负实轴的交点,是一个关键点,其交点的坐标可由下列方法确定:
$$G_K(j\omega) = |G(j\omega)| e^{j\angle G(j\omega)} = P(\omega) + jQ(\omega)$$

令 $\angle G_K(j\omega) = -180°$,解出与负实轴交点处对应的频率 ω_x 值,再将 ω_x 代入 $|G_K(j\omega)|$ 中,求得与负实轴交点的模值。

令 $Q(\omega) = 0$。解出 ω_x,再将 ω_x 代入 $P(\omega)$ 中,求得与负实轴交点的坐标。

【**例 5 – 1**】某 0 型单位反馈系统开环传递函数为
$$G_K(s) = \frac{K}{(T_1 s + 1)(T_2 s + 1)}, \quad K, T_1, T_2 > 0$$

试绘制系统开环幅相频率特性。

解:由于惯性环节的角度变化为 $0° \sim -90°$,故该系统开环幅相频率特性为

起点:$A(0) = K, \varphi(0) = 0°$;

终点:$A(\infty) = 0, \varphi(\infty) = 2 \times (-90°) = -180°$。

系统开环频率特性为
$$G_K(j\omega) = \frac{K|1 - T_1 T_2 \omega^2 - j(T_1 + T_2)\omega|}{(1 + T_1^2 \omega^2)(1 + T_2^2 \omega^2)}$$

令 $\mathrm{Im} G_K(j\omega_x) = 0$,得 $\omega_x = 0$,即系统开环幅相频率特性在 $\omega = 0$ 处与实轴无交点。

由于惯性环节单调地从 $0°$ 变化至 $-90°$,故该系统开环幅相频率特性如图 5 – 25 实线所示。

若取 $K < 0$,由于非最小相位比例环节的相角恒为 $-180°$,故此系统开环幅相频率特性由原曲线绕原点顺时针旋转 $180°$ 而得,如图 5 – 25 中虚线所示。

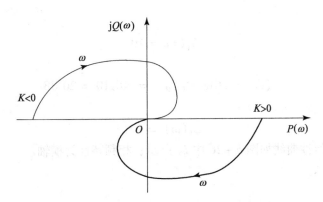

图 5 – 25 例 5 – 1 系统开环幅相频率特性曲线

5.4.2 开环对数幅相频率特性的绘制

一般地,系统的开环传递函数 $G(s)$ 可以写成如下基本环节传递函数相乘的形式:
$$G(s) = G_1(s) G_2(s) \cdots G_n(s) \tag{5-34}$$

式中,$G_1(s)$、$G_2(s)$、$\cdots$、$G_n(s)$ 为基本环节的传递函数。

对应的开环频率特性为
$$G(j\omega) = G_1(j\omega) G_2(j\omega) \cdots G_n(j\omega) \tag{5-35}$$

开环对数幅频特性函数和相频特性函数分别为

$$L(\omega) = 20\lg A(\omega) = 20\lg A_1(\omega) + 20\lg A_2(\omega) + \cdots + 20\lg A_n(\omega) \quad (5-36)$$

$$\varphi(\omega) = \varphi_1(\omega) + \varphi_2(\omega) + \cdots + \varphi_n(\omega) \quad (5-37)$$

可见系统总的开环对数频率特性等于相应的基本环节对数频率特性之代数和,或者说系统开环对数幅频特性等于各环节对数幅频特性之和;系统开环相频特性等于各环节相频特性之和。

运用对数频率特性,将相乘变为相加,在绘制对数频率特性时,又可以用基本环节的直线或渐近线代替精确幅频特性,然后求它们的代数和;而对数相频特性又具有奇对称性质,故绘制开环对数频率特性就比较容易,所以在用频率特性对系统进行分析和校正时一般总是采用开环对数频率特性对系统进行分析和校正,这样可以明显减少计算和绘图工作量。必要时可以对渐近线进行修正,以便得到足够精确的对数幅频特性。

下面举例说明开环对数频率特性的绘制。

【例 5-2】 系统开环传递函数为

$$G_K(s) = \frac{10}{(0.1s+1)(s+1)}$$

试绘制系统开环对数幅频特性和相频特性曲线。

解:系统开环传递函数可以分解为

$$G_K(s) = \frac{10}{(0.1s+1)(s+1)} = 10 \times \frac{1}{0.1s+1} \times \frac{1}{s+1}$$

可见系统开环传递函数由三个基本环节组成,每个环节的对数幅频特性和相频特性均可以计算,下面分别计算各环节的幅频特性和相频特性。

(1) 比例环节。

传递函数

$$G_1(s) = 10$$

对数幅频特性

$$L_1(\omega) = 20\lg|G(j\omega)| = 20\lg 10 = 20 \text{ dB}$$

对数相频特性

$$\varphi_1(\omega) = 0°$$

比例环节幅频特性曲线如图 5-26 中 L_1 所示;相频特性为横轴。

(2) 惯性环节 1。

传递函数

$$G_2(s) = \frac{1}{s+1}$$

对数幅频特性

$$L_2(\omega) = -20\lg\sqrt{\omega^2+1}$$

对数相频特性

$$\varphi_2(\omega) = -\arctan\omega$$

惯性环节的转折频率为

$$\omega_2 = \frac{1}{T_1} = \frac{1}{1} = 1 \text{ (rad/s)}$$

其对数幅频特性由两条直线组成：在转折频率（$\omega_2 = 1$）之前为 0 dB，在转折频率之后是斜率为 -20 dB/dec 的直线，如图 5-26 中曲线 L_2。

相频特性如图 5-26 中 φ_2 所示；当 $\omega = 0$ 时 $\varphi(\omega) = 0°$；当 $\omega \to \infty$ 时 $\varphi(\omega) = -90°$；转折频率处 $\omega(1/T) = -\arctan 1 = -45°$，即相频特性在 $0 \sim -90°$ 之间，对称于 $-45°$。

（3）惯性环节 2。
传递函数
$$G_3(s) = \frac{1}{0.1s + 1}$$

对数幅频特性
$$L_3(\omega) = -20\lg\sqrt{(0.1\omega)^2 + 1}$$

对数相频特性
$$\varphi_3(\omega) = -\arctan(0.1\omega)$$

惯性环节的转折频率为
$$\omega_3 = \frac{1}{T_2} = \frac{1}{0.1} = 10 \text{ (rad/s)}$$

其对数幅频特性由两条直线组成：在转折频率之前为 0 dB，在转折频率之后是斜率为 -20 dB/dec 的直线，如图 5-26 中曲线 L_3；相频特性在 $0 \sim -90°$ 之间，对称于 $-45°$。相频特性如图 5-26 中 φ_3 所示。

将以上各环节的对数幅频特性曲线与相频特性曲线绘出后，分别相加即得系统的开环对数幅频特性 $L(\omega)$ 和相频特性 $\varphi(\omega)$，如图 5-26 所示。

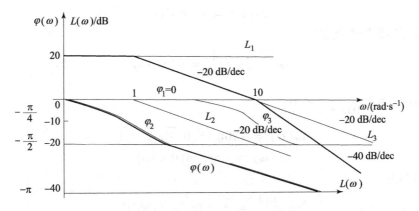

图 5-26　例 5-2 的系统开环对数幅频特性和相频特性曲线

由图可见，系统的开环对数幅频特性的渐近线由三条直线（0 dB/dec，-20 dB/dec，-40 dB/dec）组成，转折频率按 ω 的增加顺序分别为 1 rad/s、10 rad/s，而 $L(\omega)$ 穿越 0 dB 的频率为 $\omega_c = 10$ rad/s。开环相频特性曲线从 0 开始，随着 ω 增加逐渐趋于 $-\pi$。

【例 5-3】　单位负反馈系统的开环传递函数为
$$G_K(s) = \frac{100(s+2)}{s(s+1)(s+20)}$$

试绘制系统开环对数幅频特性曲线和相频特性曲线。

解：首先将系统开环传递函数写成典型环节的标准形式

$$G_K(s) = \frac{10(0.5s+1)}{s(s+1)(0.05s+1)}$$

系统可以看成是由五个典型环节串联而成的，即

$$G_K(s) = 10 \times \frac{1}{s} \times \frac{1}{s+1} \times \frac{1}{0.05s+1} \times (0.5s+1)$$

下面分别计算各环节的幅频特性和相频特性。

(1) $G_1(s) = 10$ 环节：

$$L_1(\omega) = 20\lg A_1(\omega) = 20\lg 10 = 20 \text{ dB}$$
$$\varphi_1(\omega) = 0°$$

(2) $G_2(s) = \frac{1}{s}$ 环节：

$$L_2(\omega) = 20\lg \frac{1}{\omega} = -20\lg\omega$$
$$\varphi_2(\omega) = -\frac{\pi}{2}$$

该积分环节的对数幅频特性是一条通过横坐标轴 $\omega = 1$ 处、斜率为 -20 dB/dec 的直线。其对数相频特性与 ω 无关，为平行于横轴的一条直线，高度为 $-\frac{\pi}{2}$。

(3) $G_3(s) = \frac{1}{s+1}$ 环节：

$$L_3(\omega) = -20\lg\sqrt{\omega^2+1}$$
$$\varphi_3(\omega) = -\arctan\omega$$

该惯性环节的转折频率为

$$\omega_3 = \frac{1}{T_3} = \frac{1}{1} = 1 \text{ (rad/s)}$$

(4) $G_4(s) = \frac{1}{0.05s+1}$ 环节：

$$L_4(\omega) = -20\lg\sqrt{(0.05\omega)^2+1}$$
$$\varphi_4(\omega) = -\arctan(0.05\omega)$$

转折频率为

$$\omega_4 = \frac{1}{T_4} = \frac{1}{0.05} = 20 \text{ (rad/s)}$$

(5) $G_5(s) = 0.5s+1$ 环节：

$$L_5(\omega) = 20\lg\sqrt{(0.5\omega)^2+1}$$
$$\varphi_5(\omega) = \arctan(0.5\omega)$$

转折频率为

$$\omega_5 = \frac{1}{T_5} = \frac{1}{0.5} = 2 \text{ (rad/s)}$$

一阶微分环节的对数幅频渐近特性由两条直线组成：在转折频率之前为 0 dB，在转折频率之后是斜率为 $+20$ dB/dec 的直线。对数相频特性曲线为 0 到 $+90°$ 之间，对称于 $+45°$（与惯性环节的对数相频特性曲线对 ω 轴互为镜像）。

将以上各环节的对数幅频特性曲线与相频特性曲线绘出后，分别相加即得系统开环对数幅频特性 $L(\omega)$ 和相频特性 $\varphi(\omega)$，如图 5-27 所示。

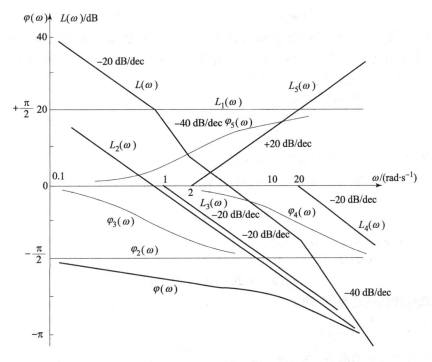

图 5-27 例 5-3 的系统开环对数幅频特性和相频特性曲线

由图可见，系统开环对数幅频特性的渐近线由四段直线（-20 dB/dec，-40 dB/dec，-20 dB/dec，-40 dB/dec）组成，其转折频率按 ω 的增加顺序分别为 1（rad/s）、2（rad/s）及 20（rad/s），而 $L(\omega)$ 穿越 0 dB 的频率为 $\omega_c = 4.4$（rad/s）。开环相频特性曲线由 $-\dfrac{\pi}{2}$ 开始，随着 ω 增加逐渐趋于 $-\pi$。

由以上两例的分析，可归纳系统开环对数频率特性曲线有以下特点。

（1）开环对数频率特性在低频段的形状，只与系统的开环增益 K 和积分环节的个数有关。

0 型系统：$L(\omega)$ 的斜率为 0，$\varphi(\omega)$ 从 0 开始；

Ⅰ型系统：$L(\omega)$ 的斜率为 -20 dB/dec，$\varphi(\omega)$ 从 $-\dfrac{\pi}{2}$ 开始；

Ⅱ型系统：$L(\omega)$ 的斜率为 -40 dB/dec，$\varphi(\omega)$ 从 $-\pi$ 开始。

开环对数幅频特性在低频段的高度由开环增益 K 决定。

所以，开环频率特性在低频段可由下式表示。

$$G_d(j\omega) = \frac{K}{(j\omega)^v} \tag{5-38}$$

（2）开环对数幅频渐近特性经过一个转折频率，斜率要发生变化，其高频段最终的斜率为 $-(n-m) \times 20$ dB/dec。开环对数相频特性曲线最终的相角为 $-(n-m)\dfrac{\pi}{2}$。

（3）开环对数幅频特性曲线 $L(\omega)$ 与横坐标的相交点的频率，称为截止频率，用 ω_c

表示。

$$|G(j\omega_c)| = 1$$
$$L(\omega_c) = 20\lg|G(j\omega_c)| = 0 \text{ (dB)}$$

掌握以上特点后，可不用分别画出各典型环节的对数幅频渐近特性，再叠加求出 $L(\omega)$，而是直接画出系统的开环对数幅频渐近特性曲线。同时，对于最小相位系统可由 $L(\omega)$ 曲线，写出对应的系统开环传递函数。

【例 5-4】已知系统的开环传递函数为

$$G_K(s) = \frac{10(0.2s + 1)}{s(2s + 1)}$$

试绘制系统的开环对数幅频渐近特性曲线。

解：系统可以看成由下列四个典型环节组成

$$G_K(s) = 10 \times \frac{1}{s} \times \frac{1}{2s + 1} \times (0.2s + 1)$$

下面分别计算各环节的幅频特性。

(1) $G_1(s) = 10$ 环节：

$$L_1(s) = 20\lg 10 = 20 \text{ (dB)}$$

由此决定低频段的高度为 20 dB。

(2) $G_2(s) = \frac{1}{s}$ 环节。

此环节低频段的斜率为 -20 dB/dec。

(3) $G_3(s) = \frac{1}{2s + 1}$ 环节。

转折频率 $\omega_3 = 0.5$ (rad/s)。

(4) $G_4(s) = 0.2s + 1$ 环节。

转折频率 $\omega_4 = \frac{1}{T_4} = \frac{1}{0.2}$ (rad/s) $= 5$ (rad/s)。

根据以上数据，下面直接画出 $L(\omega)$ 曲线。

过 $\omega = 1$ 处高度为 20 dB 的点，作斜率为 -20 dB/dec 的直线，此直线延伸到低频段；在 $\omega = 0.5$ 处有惯性环节 $G_3(s) = \frac{1}{2s + 1}$ 加入，渐近特性的斜率由 -20 dB/dec 变为 -40 dB/dec；此段延伸到 $\omega = 5$ 处有一阶微分环节 $G_4(s) = 0.2s + 1$ 加入，使斜率由 -40 dB/dec 变为 -20 dB/dec，由于后面没有环节加入，所以高频段斜率一直保持为 -20 dB/dec。

例 5-4 系统的开环对数幅频渐近特性如图 5-28 所示。

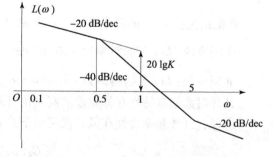

图 5-28 例 5-4 系统的开环对数幅频特性曲线

【例 5-5】已知最小相位系统的开环对数幅频渐近特性曲线如图 5-29 所示。试写出系统的开环传递函数 $G_K(s)$（图中 ω_1、ω_2、ω_c 均为已知）。

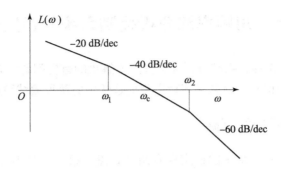

图 5-29 最小相位系统的开环对数幅频渐近特性曲线

解：根据 $L(\omega)$ 在低频段的斜率和高度，可知 $G(s)$ 中有一个积分环节和一个比例环节，再根据 $L(\omega)$ 在 ω_1 处斜率由 -20 dB/dec 变为 -40 dB/dec，说明有惯性环节加入，且此惯性环节的时间常数为转折频率的倒数，即 $T_1 = \dfrac{1}{\omega_1}$；$L(\omega)$ 在 ω_2 处斜率由 -40 dB/dec 变为 -60 dB/dec，说明又有一个惯性环节加入，时间常数为转折频率的倒数，即 $T_2 = \dfrac{1}{\omega_2}$。根据以上分析，可以写出系统传递函数为

$$G_K(s) = \dfrac{K}{s\left(\dfrac{1}{\omega_1}s + 1\right)\left(\dfrac{1}{\omega_2}s + 1\right)}$$

式中，开环增益 K 可用已知的截止频率 ω_c 来求。

当 $\omega = \omega_c$ 时，有三个环节 $\left[K, \dfrac{1}{s}, \dfrac{1}{\dfrac{1}{\omega_1}+1}\right]$ 的对数幅频渐近特性叠加后等于 0 dB。则由下式可求得 K。

$$\left(20\lg K - 20\lg\omega - 20\lg\dfrac{1}{\omega_1}\omega\right)_{\omega=\omega_c} = 0$$

得 $K = \dfrac{\omega_c^2}{\omega_1}$。

根据以上的例子可归纳出，绘制开环对数频率特性的步骤如下。

（1）将开环传递函数写成基本环节相乘的形式。

（2）计算各基本环节的转折频率，并标在横轴上。

（3）设最低的转折频率为 ω_1，先绘 $\omega < \omega_1$ 的低频区域图形，在此频段，只有积分（或纯微分）环节和开环增益起作用。积分（或纯微分）环节决定低频段的斜率；开环增益决定低频段的高度。

（4）按由低频到高频的顺序将已画好的直线或折线延长，每到一个转折频率，直线的斜率就要在原数值上加入对应的基本环节的斜率。

（5）如有必要，可对上述渐近线加以修正，一般在转折频率处进行修正。

5.5 用频率法分析控制系统的稳定性

控制系统的闭环稳定性是系统分析和设计所要解决的首要问题,奈奎斯特(H. Nyquist)稳定判据(简称奈氏判据)和对数频率稳定判据是常用的两种频域稳定判据。

5.5.1 奈奎斯特稳定判据

应用劳斯判据分析闭环系统的稳定性有两个缺点。第一,必须知道闭环系统的特征方程,而有些实际系统的特征方程是列写不出来的;第二,它不能指出系统的稳定程度。

1932年,奈奎斯特提出了判定闭环系统稳定性的另一种方法,称为奈奎斯特稳定判据。这个判据的主要特点是:

(1) 利用开环系统频率特性判定闭环系统的稳定性。

(2) 指出控制系统的相对稳定性,揭示改善系统稳定性的方法。

因此奈奎斯特稳定判据在控制理论中有重要地位。

1. 奈氏判据的理论基础

对于图 5-30 所示系统,前向通道和反馈通道的传递函数 $G(s)$ 和 $H(s)$ 分别为两个多项式之比的有理式。设

$$G(s) = \frac{M_1(s)}{N_1(s)}, H(s) = \frac{M_2(s)}{N_2(s)}$$

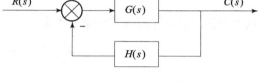

图 5-30 反馈控制系统

如果 $G(s)$ 和 $H(s)$ 没有零极点对消,则系统的开环传递函数为

$$G(s)H(s) = \frac{M_1(s)M_2(s)}{N_1(s)N_2(S)}$$

其闭环传递函数

$$G_B(s) = \frac{G(s)}{1+G(s)H(s)} = \frac{M_1(s)N_2(s)}{N_1(s)N_2(s)+M_1(s)M_2(s)}$$

奈氏判据是从研究闭环特征多项式与开环特征多项式之比这一函数入手的,这一函数是复变量 s 的函数,称为辅助函数。记作 $F(s)$,即

$$F(s) = 1 + G(s)H(s) = \frac{N_1(s)N_2(s)+M_1(s)M_2(s)}{N_1(s)N_2(s)} \qquad (5-39)$$

由式(5-39)可见,辅助函数 $F(s)$ 的分子是系统闭环特征多项式,分母是系统开环特征多项式。将 $F(s)$ 写成零、极点形式为

$$F(s) = \frac{\prod_{i=1}^{n}(s-z_i)}{\prod_{i=1}^{n}(s-p_i)} \qquad (5-40)$$

式中 z_i——$F(s)$ 的零点,也是闭环传递函数的极点;

p_i——$F(s)$ 的极点,也是开环传递函数的极点。

辅助函数具有如下特点:

(1) 其零点 z_i 为闭环传递函数的极点；

(2) 其极点 p_i 为开环传递函数的极点；

(3) 其零点的个数与极点的个数相同；

(4) 辅助函数 $F(s)$ 与系统开环传递函数只差常数 1。

式（5-40）中的极点 p_i 通常是已知的，但要求出其零点 z_i 的分布就不容易了。下面利用复变函数中的幅角原理来寻求一种定位右半 s 平面 $F(s)$ 零点数目的方法，从而建立判断闭环系统稳定性的奈氏判据。

1）幅角原理

设有一复变函数 $F(s)$ 为

$$F(s) = \frac{\prod_{j=1}^{n}(s - z_j)}{\prod_{i=1}^{n}(s - p_i)}$$

s 为复变量，在 s 复平面上表示为

$$s = \sigma + j\omega$$

$F(s)$ 为复变函数，在 $F(s)$ 复平面上表示为

$$F(s) = U + jV$$

设复变函数 $F(s)$ 为解析函数，即单值、连续的正则函数，那么对于 s 平面上的每一点，在 $F(s)$ 平面上必定有一个对应的映射点。因此，如果在 s 平面画一条封闭曲线，则在 $F(s)$ 平面上必有一条对应的映射曲线，如图 5-31 所示。若在 s 平面上的封闭曲线是沿着顺时针方向运动的，则在 $F(s)$ 平面上的映射曲线的运动方向可能是顺时针的，也可能是逆时针的，取决于 $F(s)$ 函数的特性。

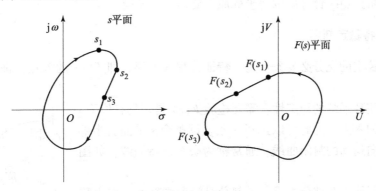

图 5-31 s 平面与 $F(s)$ 平面的映射关系

人们感兴趣的不是映射曲线的形状，而是它包围坐标原点的次数和运动方向，因为这两者与系统的稳定性密切相关。

根据式（5-40），复变函数的相角可以表示为

$$\angle F(s) = \sum_{i=1}^{n}\angle(s - z_i) - \sum_{i=1}^{n}\angle(s - p_i)$$

假设在 s 平面上的封闭曲线包围了 $F(s)$ 的一个零点 z_1，而其他零、极点都位于封闭曲线之外，则当 s 沿着 s 平面上的封闭曲线顺时针方向移动一周时，相量 $(s - z_1)$ 的相角变化 -2π

弧度，而其他各相量的相角变化为零。这意味着在 $F(s)$ 平面上的映射曲线沿顺时针方向围绕着原点旋转一周，也就是相量 $F(s)$ 的相角变化了 -2π 的弧度，如图 5-32 所示。

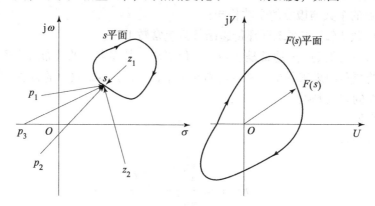

图 5-32 封闭曲线包围 z_1 时的映射情况

若 s 平面上的封闭曲线包围着 $F(s)$ 的 Z 个零点，则在 $F(s)$ 平面上的映射曲线将按顺时针方向围绕着坐标原点旋转 Z 周。

用类似的方法可以推论，若 s 平面上的封闭曲线包围了 $F(s)$ 的 P 个极点，则当 s 沿着 s 平面上的封闭曲线顺时针方向移动一周时，在 $F(s)$ 平面上的映射曲线将按逆时针方向围绕着坐标原点旋转 P 周。

2）映射定理

设 s 平面上的封闭曲线包围了复变函数 $F(s)$ 的 P 个极点和 Z 个零点，并且此曲线不经过 $F(s)$ 的任一零点和极点，则当复变量 s 沿封闭曲线顺时针方向移动一周时，在 $F(s)$ 平面上的映射曲线将按逆时针方向围绕坐标原点旋转 $P-Z$ 周。

2. 奈奎斯特稳定判据

闭环系统稳定的充分必要条件是：特征方程式的根，即 $F(s)$ 的零点，都位于 s 平面的左半部。

为了判断闭环系统的稳定性，需要检验 $F(s)$ 是否具有位于 s 平面的右半部的零点。为此可以选择一条包围整个 s 平面右半部的按顺时针方向运动的封闭曲线，通常称为奈奎斯特回线，如图 5-33 所示。

奈奎斯特回线由两部分组成。一部分是沿着虚轴由下向上移动的直线段 C_1，在此线段上 $s = j\omega$，ω 由 $-\infty$ 变到 $+\infty$。另一部分是半径为无穷大的半圆 C_2。奈奎斯特回线包围了 $F(s)$ 位于 s 平面右半部的所有零点和极点。

设复变函数 $F(s)$ 在 s 平面右半部有 P 个极点和 Z 个零点，根据映射定理，当 s 沿着 s 平面上的奈奎斯特回线移动一周时，在 $F(s)$ 平面上的映射曲线 $\Gamma_F = 1 + G(j\omega)H(j\omega)$ 将按逆时针方向围绕坐标原点旋转 $P-Z$ 周。

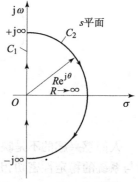

图 5-33 奈奎斯特回线

由于闭环系统稳定的充分必要条件是，$F(s)$ 在 s 平面右半部无零点，即 $Z=0$。因此可得以下的稳定判据：

如果在 s 平面上，s 沿着奈奎斯特回线顺时针方向移动一周时，在 $F(s)$ 平面上的映射曲线 Γ_F 将按逆时针方向围绕坐标原点旋转 $Z = P$ 周，则系统是稳定的。

根据系统闭环特征方程有

$$G(s)H(s) = F(s) - 1 \tag{5-41}$$

这意味着 $F(s)$ 的映射曲线 Γ_F 围绕原点运动的情况，相当于 $G(s)H(s)$ 的封闭曲线 Γ_{GH} 围绕 $(-1, j0)$ 点的运动情况，如图 5-34 所示。

综上所述，可将奈奎斯特稳定判据表述如下：

若开环系统是稳定的，即位于 s 平面右半部的开环极点数 $P = 0$，则闭环系统稳定的充分必要条件是：当 ω 由 $-\infty$ 变到 $+\infty$ 时，开环频率特性 $G(j\omega)H(j\omega)$ (Γ_{GH}) 不包围 $(-1, j0)$ 点。即

$$N = P - Z = 0$$

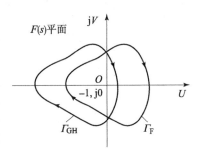

图 5-34 Γ_F 和 Γ_{GH} 的关系

由于系统的开环频率特性总是对称于实轴的，因此在实际中常常只画出 ω 从零变至 $+\infty$ 的一部分。这时上述奈奎斯特稳定判据应为

$$N = \frac{P - Z}{2} = 0$$

如果开环系统是不稳定的，开环系统特征方程式有 P 个根在右半 s 平面上，则闭环系统稳定的充要条件是：当 ω 由 $-\infty$ 变到 $+\infty$ 时，开环频率特性的轨迹在复平面上应逆时针围绕 $(-1, j0)$ 点转 $N = P$ 周。否则闭环系统是不稳定的。

用奈氏判据判断闭环系统稳定性时，一般只需绘制 ω 由 0 变到 $+\infty$ 时的开环幅相频率特性。这时，可如下判断稳定性：若开环传递函数在右半 s 平面上有 P 个极点，则当 ω 由 0 变到 $+\infty$ 时，如果开环频率特性的轨迹在复平面上逆时针围绕 $(-1, j0)$ 点转 $P/2$ 周，则闭环系统是稳定的，否则，是不稳定的。

关于开环传递函数包含积分环节的处理。

当开环系统传递函数 $G(s)H(s)$ 包含积分环节时，说明开环传递函数具有 $s = 0$ 的极点，此极点分布在坐标原点上。

其开环传递函数可用下式表示：

$$G(s)H(s) = \frac{K(\tau_1 + 1)(\tau_2 + 1)\cdots(\tau_m + 1)}{s^v(T_1 s + 1)(T_2 s + 1)\cdots(T_n s + 1)} \tag{5-42}$$

由于 s 平面上的坐标原点是所选闭合路径 Γ_s 上的一点，把这一点的 s 值代入 $G(s)H(s)$ 后，使 $|G(0)H(0)| \to \infty$，这表明坐标原点是 $G(s)H(s)$ 的奇点，为了使 Γ_s 路径不通过此奇点，把分布在坐标原点上的极点排除在被它所包围的面积之外，但仍应包含右半 s 平面内的所有闭环和开环极点，为此，以原点为圆心，ρ 为半径，作一个半径为无穷小的半圆，使 Γ_s 沿着这个无穷小的半圆绕过原点，如图 5-35 所示。

这样闭合路径 Γ_s 就由负虚轴、无穷小半圆、正虚轴、无穷大半圆四部分组成。当无穷小半径 $\rho \to 0$ 时，闭合路径 Γ_s 仍可包围整个右半 s 平面。

小半圆的表达式为

$$s = \rho e^{j\theta} \tag{5-43}$$

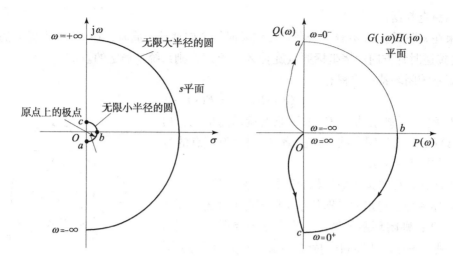

图 5-35 $G(s)H(s)$ 包含积分环节时的 Γ_s 曲线和幅相频率特性

下面讨论 $v=1$、$\rho \to 0$ 的情况。

将 $s = \rho e^{j\theta}$ 代入式（5-42）中得

$$G(s)H(s) = \frac{K}{\rho e^{j\theta}} = \frac{K}{\rho} e^{-j\theta} \tag{5-44}$$

根据式（5-44）可确定 s 平面上的无穷小半圆映射到 $G(s)H(s)$ 平面上的路径。在图 5-35 中的 a 点，s 的幅值 $\rho \to 0$，相角 θ 为 $-\frac{\pi}{2}$。对应于 $|G(s)H(s)| \to \infty, \varphi = -\theta = \frac{\pi}{2}$，这说明无穷小半圆上的 a 点映射到 $G(s)H(s)$ 平面上为正虚轴上无穷远处的一点。在 b 点处，$\rho \to 0$，相角 θ 为 0，对应 $|G(s)H(s)| \to \infty, \varphi = -\theta = 0$，这说明无穷小半圆上的 b 点映射到 $G(s)H(s)$ 平面上为正实轴上无穷远处的一点。对于 c 点，$\rho \to 0$，相角 $\theta = \frac{\pi}{2}$，对应 $|G(s)H(s)| \to \infty, \varphi = -\theta = -\frac{\pi}{2}$，这说明无穷小半圆上的 c 点映射到 $G(s)H(s)$ 平面上为负虚轴上无穷远处的一点。当 s 沿无穷小半圆由 a 点经 b 点移到 c 点时，角度 θ 从 $-\frac{\pi}{2} \to 0 \to \frac{\pi}{2}$，反时针转过 180°，而对于 $G(s)H(s)$ 来说，其角度顺时针转过了 180°，如果系统的类型是 v 型，则 $G(s)H(s)$ 的角度变化是 $v \times 180°$，s 平面上的半圆映射到 $G(s)H(s)$ 平面上为无穷大的半圆 abc，如图 5-35 所示。

【例 5-6】已知系统开环传递函数为

$$G(s)H(s) = \frac{10}{(s+1)(s+2)(s+3)}$$

试绘制其奈奎斯特图，并判断闭环系统的稳定性。

解：此系统的开环频率特性为

$$G(j\omega)H(j\omega) = \frac{10}{(j\omega+1)(j\omega+2)(j\omega+3)}$$

实频特性为

$$P(\omega) = \frac{60(1-\omega^2)}{36(1-\omega^2)^2 + (11-\omega^2)^2\omega^2}$$

虚频特性为

$$Q(\omega) = -\frac{10(11-\omega^2)\omega}{36(1-\omega^2)^2 + (11-\omega^2)^2\omega^2}$$

该系统是无开环零点的 0 型系统，角频率连续变化时，幅频特性单调衰减，相频特性单调滞后。由上式可见，当 $\omega=0$ 时，$P(\omega)=1.67$，$Q(\omega)=0$；经过虚轴时，$\omega=1$，$P(1)=0$，$Q(1)=-1$；经过负实轴时，$\omega=\sqrt{11}$，$P(\sqrt{11})=-0.17$，$Q(\sqrt{11})=0$。将 ω 从 $0\to+\infty$ 连续变化的奈氏曲线绘出后，按其对称性将 ω 从 $-\infty\to0$ 连续变化的部分绘出，如图 5-36 所示。

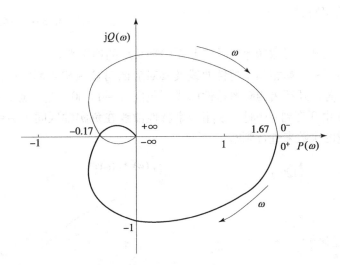

图 5-36　例 5-4 的奈氏曲线

由于开环极点都在 s 平面左半部，$P=0$，且奈奎斯特曲线不包围 $(-1, j0)$ 点，表明在右半 s 平面上不存在闭环极点，系统稳定。

【例 5-7】 设某控制系统的开环传递函数为

$$G(s)H(s) = \frac{15}{(s+0.5)(s+1)(s+2)}$$

试绘制其奈奎斯特图，并判断闭环系统的稳定性。

解： 此系统的开环频率特性为

$$G(j\omega)H(j\omega) = \frac{15}{(j\omega+0.5)(j\omega+1)(j\omega+2)}$$

实频特性为

$$P(\omega) = \frac{15\times(1-3.5\omega^2)}{(1-3.5\omega^2)^2 + (3.5-\omega^2)^2\omega^2}$$

虚频特性为

$$Q(\omega) = -\frac{15\omega(1-3.5\omega^2)}{(1-3.5\omega^2)^2 + (3.5-\omega^2)^2\omega^2}$$

奈氏曲线的起始点为：$P(0)=15$，$Q(0)=0$；由实频特性等于 0，求得与虚轴的交点为

$Q(0.535) = -8.73$,由虚频特性等于 0,求得与负实轴的交点为 $P(1.87) = -1.32$。将各点用平滑曲线连接起来,得到幅相频率特性如图 5 – 37 所示。由于 s 平面右半部分的开环极点数 $P = 0$,奈氏曲线顺时针包围 $(-1, j0)$ 点两周,$N = 2$,所以此闭环系统不稳定,右极点数是 $Z = 2$。

3. 对数频率稳定判据

在复平面上绘制开环频率特性是比较麻烦的,采用对数频率特性,可使绘制特性的工作大大简化。

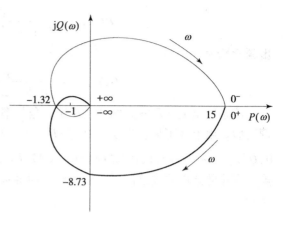

图 5 – 37 例 5 – 5 的奈氏曲线

下面讨论怎样用开环对数频率特性来判断闭环系统的稳定性。

图 5 – 38 绘出了一个幅相频率特性曲线及其对应的对数幅相频率特性曲线。由图可知,当 ω 由 0 变到 $+\infty$ 时,开环幅相频率特性曲线不包围 $(-1, j0)$ 这一点,即 $N = 0$。这一结论也可以根据 ω 由 0 变到 $+\infty$ 时,幅相频率特性曲线在负实轴区间 $(-\infty, -1)$ 自下向上和自上向下穿越的次数来进行判断。

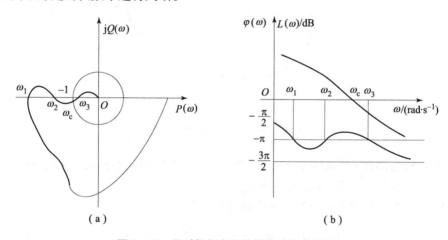

图 5 – 38 用对数频率特性判断系统稳定性
(a) 幅相特性;(b) 对应的对数频率特性曲线

(1) 正穿越。开环幅相频率特性 $G(j\omega)H(j\omega)$ 在负实轴区间 $(-\infty, -1)$ 由上部穿越负实轴到下部,称为正穿越,正穿越用 N_+ 表示。

开环幅相频率特性 $G(j\omega)H(j\omega)$ 从 $(-\infty, -1)$ 的负实轴段开始向下,称为半个正穿越。

(2) 负穿越。开环幅相频率特性 $G(j\omega)H(j\omega)$ 在 $(-\infty, -1)$ 区间由下部穿越负实轴到上部,称为负穿越,负穿越用 N_- 表示。

开环幅相频率特性 $G(j\omega)H(j\omega)$ 从 $(-\infty, -1)$ 的负实轴段开始向上,称为半个负穿越。

显然,在正穿越时,$G(j\omega)H(j\omega)$ 的相角位移将有正的增量,而在负穿越时,

$G(j\omega)H(j\omega)$ 的相角位移将有负的增量。

应当注意到,如果开环幅频特性 $G(j\omega)H(j\omega)$ 逆时针方向包围 $(-1,j0)$,则一定存在正穿越,即在实轴 $(-\infty,-1)$ 区间由上部向下穿越负实轴。如果 $G(j\omega)H(j\omega)$ 顺时针包围 $(-1,j0)$,则一定存在负穿越,即在实轴 $(-\infty,-1)$ 区间由下部向上穿越负实轴。

根据正、负穿越可将奈氏判据表述如下。

开环幅频特性 $G(j\omega)H(j\omega)$ 对 $(-\infty,-1)$ 的负实轴段上的正、负穿越,对应开环对数幅频特性 $L(\omega) > 0$ dB 的频率范围内,相应对数相频特性曲线对 $-\pi$ 线的正、负穿越。不过这时正、负穿越的含义是:

● 正穿越。在 $L(\omega) > 0$ dB 的频率范围内,其相频特性曲线由下往上穿越过 $-\pi$ 线一次,称为一个正穿越,正穿越数用 N_+ 表示。从 $-\pi$ 线开始往上称为半个正穿越。

● 负穿越。在 $L(\omega) > 0$ dB 的频率范围内,其相频特性曲线由上往下穿越过 $-\pi$ 线一次,称为一个负穿越,负穿越数用 N_- 表示。从 $-\pi$ 线开始往下称为半个负穿越。

根据上述对应关系,对数频率稳定判据可叙述如下。

根据系统开环传递函数,若有 P 个极点在右半 s 平面,在开环对数幅频特性 $L(\omega) > 0$ dB 的频率范围内,对应的开环对数相频特性 $\varphi(\omega)$ 对 $-\pi$ 线的正、负穿越之差等于 $\dfrac{P}{2}$,即

$$N = N_+ - N_- = \frac{P}{2} \tag{5-45}$$

则闭环系统是稳定的;否则,闭环系统是不稳定的。

如果开环传递函数的极点全部位于左半 s 平面,即 $P = 0$,则 $L(\omega) > 0$ dB 的频率范围内,对数相频特性与 $-\pi$ 线的正穿越和负穿越次数之差为 0 时,即

$$N = N_+ - N_- = 0 \tag{5-46}$$

则闭环系统是稳定的;否则,闭环系统是不稳定的。

【例 5-8】 试绘制例 5-7 的伯德图,并用对数频率稳定判据判断闭环系统的稳定性。

解:例 5-7 中控制系统的开环频率特性为

$$G(j\omega)H(j\omega) = \frac{15}{(j\omega + 0.5)(j\omega + 1)(j\omega + 2)}$$

对数幅频特性为

$$L(\omega) = 20\lg 15 - 20\lg \sqrt{\omega^2 + 0.5^2} - 20\lg \sqrt{\omega^2 + 1} - 20\lg \sqrt{\omega^2 + 2^2}$$

对数相频特性为

$$\varphi(\omega) = -\arctan(2\omega) - \arctan\omega - \arctan(0.5\omega)$$

伯德图如图 5-39 所示。由开环传递函数可知 $P = 0$。

由伯德图可知,在 $L(\omega) > 0$ dB 的频率范围内,对数相频特性与 $-\pi$ 线的正穿越不存在,即 $N_+ = 0$;负穿越一次,即 $N_- = 1$。则

$$N = N_+ - N_- = 0 - 1 = -1 \neq \frac{P}{2}$$

所以闭环系统不稳定。

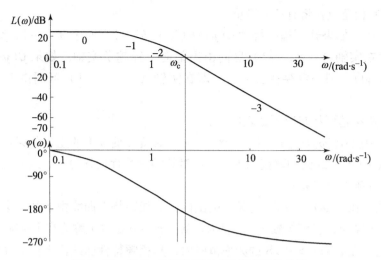

图 5-39 例 5-5 系统开环对数频率特性曲线

5.5.2 系统的稳定裕度

稳定裕度是衡量一个闭环稳定系统稳定程度的指标。在频率域中，通常用相位裕度 γ 和增益裕度 h 来表示系统的相对稳定性。

如果开环系统传递函数没有极点位于右半 s 平面，那么，闭环系统稳定的充要条件是：开环系统幅相频率特性不包围 $(-1,j0)$ 点，幅相频率特性越接近 $(-1,j0)$ 点，系统的稳定程度越差，所以用幅相频率特性相对于 $(-1,j0)$ 点的位置来衡量系统的稳定程度。

1. 相角裕度 γ

指 $G(j\omega)H(j\omega)$ 曲线上模值等于 1 的矢量与负实轴的夹角，如图 5-40 所示。

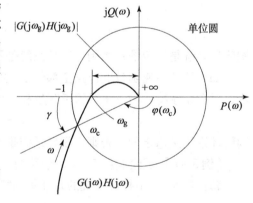

图 5-40 相角裕度 γ 和增益裕度 h

在对数频率特性上，相当于 $L(\omega) = 20\lg|G(j\omega)H(j\omega)| = 0$ dB 处的相频特性曲线 $\angle G(j\omega)H(j\omega)$ 与 $-\pi$ 的差角，即

$$\gamma = \angle G(j\omega_c)H(j\omega_c) - (-180°) = 180° + \angle G(j\omega_c)H(j\omega_c) \quad (5-47)$$

2. 增益裕度 h

指 $G(j\omega)H(j\omega)$ 曲线与负实轴相交点处的模值 $|G(j\omega)H(j\omega)|$ 的倒数。

$$h = \frac{1}{|G(j\omega)H(j\omega)|} \quad (5-48)$$

在对数频率特性上，相当于 $\angle G(j\omega)H(j\omega) = -\pi$ 时，对应的对数幅频的绝对值，即

$$h(\text{dB}) = 20\lg h = 20\lg\left|\frac{1}{G(j\omega)H(j\omega)}\right| = -20\lg|G(j\omega)H(j\omega)| \quad (5-49)$$

相角裕度 γ 和增益裕度 h 如图 5-40 所示。一阶和二阶系统的增益裕度 h 均为无穷大。

在闭环系统稳定的条件下，系统的 γ 和 h 越大，反应系统的稳定程度越高。稳定裕度也间接反映了系统动态过程的平稳性，裕度大意味着超调小，振荡弱，阻尼大。

一般要求：
$$\gamma = 40° \sim 60°$$
$$h = 2 \sim 3.16$$
或
$$20\lg h = 6 \sim 10 \text{ (dB)}$$

5.6 闭环系统频率特性

用开环对数频率特性来分析和设计系统是一种很方便的方法。但是，用开环对数频率特性的相角裕量和增益裕度作为分析和设计系统的根据，只是一种近似的方法。在进一步的分析和设计系统时，常要用闭环系统频率特性。

5.6.1 闭环频率特性曲线的绘制

在闭环系统稳定的基础上，利用闭环频率特性，可进一步对系统的动态过程的平稳性、快速性进行分析和估算，这种方法虽不够精确和严格，但是避免了直接求解高阶微分方程的困难。

单位反馈系统的闭环频率特性为

$$G_B(j\omega) = \frac{G_K(j\omega)}{1 + G_K(j\omega)} = \left|\frac{G_K(j\omega)}{1 + G_K(j\omega)}\right| e^{j\theta(\omega)}$$
$$= M(\omega) e^{j\theta(\omega)} \quad (5-50)$$

式中 $M(\omega)$ ——闭环频率特性的幅值；
$\theta(\omega)$ ——闭环频率特性的相角。

在开环幅相频率特性上（见图 5-41）可以看出，$G_K(j\omega)$ 矢量的模即图中的 $|\overrightarrow{OA}|$，$1 + G_K(j\omega)$ 矢量的模为 $|\overrightarrow{PA}|$。$|\overrightarrow{OA}|$ 与 $|\overrightarrow{PA}|$ 的比即闭环幅频特性 $M(\omega)$，即

$$M(\omega) = \frac{|\overrightarrow{OA}|}{|\overrightarrow{PA}|} = \left|\frac{G_K(j\omega)}{1 + G_K(j\omega)}\right| \quad (5-51)$$

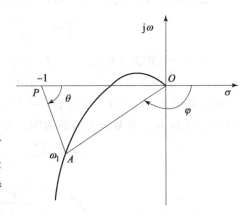

图 5-41 开环频率特性曲线

矢量 $\overrightarrow{OA}$ 与矢量 $\overrightarrow{PA}$ 的夹角 $\angle PAO$ 的负值，就是闭环相频特性，也即

$$\angle \Phi(j\omega_1) = \varphi - \theta = \angle PAO \quad (5-52)$$

根据同样的方法，求得不同频率对应的闭环幅频特性和相频特性，即可画出所求的闭环频率特性曲线。

5.6.2 闭环系统等 M 圆、等 N 圆及尼科尔斯图

上述图解法不便于在工程上使用。工程上常应用等 M 圆和等 N 圆图或尼科尔斯图，直

接由单位反馈系统的开环频率特性曲线绘制闭环频率特性曲线,而不必进行任何计算。

1. 等 M 圆

根据开环频率特性绘制和分析单位反馈系统的闭环频率特性曲线时,有时要利用等 M 圆。

设开环频率特性为

$$G(j\omega) = P(\omega) + jQ(\omega)$$

则闭环频率特性的幅值可写成

$$M(\omega) = \left|\frac{G(j\omega)}{1+G(j\omega)}\right| = \left|\frac{P+jQ}{1+P+jQ}\right| = \sqrt{\frac{P^2+Q^2}{(1+P)^2+Q^2}}$$

两边平方得

$$M^2(\omega) = \frac{P^2+Q^2}{(1+P)^2+Q^2}$$

或

$$(M^2-1)P^2 + 2M^2 P + M^2 + Q^2(M^2-1) = 0 \tag{5-53}$$

如果 $M = 1$,则式 (5-53) 变为

$$2P + 1 = 0 \tag{5-54}$$

这是平行于虚轴的直线,通过 $\left(-\frac{1}{2}, 0\right)$ 这一点。

如果 $M \neq 1$,则式 (5-53) 可写成

$$\left(P + \frac{M^2}{M^2-1}\right)^2 + Q^2 = \frac{M^2}{(M^2-1)^2} \tag{5-55}$$

对于一个给定的 M 值,式 (5-55) 在 $G(j\omega)$ 平面上描述出一个圆,圆心为 $[M^2/(M^2-1), j0]$,半径为 $M/(M^2-1)$。给出不同的 M 值,在 $G(j\omega)$ 平面上得到了一族圆,称为等 M 圆,如图 5-42 所示。其中每一个圆对应于一个 M 值,$M > 1$ 的圆位于 $M = 1$ 线的左侧,而 $M < 1$ 的圆位于 $M = 1$ 线的右侧,等 M 圆既对称于 $M = 1$ 的直线,又对称于实轴。

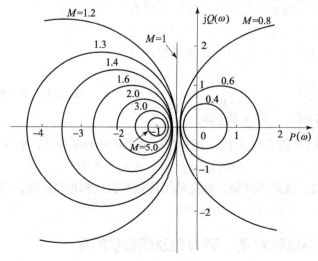

图 5-42 等 M 圆

应注意到，随着 M 的增大，等 M 圆越来越小，当 M 变为无穷大时，圆收敛到 $(-1, j0)$ 点上。相反地，随着 M 的减小，等 M 圆也越来越小，最后收敛到原点。

将绘有等 M 圆的透明纸覆盖在相同比例绘制的开环频率特性上，则由幅相频率特性与等 M 圆的切点可以确定系统的谐振频率 ω_p 和谐振峰值 M_p。

2. 等 N 圆

闭环系统的相角为

$$\theta(\omega) = \angle \Phi(j\omega) = \arctan\frac{Q}{P} - \arctan\frac{Q}{1+P}$$

两边取正切，得

$$\tan\theta(\omega) = \frac{\dfrac{Q}{P} - \dfrac{Q}{1+P}}{1 + \dfrac{Q}{P} \cdot \dfrac{Q}{1+P}} = \frac{Q}{P^2 + P + Q^2}$$

为书写简便，令 $N = \tan\theta(\omega)$，得

$$P^2 + P + Q^2 - \frac{Q}{N} = 0$$

两边加 $\dfrac{1}{4} + \dfrac{1}{N^2}$，并整理得

$$\left(P + \frac{1}{2}\right)^2 + \left(Q - \frac{1}{2N}\right)^2 = \frac{1}{4} + \frac{1}{4N^2}$$

$$(5-56)$$

当 N 为给定值时，式 (5-56) 代表一族圆，圆心为 $\left(-\dfrac{1}{2}, \dfrac{1}{2N}\right)$，半径为 $\sqrt{\dfrac{1}{4} + \dfrac{1}{4N^2}}$，这就是等 N 圆（或等 θ 圆），如图 5-43 所示。

将开环频率特性 $G(j\omega)$ 和等 N 圆图绘于同一图中，就可以利用开环频率特性求出闭环系统相角 θ 与角频率 ω 之间的关系。

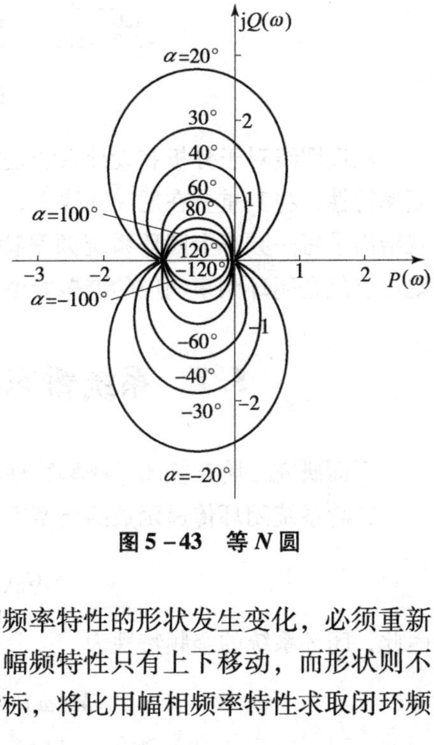

3. 尼科尔斯图线

由于绘制开环对数频率特性比绘制幅相频率特性

图 5-43 等 N 圆

要简单得多；另外，当改变开环系统放大系数时，幅相频率特性的形状发生变化，必须重新进行计算和绘制。而用伯德图时，改变开环放大系数，幅频特性只有上下移动，而形状则不变。所以，如能用对数频率特性求取闭环频率特性的指标，将比用幅相频率特性求取闭环频率特性指标方便得多。

将等 M 圆和等 N 圆绘于对数幅相坐标中，可以提供这一方便条件。在对数幅相平面上，由等 M 圆和等 N 圆构成的曲线族称为尼科尔斯图线（简称尼氏图线），如图 5-44 所示。

图中横坐标为开环系统的相角，以普通比例尺标度；纵坐标为开环系统的幅值，以对数比例尺标度。

可以将直角坐标的等 M 圆和等 N 圆逐点转移到对数幅相平面上，得到尼科尔斯图。

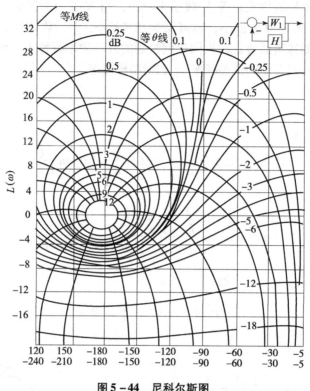

图 5-44 尼科尔斯图

尼氏图线对于分析和设计系统是很有用的。在分析系统时，由伯德图绘出开环系统对数频率特性，将其重叠在尼氏图线上，那么开环对数幅相频率特性与等 M 圆和等 N 圆的交点就给出了每一频率上闭环系统频率特性的幅值 M 和相角 θ。如果幅相特性与等 M 圆相切，则切点就是闭环频率响应的谐振峰值 M_p，切点的频率就是谐振频率 ω_p。

5.7 系统暂态特性和闭环频率特性的关系

下面研究二阶系统闭环频率特性的特征参数和暂态性能指标之间的关系。

二阶系统闭环传递函数的典型表达式为

$$G_B(s) = \frac{\omega_n^2}{s^2 + 2\xi\omega_n s + \omega_n^2}$$

因此，闭环系统的幅频特性为

$$M(\omega) = \frac{1}{\left[\left(1 - \frac{\omega^2}{\omega_n^2}\right)^2 + 4\xi^2 \frac{\omega^2}{\omega_n^2}\right]^{1/2}} \tag{5-57}$$

1. 谐振峰值 M_p 和超调量 $\sigma\%$ 之间的关系

已知二阶系统谐振频率 ω_p 和谐振峰值 $M_p(\omega_p)$ 与系统特征量 ξ 之间的关系为

$$\omega_p = \omega_n \sqrt{1 - 2\xi^2}$$

$$M_p = \frac{1}{2\xi\sqrt{1-\xi^2}} \tag{5-58}$$

这一关系曾绘于图 5-16，由图可以看出，在 $\xi < 0.4$ 时，M_p 迅速增加，系统暂态过程将有大的超调和振荡。因此，$\xi < 0.4$ 的系统是不合乎要求的。

为了把 M_p 和时域指标联系起来，我们利用二阶系统单位阶跃响应的超调量的公式

$$\sigma\% = e^{-\frac{\pi\xi}{\sqrt{1-\xi^2}}} \times 100\%, \xi \le 0.707 \tag{5-59}$$

将式（5-58）和式（5-59）同时绘于图 5-45 中，给定 M_p，由该图曲线可以直接查得最大超调量 $\sigma\%$。

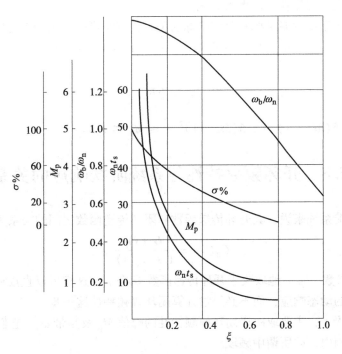

图 5-45　闭环频率特性和时域指标的关系

2. 谐振峰值 M_p 和调节时间 t_s 的关系

将系统特征参量和暂态过程时间的近似表达式

$$t_s \approx \frac{3}{\xi\omega_n}, \xi \le 0.9$$

绘于同一图中，如图 5-45 所示。给定 M_p，由曲线可以直接查得 $\omega_n t_s$。

3. 频带宽 ω_b 和 ξ 之间的关系

根据频带宽 ω_b 的定义，由式（5-57），令 $M(\omega) = 0.707$，则可求得带宽 ω_b。由

$$\frac{1}{\left[\left(1-\frac{\omega_b^2}{\omega_n^2}\right)^2 + 4\xi^2\frac{\omega_b^2}{\omega_n^2}\right]^{1/2}} = 0.707$$

解得

$$\frac{\omega_b}{\omega_n} = \sqrt{(1-2\xi^2) + \sqrt{2-4\xi^2+4\xi^4}}$$

$\frac{\omega_b}{\omega_n}$ 与 ξ 的关系也绘于图 5-45 中。

以上分析了二阶系统阶跃暂态响应与频率特性之间的关系。从中可以看出，对于二阶系统，可以用分析法求出频率特征指标和暂态响应指标之间的关系。

对于高阶系统，它们之间的关系是很复杂的。如果在高阶系统中存在一对共轭复数主导极点，那么可以将二阶系统暂态响应与频率特性的关系推广应用于估计高阶系统。这样，高阶系统的分析和设计工作就可以大大简化。

为了估计高阶系统频域指标和时域指标的关系，有时可以采用如下近似经验公式

$$\sigma = 0.16 + 0.4(M_p - 1), 1 \leqslant M_p \leqslant 1.8 \tag{5-60}$$

和

$$t_s = \frac{K\pi}{\omega_c} \tag{5-61}$$

式中，$K = 2 + 1.5(M_p - 1) + 2.5(M_p - 1)^2, 1 \leqslant M_p \leqslant 1.8$。

5.8 开环频率特性与系统阶跃响应的关系

对于单位反馈系统来说，其开环传递函数和闭环传递函数之间的关系为

$$G_B(s) = \frac{G_K(s)}{1 + G_K(s)}$$

$G_B(s)$ 的结构和参数，唯一地取决于开环传递函数 $G_K(s)$。这样可以直接利用开环频率特性来分析闭环系统的动态响应，而不必经过计算闭环幅频特性这一步。

时域指标 σ 及 t_s，主要取决于闭环幅频特性的峰值 M_p 及频带 ω_b，它们正处于 $M(\omega)$ 曲线的中间频率范围内，即所谓中频段。

时域指标 e_{ss}，主要取决于系统开环传递函数中积分环节的个数 v 和开环增益 K，它反映在对数幅频特性的低频段。

下面介绍如何利用开环对数频率特性曲线在不同频率范围内的特性，来定性分析和定量估算闭环系统的动态响应。

图 5-46 是系统的开环对数幅频渐近特性曲线，将它分成三个频段进行讨论。

1. 低频段

低频段通常是指 $20\lg|G_K(j\omega)|$ 的渐近线在第一个转折频率以前的区段，这一段的特性完全由积分环节和开环增益决定。

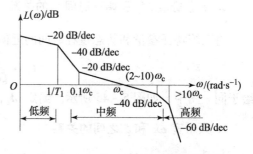

图 5-46 系统开环对数幅频渐近特性曲线

低频段的斜率为 0 dB/dec——0 型系统；

低频段的斜率为 -20 dB/dec——Ⅰ型系统；

低频段的斜率为 -40 dB/dec——Ⅱ型系统。

低频段的高度由 K 决定。

所以低频段的特性反映系统的稳定精度。低频段对数幅频特性的形状如图 5-47 所示。

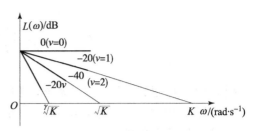

2. 中频段

中频段通常是指 $20\lg|G_K(j\omega)|$ 的渐近线在截止频率 ω_c 附近的区段，这段特性集中反映了系统的平稳性和快速性。

图 5-47 低频段对数幅频特性

下面在假定闭环系统稳定的条件下，对两种极端的情况进行分析。

(1) 如果 $20\lg|G_K(j\omega)|$ 曲线在中频段的斜率为 -20 dB/dec，而且占据的频率范围比较宽，如图 5-48（a）所示，则只从平稳性和快速性着眼，可近似认为开环的整个特性为 -20 dB/dec 的直线，其对应的开环传递函数为

$$G_K(s) \approx \frac{K}{s} = \frac{\omega_c}{s}$$

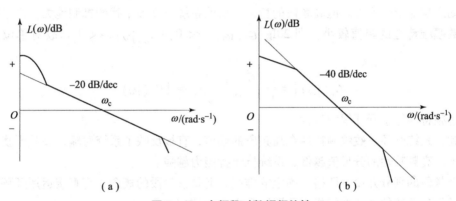

图 5-48 中频段对数幅频特性

对于单位反馈系统，其闭环传递函数为

$$G_B(s) = \frac{G_K(s)}{1 + G_K(s)} = \frac{\dfrac{\omega_c}{s}}{1 + \dfrac{\omega_c}{s}} = \frac{1}{\dfrac{1}{\omega_c}s + 1}$$

这相当于一阶系统。其阶跃响应按指数规律变化，没有振荡，即系统具有较高的平稳性。而调节时间 $t_s = 3T = 3/\omega_c$，截止频率 ω_c 越高，调节时间 t_s 越小，系统快速性也越好。

因此，中频段配置较宽的 -20 dB/dec 的斜线时，截止频率 ω_c 会高一些，系统将具有近似一阶系统的动态过程，系统的 $\sigma\%$ 及 t_s 较小，平稳性较高。

(2) 如果 $20\lg|G_K(j\omega)|$ 曲线在中频段的斜率为 -40 dB/dec，而且占据的频率范围比较宽，如图 5-48（b）所示，则只从平稳性和快速性着眼，可近似认为整个开环特性为 -40 dB/dec 的直线，其对应的开环传递函数为

$$G_K(s) = \frac{K}{s^2} = \frac{\omega_c^2}{s^2}$$

对于单位反馈系统，其闭环传递函数为

$$G_B(s) = \frac{G_K(s)}{1 + G_K(s)} \approx \frac{\dfrac{\omega_c^2}{s^2}}{1 + \dfrac{\omega_c^2}{s^2}} = \frac{\omega_c^2}{s^2 + \omega_c^2}$$

这相当于零阻尼的二阶系统。系统处于临界稳定状态，动态过程持续振荡。

因此，中频段斜率为 -40 dB/dec 的斜线时，所占频率范围不宜过宽。否则，系统的 $\sigma\%$ 及 t_s 将显著增大。

如果中频段斜率更陡，闭环系统将难以稳定，故通常取 $20\lg|G_K(j\omega)|$ 曲线在截止频率 ω_c 附近的斜率为 -20 dB/dec，以期望得到良好的平稳性；用提高 ω_c 来满足对快速性的要求。

3. 高频段

高频段是指 $20\lg|G_K(j\omega)|$ 的渐近线在中频段以后（$\omega > 10\omega_c$）的区段，这部分特性是由系统中时间常数很小、频带很高的部件决定的。由于远离 ω_c，一般分贝值都较低，故对系统的动态响应影响不大。但高频段的特性，反映系统对高频干扰的抑制能力。由于高频时开环对数幅频特性的幅值较小，即 $20\lg|G_K(j\omega)| \ll 0$，$|G_K(j\omega)| \ll 1$。故对单位反馈系统有

$$|G_B(j\omega)| = \frac{|G_K(j\omega)|}{1 + |G_K(j\omega)|} \approx |G_K(j\omega)|$$

即闭环幅频特性等于开环幅频特性。

因此，系统开环对数幅频特性在高频段的幅值，直接反映了系统对输入高频干扰信号的抑制能力。高频特性的分贝值越低，系统抗干扰能力越强。

三个频段的划分并没有严格、确定的准则，但是三频段的概念，为直接运用开环特性判别稳定的闭环系统的动态性能指出了原则和方向。

习　题

5.1　填空题

1. 在正弦输入信号的作用下，系统输出的（　　　　　）称为频率响应。
2. 应用频率特性作为数学模型来分析和设计系统的方法称为频域分析法，简称（　　　　　）。
3. 频率法是一种图解分析方法，可以根据系统的（　　　　　）频率特性去判断闭环系统的性能。
4. 系统开环幅相频率特性的特点为：当（　　　　　）时，$G(j\omega)$ 曲线从负虚轴开始。
5. 增益裕度用字母（　　　　　）表示。
6. 理想微分环节 $\varphi(\omega) = 90°$ 在 $0 \leq \omega < \infty$ 的相频特性为（　　　　　）。
7. $G(s) = 1 + Ts$ 的相频特性为（　　　　　）。

8. 惯性环节的指数形式中，当 $\omega=0$ 时，$\varphi(\omega)=$（　　　　）。

5.2 单项选择题

1. 比例环节的幅频特性和相频特性均与（　　）无关。
   A. ω　　　　　　　B. f　　　　　　　C. T　　　　　　　D. t
2. 一阶微分环节的对数幅频特性和相频特性与惯性环节的相应特性互以（　　）为镜像。
   A. 横轴　　　　　　B. 纵轴　　　　　　C. 45°　　　　　　D. 225°
3. 当频率 $\omega=0$ 时，其开环幅相频率特性完全由（　　）和积分环节决定。
   A. 惯性环节　　　　B. 比例环节　　　　C. 微分环节　　　　D. 时滞环节
4. 在频率范围内，其相频特性由上往下穿越 $-\pi$ 线，称为（　　）。
   A. 正穿越　　　　　B. 负穿越　　　　　C. 下穿越　　　　　D. 上穿越
5. 对于一阶系统和二阶系统，频域性能指标和时域性能指标有明确的对应关系；对于（　　），可建立近似的对应关系。
   A. 低阶系统　　　　B. 中阶系统　　　　C. 高阶系统　　　　D. 以上均不对
6. 应用频率特性作为数学模型来分析和设计系统的方法称为频域分析法，简称（　　）。
   A. 根轨迹法　　　　B. 频域法　　　　　C. 时域法　　　　　D. 以上均不对
7. 比例环节的频率特性中输出与输入的相位差为（　　）。
   A. 0°　　　　　　　B. 90°　　　　　　　C. 180°　　　　　　D. 270°
8. 在正弦输入信号的作用下，系统输出的（　　）称为频率响应。
   A. 稳态分量　　　　B. 暂态分量　　　　C. 参量　　　　　　D. 以上均不对
9. 在频率范围内，其相频特性由下往上穿越 $-\pi$ 线，称为（　　）。
   A. 正穿越　　　　　B. 负穿越　　　　　C. 下穿越　　　　　D. 上穿越
10. 系统开环幅相频率特性的特点为：当（　　）时，$G(\mathrm{j}\omega)$ 曲线从负实轴开始。
    A. $\nu=0$　　　　　B. $\nu=1$　　　　　C. $\nu=2$　　　　　D. $\nu=3$

5.3 伯德图绘制

1. $G(s)=\dfrac{s+1}{s(0.1s+1)(10s+1)}$；
2. $G(s)=\dfrac{10(s+0.2)}{s^2(s+0.1)}$；
3. $G(s)=\dfrac{10}{0.1s+1}$；
4. $G(s)=Ks^{-N}(K=10, N=2)$；
5. $G(s)=\dfrac{4}{(s+1)(s+2)}$；
6. $G(s)=\dfrac{s+3}{s+20}$。

5.4 根据对数幅频特性写传递函数

根据图 5-49 所示对数幅频特性写出传递函数。

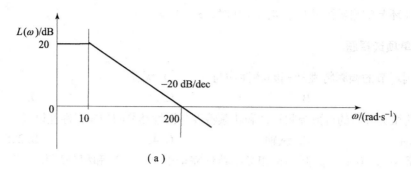

(a)

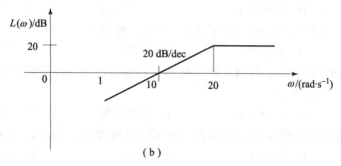

(b)

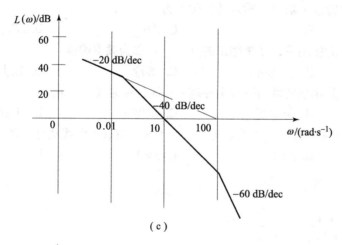

(c)

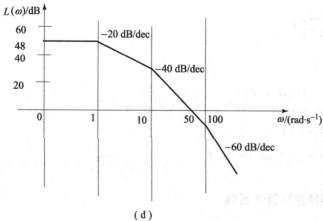

(d)

图 5-49 习题用图

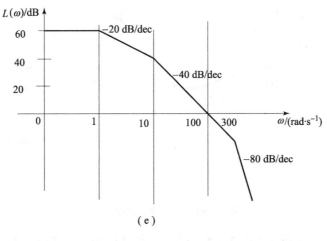

(e)

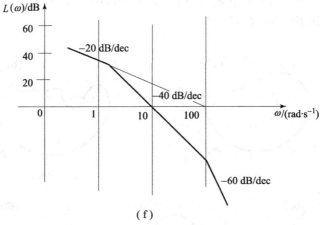

(f)

图 5-49 习题用图（续）

5.5 应用奈氏判据判断系统的稳定性

1. 图 5-50 表示几个开环传递函数的奈奎斯特曲线的正频部分。开环传递函数不含有正实部极点，判断其闭环系统的稳定性。

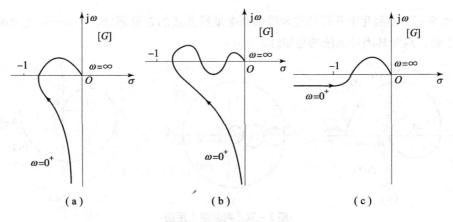

图 5-50 判断题 1 用图

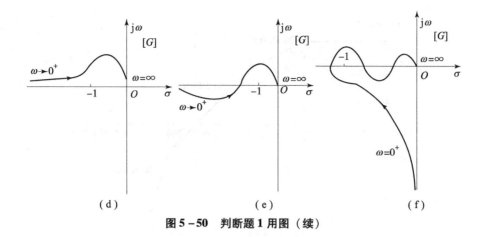

图 5-50 判断题 1 用图（续）

2. 图 5-51 表示几个开环传递函数的奈奎斯特曲线的正频部分。P 为开环传递函数正实部极点个数，判断其闭环系统的稳定性。

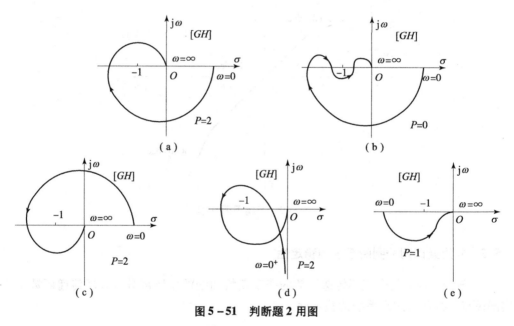

图 5-51 判断题 2 用图

3. 图 5-52 表示几个开环传递函数的奈奎斯特曲线的正频部分。P 为开环传递函数正实部极点个数，判断其闭环系统的稳定性。

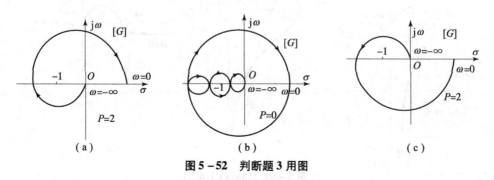

图 5-52 判断题 3 用图

第 6 章 自动控制系统的校正

学习导航

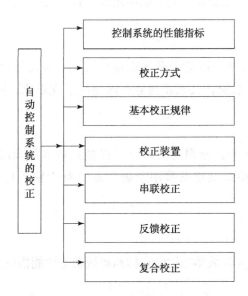

前面重点介绍了分析自动控制系统的时域法、根轨迹法和频率法,即对于给定的系统运用各种方法去研究其动、静态特性。控制系统的校正问题是自动控制系统的应用问题,即根据生产工艺要求设计一个系统,使之各项性能指标满足预期要求。

对控制系统的校正可以采用时域法、频率法和根轨迹法,这三种方法互为补充,且以频率法应用较多。

6.1 引 言

6.1.1 控制系统的性能指标与校正的基本概念

从广义上说,一个控制系统可以包含被控对象、控制器两部分,被控对象是指要求实现自动控制的机器、设备或工艺过程,控制器则是指对被控对象起控制作用的装置,包括测量及信号转换装置、信号放大及功率放大装置和实现控制指令的执行机构等基本组成部分。控制系统的校正就是从分析被控对象和设计任务开始的。

系统校正所依据的性能指标分为稳态性能指标和动态性能指标。

1. 稳态性能指标

1）稳态误差 e_{ss}

稳态误差的定义为

$$e_{ss} = \lim_{t \to \infty} e(t) = \lim_{s \to 0} sE(s)$$

稳态误差表示系统对于跟踪给定信号准确性的定量描述。

2）系统的无差度 v

无差度 v 是系统前向通道中积分环节的个数，表示系统对于给定信号的跟踪能力的度量。系统对于给定的信号能够跟踪还是不能够跟踪，有差跟踪还是无差跟踪等，是由系统的无差度来决定的。

3）静态误差系数

静态误差系数有 3 个，分别为静态位置误差系数 K_P、静态速度误差系数 K_v 和静态加速度误差系数 K_a。对于有差系统，其无差与静态误差系数成正比。因此，由它们分别可以确定有差系统的误差大小。

4）动态误差系数

动态误差系数也有 3 个，分别为动态位置误差系数 K_P、动态速度误差系数 K_v 和动态加速度误差系数 K_a。动态误差系数用于确定系统对于输入信号的各阶变化率跟踪的能力。

2. 动态性能指标

动态性能指标可以分为时域动态性能指标和频域动态性能指标。

1）时域动态性能指标

常以系统的阶跃响应来进行描述，常用的时域指标有上升时间 t_r、峰值时间 t_p、超调量 $\sigma\%$、调节时间 t_s、振荡次数 μ 等。

2）频域动态性能指标

频域动态性能指标又有开环频域性能指标与闭环频域性能指标之分。

开环频域性能指标为开环增益 K、低频段斜率 v_c、开环穿越频率 ω_c、中频段斜率 v_c、幅值裕度 h、相角裕度 γ 等；闭环频域性能指标为闭环谐振峰值 M_p、闭环谐振频率 ω_p、闭环频带宽度 ω_b 等。

对于自动控制系统的分析，首先应从生产的实际需求出发，提出所希望达到的性能指标。然后依据所希望的性能指标，选择系统的执行元件、测量元件、放大器等。一般情况下，选取好各元件之后，可以调整的仅为放大器的增益，而仅仅调整放大器的增益还不能满足系统的性能指标要求，必须引入一些附加装置来进一步修正系统的性能，使其全面满足系统各项性能指标要求，称此过程为系统的校正。为满足给定的性能指标要求而人为引入系统的附加装置，称为系统的校正装置。

6.1.2 校正方式

校正装置加入系统中的位置不同,所起的校正作用则不同,通常依据校正装置与系统不可变部分的连接方式,分为串联校正、反馈校正和复合校正 3 种基本的校正方式。

1. 串联校正

与系统不可变部分成串联连接的方式称为串联校正,如图 6-1 所示,其中 $G_0(s)$ 表示被控对象的固有特性,而 $G_c(s)$ 为校正装置的传递函数。由于串联校正装置位于低能源端,从设计到具体实现都比较简单,成本低、功耗比较小,因此设计中常常使用这种方式。但也因为串联校正装置通常安置在前向通道的前端,其主要问题是对参数变化比较敏感。

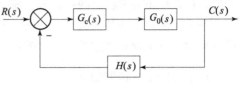

图 6-1 串联校正

2. 反馈校正

与系统的可变部分或不可变部分中一部分按反馈方式连接称为反馈校正,也称为并联校正,如图 6-2 所示。反馈校正装置的信号直接取自系统的输出信号,是从高能端得到的,一般不需要附加放大器,但校正装置费用高。若适当地调整反馈校正回路的增益,可以使得校正后的性能主要决定于校正装置,因而反馈校正的一个显著优点是可以抑制系统的参数波动及非线性因素对系统性能的影响。缺点是调整不方便,设计相对较为复杂。

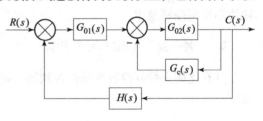

图 6-2 反馈校正

3. 复合校正

校正的信号取自闭环外的系统输入信号,由输入直接去校正系统,称为前馈校正,如图 6-3 所示。按其所取的输入信号不同,可以分为按输入的前馈校正,如图 6-3(a)所示,以及按扰动的前馈校正,如图 6-3(b)所示。前馈校正由于其输入取自闭环外,是基于开环补偿的办法来提高系统的精度的,因而不影响系统的闭环特征方程式;但前馈校正一般不单独使用,总是和其他校正方式结合起来构成复合控制系统,以满足某些性能要求较高的系统的需要。

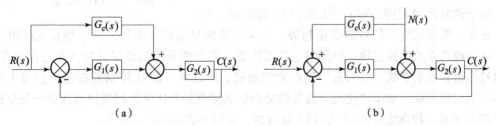

图 6-3 前馈校正

(a) 按输入的前馈校正;(b) 按扰动的前馈校正

在工程应用中，需要采用哪一种连接方式，要根据具体情况而定。

6.1.3 基本校正规律

确定校正装置的具体形式时，应先了解校正装置所需提供的控制规律，以便选择相应的元件。包含校正装置在内的控制器，常常采用比例、微分、积分等基本控制规律，或者采用这些基本控制规律的某些组合，比如，比例—微分、比例—积分、比例—积分—微分等组合控制规律，以实现对被控对象的有效控制。

1. 比例（P）控制规律

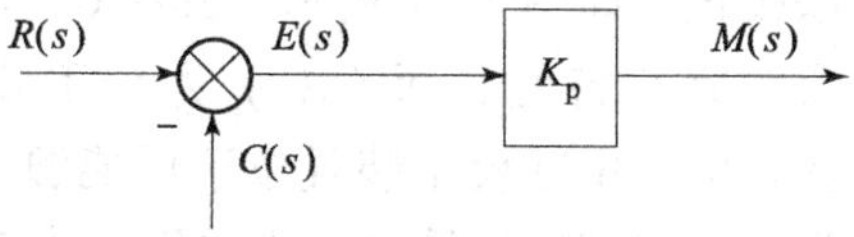

具有比例控制规律的控制器，称为 P 控制器，如图 6-4 所示。其中 K_p 称为 P 控制器增益。

P 控制器实质上是一个具有可调增益的放大器。在信号变换过程中，P 控制器只改变信号的增益而不影响其相角。在串联校正中，加大控制器增益，可以提高系统的开环增益，减小系统的稳态误差，从而提高系统的控制精度，但会降低系统的相对稳定性，甚至可能造成闭环系统不稳定。因此，在系统校正设计中，很少单独使用比例控制规律。

图 6-4 P 控制器

2. 比例—微分（PD）控制规律

具有比例—微分控制规律的控制器，称为 PD 控制器，其输出 $m(t)$ 与输入 $e(t)$ 的关系如下：

$$m(t) = K_p e(t) + K_p T \frac{de(t)}{dt}$$

式中　K_p——比例系数；

　　　T——微分时间常数。

K_p 与 T 都是可调的参数。对上述微分方程取拉氏变换，可得 PD 控制器的传递函数为

$$G_c(s) = \frac{M(s)}{E(s)} = K_p(1 + Ts) \tag{6-1}$$

PD 控制器如图 6-5 所示。

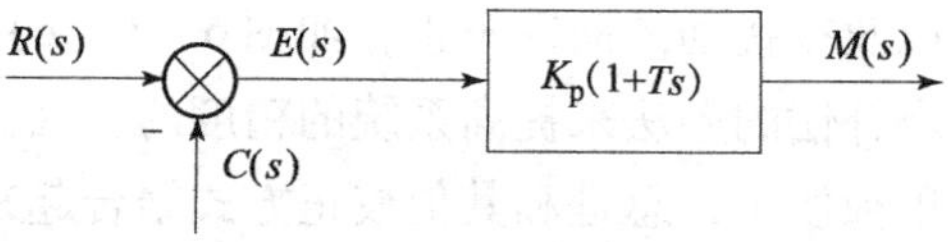

PD 控制相当于系统开环传递函数增加了一个 $\left(-\frac{1}{T}\right)$ 的开环零点，使系统的相角裕度提高，因而有助于系统动态性能的改善。

图 6-5 PD 控制器

由于微分控制规律，$de(t)/dt$ 是 $e(t)$ 随时间的变化率，能预见输入信号的变化趋势，产生有效的早期修正信号，以增加系统的阻尼程度，从而改善系统的稳定性，但同时也需要注意，因为微分控制作用只对动态过程起作用，而对稳态过程没有影响，且对系统噪声非常敏感，所以单一的 D 控制器在任何情况下都不宜与被控对象串联起来单独使用。通常微分控制规律总是与比例控制规律或比例—积分控制规律结合起来，构成组合的 PD 或 PID 控制器，应用于实际的控制系统。

3. 积分（I）控制规律

具有积分控制规律的控制器，称为 I 控制器。I 控制器的输出信号 $m(t)$ 与其输入信号 $e(t)$ 的积分成正比，即

$$m(t) = K_i \int_0^t e(t) \mathrm{d}t$$

式中　K_i——可调比例系数。

由于 I 控制器的积分作用，当其输入 $e(t)$ 消失后，输出信号 $m(t)$ 有可能是一个不为零的常数，对上述方程取拉氏变换，可得 I 控制器的传递函数为

$$G_c(s) = \frac{M(s)}{E(s)} = \frac{K_i}{s} \tag{6-2}$$

在串联校正时，采样 I 控制器可以提高系统的型别（无差度），有利于系统稳态性能的提高，但积分控制使系统增加了一个位于原点的开环极点，使信号产生 90°的相角滞后，于系统的稳定性不利。因此，在控制系统的校正设计中，通常不宜采用单一的 I 控制器。I 控制器如图 6-6 所示。

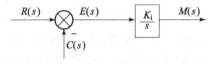

图 6-6　I 控制器

4. 比例—积分（PI）控制规律

具有比例—积分控制规律的控制器，称为 PI 控制器，其输出信号 $m(t)$ 同时成比例地反映输入信号 $e(t)$ 及其积分，即

$$m(t) = K_p e(t) + \frac{K_p}{T_i} \int_0^t e(t) \mathrm{d}t$$

式中　K_p——可调比例系数；
　　　T_i——可调积分时间常数。

对上述方程取拉氏变换，可得 PI 控制器的传递函数为

$$G_c(s) = \frac{M(s)}{E(s)} = K_p \left(1 + \frac{1}{T_i s}\right) \tag{6-3}$$

PI 控制器如图 6-7 所示。

在串联校正时，PI 控制器相当于在系统中增加了一个位于原点的开环极点，同时也增加了一个位于 s 左半平面的开环零点。位于原点的极点可以提高系统的型别，以消除或减小系统的稳态误差，改善

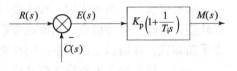

图 6-7　PI 控制器

系统的稳态性能；而增加的负实数零点则用来减小系统的阻尼程度，缓和 PI 控制器极点对系统稳定性及动态过程产生的不利影响。只要积分时间常数 T_i 足够大，PI 控制器对系统稳定性的不利影响可大为减弱。在控制工程实践中，PI 控制器主要用来改善控制系统的稳态性能。

5. 比例—积分—微分（PID）控制规律

具有比例—积分—微分控制规律的控制器，称为 PID 控制器，它兼有三种基本规律的特点，其输出信号 $m(t)$ 与输入信号 $e(t)$ 满足

$$m(t) = K_p e(t) + \frac{K_p}{T_i}\int_0^t e(t)\mathrm{d}t + K_p \tau \frac{\mathrm{d}e(t)}{\mathrm{d}t}$$

对上述方程取拉氏变换,可得 PID 控制器的传递函数为

$$G_c(s) = \frac{M(s)}{E(s)} = K_p\left(1 + \frac{1}{T_i s} + \tau s\right) \tag{6-4}$$

PID 控制器如图 6-8 所示。

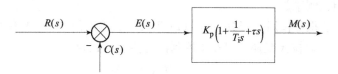

图 6-8 PID 控制器

当利用 PID 控制器进行串联校正时,除可使系统的型别提高一级外,还将提供两个负实数零点。与 PI 控制器相比,PID 控制器除了同样具有提高系统的稳态性能的优点外,还多提供一个负实数零点,从而在提供系统动态性能方面,具有更大的优越性。因此,在工业过程控制系统中,广泛使用 PID 控制器。PID 控制器各部分参数的选择,在系统现场调试中最后确定。通常,应使 I 部分发生在系统频率特性的低频段,以提高系统的稳态性能;而使 D 部分发生在系统频率特性的中频段,以改善系统的动态性能。

6.1.4 校正方法

常见的系统校正方法有以下两种。

1. 频率法

频率法的基本做法是利用适当的校正装置的伯德图,配合开环增益的调整,来修改原有的开环系统的伯德图,使得开环系统经校正与增益调整后的伯德图符合性能指标的要求。

2. 根轨迹法

根轨迹法是在系统中加入校正装置,即加入新的开环零、极点,以改变原有系统的闭环根轨迹,即改变闭环极点,从而改善系统的性能,这样通过增加开环零、极点使闭环零、极点重新布置,从而满足闭环系统的性能要求。

显然,频率法和根轨迹法都是建立在系统性能定性分析与定量估算的基础上的,而近似分析与估算的基础又是一、二阶系统,因此前几章的概念与分析方法是进行校正设计的必要基础。

系统校正设计的一个特点就是设计方案不是唯一的,即达到给定性能指标,所采取校正方式和校正装置的具体形式可以不止一种,具有较大的灵活性,这也给设计工作带来了困难。因此设计过程中,往往是运用基本概念,在粗略估算的基础上,经过若干次试凑来达到预期的目的。

6.1.5 用频率法校正的特点

频率法作为校正控制系统常用的方法,实质上是改变频率特性形状,使之具有合适的高

频、中频、低频特性和稳定裕度,以得到满意的闭环系统的性能指标,通常是以频域指标如相角裕度 γ、增益裕度 h、谐振峰值 M_p 和频带宽度 ω_b 等,来衡量和调整控制系统暂态响应性能。

幅相频率特性的一般特征,在许多情况下可以由伯德图简单地估算出来。在第 5 章里对于二阶系统,给出了稳定裕度和时域指标的关系;对高阶系统,可以用经验公式近似地估算时域性能指标与频域性能指标的函数关系。

系统的误差系数也是系统设计中一个重要指标,因为稳态误差与误差系数密切相关。在应用频率法时,常以相角裕度 γ 和速度误差系数 K_v 作为指标,通过伯德图来校正系统。如果开环系统是稳定的,则 γ 可给出系统离开稳定边界的程度。至于 K_v,由于单位斜坡响应的稳态误差为 $1/K_v$,所以 K_v 规定了闭环系统跟随斜坡输入信号的能力。在许多情况下,根据这两个指标可以很容易地用伯德图来校正控制系统。

对数频率特性的低频段增益影响系统的稳态误差,所以一切系统在低频段具有相应的增益,以满足稳态误差的要求;中频段斜率为 -20 dB/dec,一般最大不超过 -30 dB/dec,而且在穿越频率附近要有一定的延伸段,以保证系统有足够的相角裕度 γ;高频段的增益应尽快衰减以保证高频抗干扰能力。对系统的开环对数频率特性进行校正时,可归结为以下 3 种基本类型:

(1) 如果系统是稳定的,而且具有满意的暂态响应,但稳态误差过大时,必须增加低频段增益以减小稳态误差,同时尽可能保持中频段和高频段部分不变,如图 6-9(a)中虚线所示。

(2) 如果系统是稳定的,且具有满意的稳态误差,但其暂态响应较差时,则应改变特性的中频段和高频段,以改变穿越频率或相角裕度,如图 6-9(b)中虚线所示。

(3) 如果系统无论稳态或暂态响应都不满意,则必须增加低频增益,同时改变中频段和高频段部分性能,如图 6-9(c)中虚线所示。

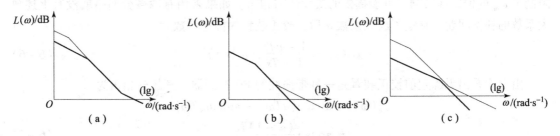

图 6-9 三种基本类型

(a) 改善低频段;(b) 改善中频、高频段特性;(c) 低频、中频、高频段特性均改善

6.2 校正装置

常用的校正网络有无源网络和有源网络,无源网络由电阻、电容、电感器件构成,有源网络主要由直流运算放大器构成。本章主要以无源网络为例来说明校正装置及其特性。

6.2.1 超前校正装置

超前校正装置如图 6-10 所示，设输入信号源的内阻为零，输出端负载为无穷大，利用复阻抗的方法，可求得该校正装置的传递函数为

$$G_c(s) = \frac{1}{a} \frac{1 + aTs}{1 + Ts}, (a > 1) \tag{6-5}$$

式中，$a = \dfrac{R_1 + R_2}{R_2} > 1$；$T = \dfrac{R_1 R_2}{R_1 + R_2} C$。

在 s 平面上，无源超前校正装置传递函数的零点与极点位于负实轴上，如图 6-11 所示，a 值变化，零点与极点位置将随之变化。

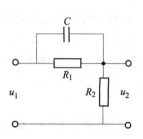

图 6-10 超前校正装置

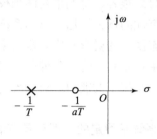

图 6-11 无源超前校正装置的零点与极点

由式（6-5）可知，若将该网络串入系统，会使系统的开环放大系数下降，即幅值衰减，但可通过提高系统其他环节的放大系数或加一放大系数为 a 的比例放大器加以补偿。由于在工程实践中，当系统各部分部件已初步确定时，要进行放大系数较多的补偿比较困难，例如，易于引起饱和。因此式（6-5）中的 a 值受限，不可取得太大，而 a 值的受限也就限制了 φ_m 的值，即限制了可能提供的最大超前相角。如果采用有源微分网络就没有上述放大系数的补偿问题。补偿了放大系数 a 后，校正装置的传递函数为

$$G_c(s) = \frac{1 + aTs}{1 + Ts}, (a > 1) \tag{6-6}$$

由上式看出无源超前校正装置是一种带惯性的 PD 控制器，其超前相角为

$$\varphi_c(\omega) = \arctan(aT\omega) - \arctan(T\omega)$$

$$= \arctan \frac{(a-1)T\omega}{1 + aT^2\omega^2} \tag{6-7}$$

最大超前相角发生在 $\dfrac{1}{aT}$ 和 $\dfrac{1}{T}$ 之间，其值 φ_m 的大小取决于 a 值的大小。对于式（6-7）求极值，求出最大超前频率 ω_m 为 $\dfrac{1}{T\sqrt{a}}$。当 $\omega = \omega_m = \dfrac{1}{T\sqrt{a}}$（$\omega_m$ 是 $\dfrac{1}{aT}$ 和 $\dfrac{1}{T}$ 的几何中点）时，最大超前相角为

$$\varphi_c(\omega) = \arcsin \frac{a-1}{a+1} \tag{6-8}$$

此时无源超前校正装置的幅值为

$$20\lg|G_c(j\omega)| = 10\lg a \tag{6-9}$$

无源超前校正装置的伯德图如图 6-12 所示。

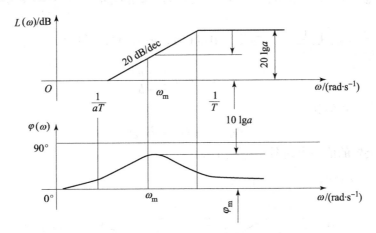

图 6-12　无源超前校正装置的伯德图

由伯德图更能清楚地看到无源超前装置的高通特性，其最大的幅值增益为

$$|G_c(j\omega)| = 20\lg\sqrt{1+(a\omega_m T_c)^2} - 20\lg\sqrt{1+(\omega_m T_c)^2} = 20\lg\sqrt{a} = 10\lg a \quad (6-10)$$

一般情况下，a 值的选择范围在 5~10 范围比较合适。

在采用无源超前校正装置时，需要确定 a 和 T 两个参数。如选定了 a，就容易确定参数 T 了。

6.2.2　滞后校正装置

典型的无源滞后校正装置如图 6-13 所示。滞后校正装置的传递函数为

$$G_c(s) = \frac{1+bTs}{1+Ts}, (b<1) \quad (6-11)$$

式中，$b = \dfrac{R_2}{R_1+R_2} < 1$；$T = (R_1+R_2)C$。

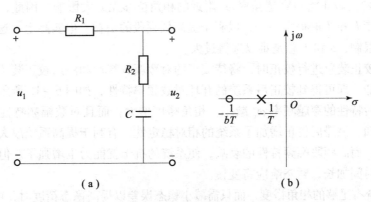

图 6-13　无源滞后校正装置及其零、极点分布图
(a) 无源滞后校正电路；(b) 零、极点分布图

滞后网络的相角为

$$\varphi_c(\omega) = \arctan(bT\omega) - \arctan(T\omega) = \arctan\frac{(b-1)T\omega}{1+bT^2\omega^2} < 0 \quad (6-12)$$

当 $\omega = \omega_m = \dfrac{1}{T\sqrt{b}}\left(\omega_m \text{ 是}\dfrac{1}{bT}\text{ 和}\dfrac{1}{T}\text{ 的几何中点}\right)$ 时，最大超前相角为

$$\varphi_m = \arcsin\frac{1-b}{1+b}$$

滞后校正高频段的幅值为

$$20\lg|G_c(j\omega)| = 20\lg b \quad (6-13)$$

无源滞后校正装置的伯德图如图 6-14 所示。

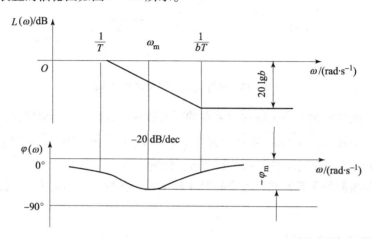

图 6-14 无源滞后校正装置的伯德图

对于滞后校正装置而言，当频率 $\omega > \omega_2 = \dfrac{1}{bT}$ 时，校正电路的对数幅频特性的增益将等于 $20\lg b$ dB，并保持不变。当 b 值增大时，最大相角位移 φ_{max} 也增大，而且 φ_{max} 出现在特性 -20 dB/dec 线段的几何中点。在校正时，如果选择交接频率 $\dfrac{1}{bT}$ 远小于系统要求的穿越频率 ω_c 时，则这一滞后校正将对穿越频率 ω_c 附近的相角位移无太大影响。因此，为了改善稳态特性，尽可能使 b 和 T 取得大一些，以利于提高低频段的增益。但实际上，这种校正电路受到具体条件的限制，b 和 T 总是难以选得过大。

利用滞后校正装置进行校正时，将待校正的对数幅频特性和滞后校正装置的对数幅频特性进行代数相加，即可得到校正后系统的开环对数频率特性，如图 6-15 所示。从特性形状可看出，校正后特性的穿越频率 ω_c 减小，相角裕度增大，而且对数幅频特性的幅值有较大衰减。由此可知，该滞后校正增加了系统的相对稳定性，有利于提高系统放大系数以满足稳态精度的要求，而高频段幅频特性的衰减，使系统的抗干扰能力也增强了。但是由于频带宽度变窄，调节时间加长，暂态响应将变慢。

如果原系统有足够的相角裕度，而只需减小稳态误差以提高稳态精度时，可采用图 6-16 所示的校正装置。从校正后的特性可以看出，除低频段提高了增益外，其余频率段所受影响很小，可满足系统所提出的校正要求。b 的大小应根据低频段所需要的增益来选择，而在确定 T 时，则以不影响原系统的穿越频率及中频段特性为前提。

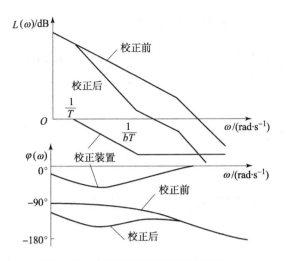

图 6-15 滞后校正装置伯德图变化之一

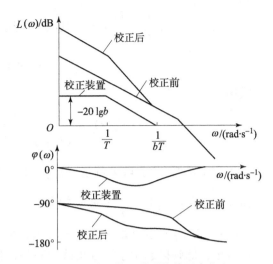

图 6-16 滞后校正装置伯德图变化之二

串联滞后校正装置的特点是：

①在相对稳定性不变的情况下，增大速度误差系数，提高稳态精度；
②使系统的穿越频率下降，从而使系统获得足够的相角裕度；
③滞后校正网络使系统的频带宽度减小，使系统的高频抗干扰能力增强；
④适用于在响应速度要求不高而抑制噪声电平性能要求较高的情况下；或系统动态性能已满足要求，仅稳态性能不满足指标要求的情况下。

6.2.3 滞后—超前校正装置

利用相角超前校正，可增加频带宽度，提高系统的快速性，并能加大稳定裕度，提高系统稳定性；利用滞后校正则可解决提高稳态精度与系统振荡性的矛盾，但会使频带变宽。若希望全面提高系统的动态品质，使稳态精度、系统的快速性和振荡性均有所改善，可将滞后校正与超前校正装置结合起来，组成无源滞后—超前校正装置。

超前校正装置的转折频率一般选在系统的中频段，而滞后校正的转折频率应选在系统的低频段。滞后—超前校正装置的传递函数一般形式为

$$G_c(s) = \frac{(1 + bT_1 s)(1 + aT_2 s)}{(1 + T_1 s)(1 + T_2 s)} \quad (6-14)$$

式中，$a > 1, b < 1$，且有 $bT_1 > aT_2$。

典型的无源滞后—超前校正装置如图 6-17 所示，利用复阻抗方法可求得

$$G_c(s) = \frac{U_2(s)}{U_1(s)} = \frac{(R_1 C_1 s + 1)(R_2 C_2 s + 1)}{(T_a s + 1)(T_b s + 1) + T_{ab} s}$$

$$= \frac{(T_a s + 1)(T_b s + 1)}{(T_1 s + 1)(T_2 s + 1)} \quad (6-15)$$

式中，$T_a = R_1 C_1, T_b = R_2 C_2, T_{ab} = R_1 C_2$，并且有 $T_1 T_2 = T_a T_b, T_1 + T_2 = T_a + T_b + T_{ab}$。

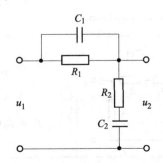

图 6-17 无源滞后—超前校正装置

取 $T_1 > T_a$ 和 $\dfrac{T_a}{T_1} = \dfrac{T_2}{T_b} = \dfrac{1}{a}$,则满足上述关系的 T_1,T_2 应符合下列关系

$$T_1 = aT_a, T_2 = \dfrac{1}{a}T_b \qquad (6-16)$$

式中,$a > 1$。则

$$G_c(s) = \dfrac{(1 + T_a s)(1 + T_b s)}{(1 + aT_a s)\left(1 + \dfrac{T_b}{a}s\right)},(a > 1, T_a > T_b) \qquad (6-17)$$

式中,$(1 + T_a s)/(1 + aT_a s)$ 完成相角滞后校正,而 $(1 + T_b s)\Big/\left(1 + \dfrac{T_b}{a}s\right)$ 完成相角超前校正。$G_c(s)$ 对应的伯德图如图 6-18 所示。由图可以看出,低频段起始于零分贝线,高频段终止于零分贝线,在不同的频段内分别呈现出滞后、超前校正作用。

滞后—超前校正装置的特点是,利用其超前网络的超前部分来增大系统的相角裕度,利用滞后部分改善系统的稳态性能,因而兼有超

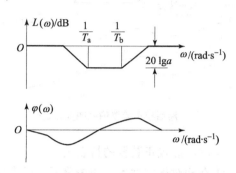

图 6-18 无源滞后—超前校正装置伯德图

前和滞后特点,使已校正系统响应速度加快,超调量减小,抑制高频噪声的性能也好。适用于当待校正系统不稳定,且要求校正后系统的响应速度、相角裕度和稳态精度较高的情况下。

实际系统中常用比例—积分—微分(简称 PID)控制器来实现类似滞后—超前校正作用。

常用无源校正网络的电路图、传递函数和对数幅频渐近特性列于表 6-1 中。

表 6-1 常用无源校正网络的电路图、传递函数和对数幅频渐近特性

电路图	传递函数	对数幅频渐近特性
R_1,C 并联,再串 R_2	$G(s) = K\dfrac{T_1 s + 1}{T_2 s + 1}$ $K = R_2/(R_1 + R_2)$ $T_1 = R_1 C, T_2 = \dfrac{R_1 R_2}{R_1 + R_2}C$	低频 $20\lg K$,转折 $\dfrac{1}{T_1}$,$\dfrac{1}{T_2}$,20 dB/dec
R_1 串(R_2,C 并联),再 R_3	$G(s) = K\dfrac{T_1 s + 1}{T_2 s + 1}$ $K = R_3/(R_1 + R_2 + R_3)$ $T_1 = R_2 C, T_2 = \dfrac{(R_1 + R_2)R_3}{R_1 + R_2 + R_3}C$	$20\lg K$,$\dfrac{1}{T_1}$,$\dfrac{1}{T_2}$,20 dB/dec,$20\lg\dfrac{R_3}{R_1 + R_2}$

续表

电路图	传递函数	对数幅频渐近特性
(R, C 低通)	$G(s) = \dfrac{1}{Ts+1}$ $T = RC$	转折频率 $\dfrac{1}{T_1}$，-20 dB/dec
(R_1, R_2, C)	$G(s) = \dfrac{T_2 s + 1}{T_1 s + 1}$ $T_1 = (R_1 + R_2)C$ $T_2 = R_2 C$	转折频率 $\dfrac{1}{T_1}$, $\dfrac{1}{T_2}$，-20 dB/dec
(R_1, R_2, R_3, C)	$G(s) = K\dfrac{T_1 s + 1}{T_2 s + 1}$ $K = \dfrac{R_2}{R_1 + R_3}$ $T_1 = \left(R_1 + \dfrac{R_1 R_3}{R_1 + R_3}\right)C$ $T_2 = R_2 C$	$20\lg K$，-20 dB/dec，$20\lg\left(1+\dfrac{R_1}{R_2}+\dfrac{R_1}{R_3}\right)$
(R_1, R_2, C_2, R_3, C_1)	$G(s) = \dfrac{(T_1 s + 1)(T_2 s + 1)}{T_1 T_2 \left[1+\dfrac{R_2 R_3}{R_1(R_2+R_3)}\right]s^2 + \left[T_1\left(1+\dfrac{R_3}{R_1}\right)+T_2\right]s + 1}$ $T_1 = R_1 C_1$ $T_2 = (R_2 + R_3)C_3$	$\dfrac{1}{T_1}$，$\dfrac{1}{T_2}$，$\dfrac{1}{T_3}$，-20 dB/dec，20 dB/dec $L = 20\lg\left[1+\dfrac{R_1 R_2}{R_1(R_2+R_3)}\right]$
(R_3, R_2, C_2, R_1, C_1)	$G(s) = \dfrac{(T_1 s + 1)(T_2 s + 1)}{T_1 T_2 \left(1+\dfrac{R_3}{R_1}\right)s^2 + \left[T_2 + T_1\left(1+\dfrac{R_2}{R_1}+\dfrac{R_3}{R_1}\right)\right]s + 1}$ $T_1 = R_1 C_1$ $T_2 = R_2 C_2$	$\dfrac{1}{T_1}$，$\dfrac{1}{T_2}$，$\dfrac{1}{T_3}$，-20 dB/dec，20 dB/dec $L = 20\lg\left(1+\dfrac{R_1}{R_2}\right)$
(C_1, R_2, R_1, C_2)	$G(s) = \dfrac{T_1 T_2 s^2 + T_2 s + 1}{T_1 T_2 s^2 + \left[T_1\left(1+\dfrac{R_1}{R_2}\right)+T_3\right]s + 1}$ $T_1 = \dfrac{R_1 R_2}{R_1 + R_2}C_2$ $T_2 = (R_1 + R_2)C_1$	$\omega = \dfrac{1}{\sqrt{T_3 + T_1}}$，$-20$ dB/dec，20 dB/dec $h = 20\lg\left[\dfrac{T_2}{T_1}\left(1+\dfrac{R_1}{R_2}\right)+1\right]$

续表

电路图	传递函数	对数幅频渐近特性
R_1, R_2, C_1, C_2	$G(s) = \dfrac{1}{T_1 T_2 s^2 + \left[T_1\left(1+\dfrac{R_1}{R_2}\right) + T_1\right]s + 1}$ $T_1 = R_2 C_1$ $T_1 = R_2 C_2$	转折频率 $\dfrac{1}{T_1}$, $\dfrac{1}{T_2}$，斜率 -20 dB/dec 转 -40 dB/dec
R_1, R_2, R_3, C_1, C_2, R_4	$G(s) = \dfrac{1}{T_1 T_2 s^2 + \left[T_2\left(1+\dfrac{R_1}{R_2}\right) + T_1\dfrac{R_1+R_2+R_3}{R_4}\right]s + K'}$ $T_1 = R_1 C_1, T_2 = \dfrac{R_3+R_4}{R_4}R_2 C_2$ $K' = \dfrac{R_1+R_2+R_3+R_4}{R_4}$	$20\lg K'$，转折频率 $\dfrac{1}{T_a}$, $\dfrac{1}{T_b}$，-20 dB/dec 转 -40 dB/dec
C_1, R_1, R_2, C_2	$G(s) = \dfrac{T_1 T_2 s^2 + (T_1+T_2)s + 1}{T_1 T_2 s^2 + \left[T_1\left(1+\dfrac{R_1}{R_2}\right) + T_2\right]s - 1}$ $T_1 = R_1 C_1$ $T_2 = R_2 C_2$	转折频率 $\dfrac{1}{T_1}$, $\dfrac{1}{T_2}$，-20 dB/dec，20 dB/dec，$h=20\lg\dfrac{T_1+T_2}{T_1\left(1+\dfrac{R_1}{R_2}\right)T_2}$

6.2.4 期望的对数频率特性

在设计中，通常希望所设计的系统具有较高的稳态精度（即很小的稳态误差），但同时避免系统超调量过大，因此理想的频率特性应该有积分环节且开环增益大，以满足稳态误差的要求；在穿越频率 ω_c 的邻域（通常称为中频段），应以 -20 dB/dec 的斜率穿越 0 dB 线，并有足够宽的频带，以保证系统具备较大的相角裕度；在 $\omega \gg \omega_c$ 的高频段，频率特性应该尽快衰减，以消减噪声影响；同时理想的频率特性应该有较大的相角裕度；希望响应快的系统就应该有大一点的 ω_c。

在根据期望特性设计校正装置时，通常将其分为 3 个频段去考虑。

（1）以系统要求的稳态误差为主要条件，兼顾系统的暂态性能，确定系统的期望特性的低频段。

（2）以系统要求的暂态响应性能（相对稳定性及调整时间）为依据，确定系统的期望特性的中频段。此时涉及与系统带宽直接联系的穿越频率 ω_c 及穿过 ω_c、斜率为 -20 dB/dec 的中频段所覆盖的频带宽度，此带宽将影响系统的相对稳定性。

（3）期望特性的高频段对系统性能的影响甚微，例如，对系统的阶跃响应只影响输入作用于系统后极为短暂的过渡时段,一般无须过多考虑期望特性的高频段。但是对数幅频特性的高频段斜率一般都小于 -20 dB/dec,存在一个中频段间的交接频率,此交接频率越靠近穿越频率 ω_c,则使系统的相角稳定余量越小,相对稳定性也就越低。

(4) 如需在期望特性的中频段与低频段间增添一过渡频段,此过渡频段两端之交接频率 ω_1 和 ω_2 除对系统的开环增益有影响外,如果 ω_1 越靠近 ω_c,则系统的相角裕度越小。

还需注意,使用期望特性去设计校正装置的方法只适用于最小相位系统。

6.3 串联校正

如果系统设计要求满足的性能指标属于频域指标,则系统校正常采用频域校正方法。本节介绍在系统的开环对数频率特性基础上,为满足稳态误差、开环穿越频率和相角裕度的要求,进行串联校正的过程。

6.3.1 串联超前校正

超前校正的主要作用是在中频段产生足够大的超前相角,以补偿系统过大的滞后相角。超前网络的参数应根据相角补偿条件和稳态性能的要求来确定。

采用超前校正的一般步骤如下:

(1) 根据稳态误差的要求确定系统开环放大系数 K。

(2) 绘制原系统的伯德图,由伯德图确定原系统的相角裕度和增益裕度。

(3) 根据相角裕度要求,估算需要附加的相角位移。

(4) 根据要求的附加相角位移,计算校正装置的 a 值。

(5) a 值确定后,要确定校正装置的交接频率 $\dfrac{1}{T}$ 和 $\dfrac{1}{aT}$,此时应使校正后特性中频段(穿越零分贝线)的斜率为 -20 dB/dec,并且使校正装置的最大移相角 $\varphi_{\max}$ 出现在校正后穿越频率 ω_c 的位置上。

(6) 验算校正后频率特性的相角裕度是否满足给定要求,如不满足要求须重新计算。

(7) 确定校正装置的元件参数,注意采用元件标称值。

【例 6-1】 某控制系统的开环传递函数为

$$G_K(s) = \frac{K}{s(0.1s+1)}$$

要求校正后的系统速度误差系数 $K_v \geq 100$,相角裕度 $\gamma \geq 55°$,$GM \geq 10$ dB,试确定该校正装置的传递函数。

解:(1) 根据速度误差系数 $K_v \geq 100$ 的要求,取放大系数 $K=100$。其传递函数

$$G_K(s) = \frac{100}{s(0.1s+1)}$$

(2) 绘制伯德图,如图 6-19 所示。校正前的穿越频率 ω_c 大于 10 rad/s,因此有

$$A(\omega_c) \approx \frac{100}{\omega_c \dfrac{\omega_c}{10}} = 1$$

故得

$$\omega_c = 31.6 \text{ rad/s}$$

其相角裕度为

$$\gamma = 180° + \left(-90° - \arctan\frac{31.6}{10}\right) = 17.5° < 55°$$

$$\varphi(\omega) = -90° - \arctan(0.1\omega_c)$$

$$GM \to \infty$$

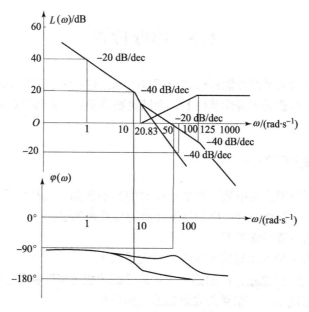

图 6-19 例 6-1 系统校正前后校正装置的伯德图

(3) 由于相角裕度不满足要求,为不影响低频特性和改善暂态响应性能,采用串联超前校正。

设 $G_c(s) = \dfrac{(1+aTs)}{(1+Ts)}$,根据系统相角裕度 $\gamma \geqslant 55°$ 的要求,选取最大相角位移为

$$\varphi_m = \gamma - \gamma_0 + (5° \sim 15°) = 45°$$

(4) 计算 a 值:

$$\sin\varphi_m = \frac{a-1}{a+1}$$

$$a = \frac{(1+\sin\varphi_m)}{(1-\sin\varphi_m)} = \frac{(1+\sin45°)}{(1-\sin45°)} \approx 6$$

(5) 令 $\phi_c' = \omega_m$,则

$$10\lg a = 40\lg\frac{\phi_c'}{\omega_c}$$

解得

$$\phi_c' = \omega_c \sqrt[4]{a} \approx 50 \text{ (rad/s)}$$

由

$$\omega_m = \frac{1}{\sqrt{aT}}, \quad T = \frac{1}{\sqrt{a}\omega_m} \approx 0.008, \quad aT = 0.048$$

则校正装置的传递函数为

$$G_c(s) = \frac{1+0.048s}{1+0.008s}$$

（6）校验校正后的相角裕度。

绘制校正后系统的伯德图如图 6-19 所示。其传递函数为

$$G_c(s)G(s) = \frac{100(1+0.048s)}{s(0.1s+1)(1+0.008s)}$$

$\gamma = 180° + [-90° - \arctan(0.1 \times 50) + \arctan(0.048 \times 50) - \arctan(0.008 \times 50)] = 56.89°$

相角裕度满足系统的要求。

因此串联校正装置的传递函数为

$$G_c(s) = \frac{1+0.048s}{1+0.008s}$$

由系统校正前后的伯德图和性能指标的对比，可总结超前校正的特点如下：

（1）超前校正使系统的穿越频率变高，系统的闭环频带宽度 GM 增加，从而使暂态响应加快；相角裕度增加，系统的稳定性增强。

（2）串联超前校正在补偿了 a 倍的衰减之后，系统低频段的幅频特性没有变化，可以做到稳态误差不变，从而全面改善系统的动态性能，即增大相角裕度 γ 和幅值穿越频率 ω_c，减小超调量和过渡过程时间。

（3）超前校正装置所要求的时间常数是容易满足的。

其缺点是：

（1）由于频带加宽，高频抗干扰能力减弱，因此对放大器或电路的其他组成部分提出了更高要求。

（2）因 ω_c 被增大，由于高频段斜率的增大使 ω_c 处引起的相角滞后更加严重，因而难以实现给定的相角裕度 γ。

因此，串联超前校正一般用于以下 3 种情况：

（1）靠近 ω_c，随着 ω 变化，相角滞后缓慢增加的情况。

（2）要求系统有大的带宽和较高的暂态响应速度。

（3）对高频抗干扰要求不是很高的情况。

下列情况不宜采用串联校正：

一种情况是校正前的系统不稳定，原因在于为达到要求的 γ'，超前校正网络 φ_m 的值应很大，20lga 就很大，即对系统中的高频信号放大作用很强，从而大大减少了系统的抗干扰能力。

另一种情况是校正前系统在 φ_m 附近相角减小的速度太大，此时随校正后 ω_c' 的增大，校正前系统的相角迅速减小，造成校正后的相角裕度改善不大，很难达到要求的相角裕度。一般情况下，当在校正前系统的 ω_c 附近有两个转折频率彼此靠近或相对的惯性环节时，或有一个振荡环节时，就会出现这种现象。

在上述情况下，系统可采用其他方法进行校正。例如，采用两级串联超前网络进行串联超前校正，或采用串联滞后校正。

6.3.2 串联滞后校正

与串联超前校正不同，串联滞后校正是利用滞后网络的高频幅值衰减特性，使已校正系

统的穿越频率下降，从而使系统获得足够的相角裕度。因此，滞后网络的最大滞后相角应力求避免发生在系统穿越频率附近。在系统响应速度要求不高而抑制噪声电平性能较高的情况下，可考虑采用串联滞后校正。此外，如果待校正系统已具备满意的动态性能，仅稳态性能不满足性能指标要求时，也可以采用串联滞后校正以提高系统的稳态精度，同时保持其动态性能仍然满足性能指标要求。

串联滞后装置的设计步骤如下：

（1）根据稳态误差的要求确定开环系统放大系数。

（2）绘制原系统的对数频率特性，并确定原系统的穿越频率、相角裕度和幅值裕度。

（3）根据给定的相角裕度，并考虑到校正装置特性引起的滞后影响，适当增加（5°～15°）的余量，即 $\gamma' = \gamma + \varepsilon(5° \sim 15°)$，确定符合这一相角裕度的频率，作为校正后系统的开环对数幅频特性的穿越频率 ω_c'。

（4）确定出原系统频率特性在 $\omega = \omega_c'$ 处幅值下降到零分贝时所必需的衰减量，使其等于 $-20\lg b$，从而确定 b 的值。

（5）选择交接频率 $\omega_2 = \dfrac{1}{bT}$ 低于 ω_c' 一倍到十倍频程，则另一交接频率可以为 $\omega_1 = 1/T$。

（6）确定校正装置的传递函数，并校验相角裕度和其他性能指标，若不满足要求，重新选择 γ'，重新设计。

（7）确定滞后校正装置元件值，注意采用元件标称值。

【例 6 – 2】 某控制系统的开环传递函数为

$$G_K(s) = \dfrac{K}{s(0.1s + 1)}$$

要求校正后系统稳态误差系数 $K_v \geqslant 100$，且相角裕度 $\gamma \geqslant 45°$，试确定该校正装置的传递函数。

解：（1）确定放大系数 K。因为

$$K_v = \lim_{s \to 0} s G_K(s) = \lim_{s \to 0} \dfrac{K}{s(0.1s + 1)} = K$$

所以取 $K = K_v = 100$。

（2）根据取定的 K 值，原系统的开环传递函数为

$$G_K(s) = \dfrac{100}{s(0.1s + 1)}$$

绘制原系统的伯德图，如图 6 – 20 所示。

参考例 6 – 1，由

$$A(\omega_c) = \dfrac{100}{\omega_c \dfrac{\omega_c}{10}} = 1$$

故得

$$\omega_c = 31.6 \text{ (rad/s)}$$

其相角裕度为

$$\varphi(\omega) = -90° - \arctan(0.1\omega_c)$$

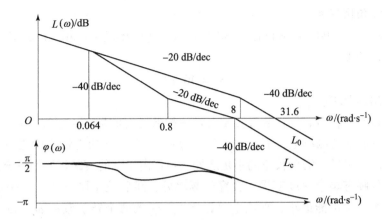

图 6-20 例 6-2 系统校正前后和校正装置的伯德图

$$\gamma = 180° + \left(-90° - \arctan\frac{31.6}{10}\right) = 17.5° < 45°$$

可见，原系统不满足稳定性的要求。

（3）按相角裕度 $\gamma \geq 45°$ 的要求，并按 $\gamma' = \gamma + \varepsilon(5° \sim 15°)$ 选取校正后的相角裕度：

$$\gamma = 180° + [-90° - \arctan(0.1\omega'_c)] = 51°$$
$$\omega'_c = 8 \text{ (rad/s)}$$

故预选 $\gamma \approx 51°$，取原系统与 $\gamma \approx 51°$ 相应的频率 $\omega'_c = 8$ rad/s 为校正后的穿越频率。

（4）确定 b，从原系统伯德图上查得对应穿越频率 ω'_c 的对数幅频特性 L_0 为 22 dB，则得
$$20\lg b = -22$$
$$b = 0.08$$

（5）选择交接频率 $\omega_2 = \dfrac{1}{bT}$ 低于 ω'_c 一倍到十倍频程，则另一交接频率可以由 $\omega_1 = 1/T$ 求得。预选交接频率 $\omega_2 = \dfrac{1}{bT} = \omega'_c/10$，即

$$\omega_2 = \frac{\omega'_c}{10} = \frac{8}{10} = 0.8 \text{ (rad/s)}$$

$$T = \frac{1}{b\omega_2} = 15.625 \text{ (s)}$$

另一交接频率为

$$\omega_1 = \frac{1}{T} = \frac{1}{15.625} = 0.064 \text{ (rad/s)}$$

则校正装置的传递函数为

$$G_c(s) = \frac{1 + bTs}{1 + Ts} = \frac{1 + 1.25s}{1 + 15.625s}$$

（6）将校正装置的对数频率特性绘制在同一伯德图上，并与原系统的对数频率特性代数相加，即得出校正后系统开环对数幅频特性曲线和相频特性曲线。

校正后的开环传递函数为

$$G_K(s)G_c(s) = \frac{100 \times (1 + 1.25s)}{s(0.1s + 1)(1 + 15.625s)}$$

校验校正后的相角裕度为

$$\gamma = 180° + [-90° - \arctan(0.1\omega'_c) + \arctan(1.25\omega'_c) - \arctan(5.625\omega'_c)]$$

而 $\omega'_c = 8$ rad/s，所以

$$\gamma = 46.1°$$

满足系统所提出的要求。

从上面可以看出，滞后校正装置实质上是一种低通滤波器。由于滞后校正的衰减作用，使穿越频率移到较低的频率上，而且是在斜率为 -20 dB/dec 的特性区段之内，从而满足相角裕度 γ 的要求；另外，滞后校正的不足之处是：正由于它的衰减作用使系统的频率带宽减小，导致系统的瞬态响应速度变慢；在穿越频率处，滞后校正网络会产生一定的相角滞后量。为了使这个角尽可能地小，理论上总希望 $G_c(s)$ 的两个转折频率 ω_1、ω_2 比 ω_c 越小越好，但考虑物理实现上的可行性，一般取 $\omega_2 = \dfrac{1}{T} = (0.25 \sim 0.1)\omega_c$ 为宜。

因此，串联滞后校正一般用于以下 3 种情况：

（1）在系统响应速度要求不高而抑制噪声电平性能要求较高的情况下，可考虑采用串联滞后校正。

（2）保持原有的已满足要求的动态性能不变，而用以提高系统的开环增益，减小系统的稳态误差。

（3）从高频干扰方面考虑有意义的情况。

6.3.3　串联滞后—超前校正

串联滞后—超前校正综合应用了滞后和超前校正各自的特点，即利用校正装置的超前部分来增大系统的相角裕度，以改善其动态性能；利用它的滞后部分来改善系统的静态性能，两者分工明确，相辅相成。

实际系统中常用比例—积分—微分控制器来实现串联滞后—超前校正。

若 PID 控制器的输入、输出关系为

$$m(t) = K_p e(t) + \dfrac{K_p}{T_i}\int_0^t e(t)\,dt + K_p T_d \dfrac{d}{dt}e(t) \qquad (6-18)$$

比例—积分—微分控制器的传递函数为

$$G_c(s) = \dfrac{M(s)}{E(s)} = K_p\left(1 + \dfrac{1}{T_i s} + T_d s\right) \qquad (6-19)$$

从式（6-19）可见，比例项为基本控制作用，超前（微分）校正会使带宽增加，提高系统的暂态响应速度，滞后（积分）校正可改善系统稳态特性，减小稳态误差。

串联滞后—超前装置的设计步骤如下。

（1）根据稳态性能要求，确定开环增益 K。

（2）绘制原系统的对数幅频特性，求出原系统的穿越频率 ω_c、相角裕度 γ 及幅值裕度 h 或 GM（dB）等。

（3）在原系统的对数幅频特性上，选择斜率从 -20 dB/dec 变为 -40 dB/dec 的转折频率作为校正装置超前部分的转折频率 ω_b；这种选法可以降低已校正系统的阶次，且可保证中频区斜率为 -20 dB/dec，并占据较宽的频带。

(4) 根据响应速度要求,选择系统的穿越频率 ω_c'' 和校正网络的衰减因子 $\frac{1}{a}$;要保证已校正系统穿越频率为所选的 ω_c'',下列等式应成立:

$$-20\lg a + L'(\omega_c'') + 20\lg(T_b\omega_c'') = 0 \qquad (6-20)$$

式中的各项分别为滞后—超前网络贡献的幅值衰减的最大值、未校正系统的幅值量、滞后—超前网络超前部分在 ω_c'' 处的幅值。

$L'(\omega_c'') + 20\lg(T_b\omega_c'')$ 可由原系统对数幅频特性的 -20 dB/dec 延长线在 ω_c'' 处的数值确定。因此可由上式求出 a 值。

(5) 根据相角裕度要求,估算校正网络滞后部分的转折频率 ω_a。
(6) 校验校正后系统的各项性能指标。
(7) 确定校正装置的元件参数,注意采用元件标幺值。

用频率法设计校正装置除可按上述步骤之外,还可以按期望特性去校正,参见例 6-3。

【例 6-3】 设有一单位反馈系统,其开环传递函数为

$$G_K(s) = \frac{K}{s(0.5s+1)(0.167s+1)}$$

试确定滞后—超前校正装置,使系统满足下列指标:稳态误差系数 $K_v \geq 180$ rad/s,相角裕度 $\gamma > 40°$,3 rad/s $< \omega_c < 5$ rad/s。

解:(1) 根据稳态误差系数的要求,可得

$$K_v = \lim_{s \to 0} sG_K(s) = \lim_{s \to 0} \frac{sK}{s(0.5s+1)(0.167s+1)} = 180$$

所以取 $K = K_v = 180$。

(2) 绘制开环传递函数的伯德图。开环传递函数为

$$G_K(s) = \frac{180}{s(0.5s+1)(0.167s+1)}$$

其伯德图绘于图 6-21。

在 $\omega = 1$ rad/s,可列如下等式

$$20\lg 180 - 20\lg \frac{\omega_{c2}}{\omega_1} - 20\lg \frac{\omega_{c2}}{\omega_2} - 20\lg \frac{\omega_{c2}}{\omega_3} = 0$$

$$20\lg 180 - 20\lg \frac{\omega_{c2}}{1} - 20\lg \frac{\omega_{c2}}{2} - 20\lg \frac{\omega_{c2}}{6} = 0$$

$$\frac{180}{\omega_{c2} \times \frac{\omega_{c2}}{2} \times \frac{\omega_{c2}}{6}} = 1$$

因此得

$$\omega_{c2} = \sqrt[3]{180 \times 12} = 12.9 \text{ (rad/s)}$$

未校正系统的相角裕度为

$$\gamma = 180° - 90° - \arctan(0.5\omega_{c2}) - \arctan(0.167\omega_{c2}) = -56.35°$$

因此该系统是不稳定的。

(3) 根据给定要求,选择新的穿越频率 $\omega_c' = 3.5$ rad/s,然后过 ω_c' 做一斜率为 -20 dB/dec 的直线作为期望特性的中频段。

为保证稳态精度,即速度误差系数 $K_v \geq 180$ rad/s,校正后的低频段与原系统一致,为

此在期望特性的中频段与低频段之间用一斜率为 -40 dB/dec 的直线作连接线，为满足相角裕度的要求，连接线与中频段特性相交的转折频率不宜距离 ω'_c 太近，可按 $\omega_2 = (0.5 \sim 0.1)\omega_c$ 选取，即

$$\omega_2 = 0.2\omega_c = 0.2 \times 3.5 = 0.7 \text{（rad/s）}$$

为保证高频段特性不变，高频段斜率为 -60 dB/dec，因此在期望特性的中频段与高频段之间用一斜率为 -40 dB/dec 的直线作连接线，此连接线与中频段期望特性相交的转折频率 ω_3 距离 ω_c 也不宜太近，选择原系统的转折频率 6（rad/s）作为转折频率 ω_3。

绘制校正后和校正装置的伯德图，如图 6-21 所示。

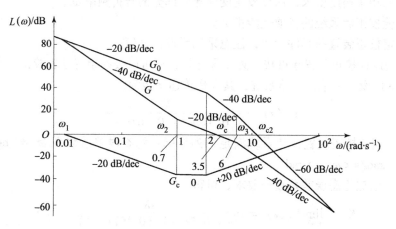

图 6-21 校正前系统、校正装置和校正后系统的伯德图

(4) 设

$$G_c(s) = \frac{(1 + T_a s)(1 + T_b s)}{(1 + aT_a s)\left(1 + \dfrac{T_b}{a} s\right)}$$

确定各参数：$T_a = \dfrac{1}{0.7} = 1.43$（s），$T_b = \dfrac{1}{2} = 0.5$（s）。

由期望特性的穿越频率为 $\omega_c = 3.5$ rad/s，则期望特性在 $\omega_2 = 0.7$ rad/s 时的增益将为

$$20\lg \frac{3.5}{0.7} = 14 \text{（dB）}$$

而原系统在 $\omega_c = 0.7$ rad/s 的增益为

$$20\lg \frac{180}{0.7} = 48.2 \text{（dB）}$$

因此校正装置在 0.7 rad/s $\leqslant \omega_c \leqslant 2$ rad/s 时使原系统的增益衰减了 $(48.2 - 14)$ dB，即

$$20\lg \frac{aT_a}{T} = 34.2 \text{（dB）}$$

$$a = 51.3$$

因此校正装置的传递函数为

$$G_c(s) = \frac{(1.43s + 1)(0.5s + 1)}{(73.3s + 1)(0.0097s + 1)}$$

校正装置及校正后系统的开环特性曲线，如图 6-21 所示。

(5) 校正后系统的开环传递函数为

$$G_c(s)G_K(s) = \frac{180 \times (1.43s + 1)}{s(0.167s + 1)(73.3s + 1)(0.0097s + 1)}$$

校正后系统的相角裕度为

$$\gamma = 180° - 90° - \arctan(73.3\omega_{c2}) + \arctan(1.43\omega_{c2}) - \arctan(0.167\omega_{c2}) - \arctan(0.0097\omega_{c2}) = 46.7° > 40°$$

而稳态速度误差系数等于 180 rad/s，满足所提出的要求。

6.4 反馈校正

在工程实践中，改善系统性能除了采用串联校正外，反馈校正也是广泛采用的校正方式。采用反馈校正来改善系统性能，实质上是充分利用反馈校正的特点，通过改变未校正系统的结构及参量，达到改善系统性能的目的。

反馈校正与串联校正相比有其突出的优点，它能有效地改变被包围部分的结构或参数；在一定条件下甚至能取代被包围部分，从而可以去除或削弱被包围部分给系统造成的不利影响。

6.4.1 反馈校正的原理

从某一元件引出反馈信号，构成反馈回路，并在内反馈回路内设校正装置，这种校正称为反馈校正。最简单的反馈校正控制系统如图 6-22 所示。

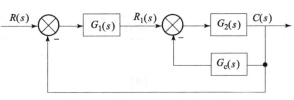

图 6-22 反馈校正控制系统

$G_c(s)$ 为反馈校正装置的传递函数，图示系统的开环传递函数为

$$G_K(s) = G_1(s)\frac{G_2(s)}{1 + G_2(s)G_c(s)} \tag{6-21}$$

在上述反馈校正控制系统中，在能够影响系统动态性能的频率范围内，如果能使 $G_2(s)G_c(s) \gg 1$，则系统开环传递函数可近似地表示为

$$G_K(s) = \frac{G_1(s)}{G_c(s)} \tag{6-22}$$

此时反馈校正系统的特性几乎与被反馈校正装置包围的环节 $G_2(s)$ 无关，且为反馈校正装置频率特性的倒数。因此利用反馈校正装置包围待校正系统中对动态特性有不利影响的环节，形成一个局部反馈回路，并在局部反馈回路的开环频率特性幅值远大于 1 的条件下，局部反馈部分的特性主要取决于反馈校正装置，而与被包围部分的元件特性无关。

因此，在局部反馈回路的 $G_2(s)G_c(s) \gg 1$ 范围内，适当选择反馈校正装置的形式和参数，改善被包围部分的性能，从而使校正后系统的性能满足给定性能指标的要求。

6.4.2 反馈校正的作用

通常反馈校正的作用有以下几点。

1. 负反馈可以削弱参数变化及被包围部分元件的非线性对系统性能的影响

一般来说，串联校正比反馈校正简单，但其主要缺点是，系统中其他元件参数不稳定会影响到串联校正的效果，所以在使用串联校正装置时，通常要对系统元件特性的稳定性提出较高的要求。而反馈校正则可以削弱被包围元件的特性对整个系统的影响，故采用反馈校正装置时，对系统中各元件特性的稳定性要求较低。因此在控制系统中，为了减弱参数变化对系统性能的影响，除采用鲁棒控制外，还可以采用反馈校正的方法。

负反馈可以减弱参数变化对系统性能的影响，例如图 6-23（a）所示的开环系统，假设由于参数的变化，系统传递函数 $G(s)$ 的变化量为 $\Delta G(s)$，相应的输出 $C(s)$ 的变化量为 $\Delta C(s)$，这时开环系统的输出为

$$C(s) + \Delta C(s) = [G(s) + \Delta G(s)]R(s)$$

因为

$$C(s) = G(s)R(s)$$

则有

$$\Delta C(s) = \Delta G(s)R(s) \tag{6-23}$$

上式表明，对于开环系统，参数变化对系统输出的影响与传递函数的变化量 $\Delta G(s)$ 成正比。

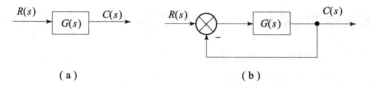

图 6-23 系统结构图
（a）开环系统；（b）闭环系统

在图 6-23（b）所示的闭环系统，如果发生上述参数变化，则闭环系统的输出为

$$C(s) + \Delta C(s) = \frac{G(s) + \Delta G(s)}{1 + G(s) + \Delta G(s)}R(s)$$

通常

$$|G(s)| \gg |\Delta G(s)|$$

于是近似有

$$\Delta C(s) = \frac{\Delta G(s)}{[1 + G(s)]^2}R(s) \tag{6-24}$$

上式表明，因参数变化，闭环系统的传递函数 $G(s)$ 会发生变化，输出也会发生变化，但只是开环系统的 $1/[1 + G(s)]^2$。由于在许多实际情况中，$[1 + G(s)]^2 \gg 1$。为了减小元件参数变化对系统的影响，通常对精度低的元件并联一个反馈校正回路。

如图 6-22 所示系统中有一部件，其传递函数为 $G_2(s)$。如果 $G_2(s)$ 为非线性特性，则将影响系统性能提高。当采用局部反馈后，当 $|G_2(s)G_c(s)| \gg 1$，由式（6-22）可知 $\frac{C(s)}{R(s)} \approx \frac{1}{G_c(s)}$，则 $C(s)$ 只与反馈校正传递函数 $G_c(s)$ 的倒数有关，而与 $G_2(s)$ 无关，因此负反馈可以消除系统中具有非线性性能差的元部件对系统性能的影响。

2. 减小被包围环节的时间常数

反馈校正可以减小被包围环节的时间常数。例如在图 6-22 中，若 $G_2(s)$ 为惯性环节，设

$$G_2(s) = \frac{K}{Ts+1} \qquad (6-25)$$

若其时间常数 T 很大，则将影响整个系统的响应速度。利用反馈校正在 $G_2(s)$ 处加增益位置反馈，反馈系数为 K_H，则加反馈增益后的传递函数为

$$G(s) = \frac{\dfrac{K}{Ts+1}}{1+\dfrac{K}{Ts+1}\times K_H} = \frac{K}{Ts+1+KK_H}$$

$$= \frac{K}{1+KK_H} \cdot \frac{1}{\dfrac{T}{1+KK_H}s+1} \qquad (6-26)$$

显然，时间常数变为 $\dfrac{T}{1+KK_H}$，同时增益变为 $\dfrac{K}{1+KK_H}$，增益的降低可以通过串联放大器加以补偿，时间常数的降低则有助于加快系统的响应速度。

从频率特性的角度看，比例负反馈可扩展环节或系统的带宽。反馈前的穿越频率（闭环带宽）为

$$\omega_b = \frac{1}{T} \qquad (6-27)$$

由于时间常数的降低，反馈后的带宽则放大为

$$\omega'_b = (1+KK_H)\frac{1}{T} \qquad (6-28)$$

具有比例负反馈的带宽将扩展 $(1+KK_H)$ 倍，基本上与增益反馈的系数 K_H 成正比。由于带宽得到扩展，因而系统的响应速度就加快，这对改善系统的动态性能是有利的。

在实际的随动系统中，电动机的机械惯性（时间常数）太大，常常是影响系统品质的重要因素。但是电动机的机械惯性又很难减少，这时就可以用反馈校正装置来改善系统的性能。通常的做法是在电动机轴上装一个测速发动机，并将其输出信号反馈到放大器的输入端，测速发动机的增益作为反馈系数 K_H。

3. 利用正反馈校正可以提高放大系数

如图 6-24 所示的系统，设前向通道由放大环节组成，其放大系数为 K，采用正反馈，反馈系数为 K_H，则闭环放大系数为

$$\frac{C(s)}{R(s)} = \frac{K}{1-KK_H}$$

从上式看出，若取 $K_H \approx 1/K$，则闭环放大系数 $C(s)/R(s)$ 将远大于前向通道的放大系数 K。这是正反馈所独具的重要特性之一。

如图 6-25 所示的带正反馈的控制系统。采用局部正反馈后，系统的闭环传递函数为

$$\frac{C(s)}{R(s)} = \frac{G(s)}{1-H(s)+G(s)}$$

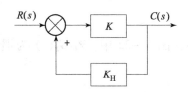
图 6-24 正反馈校正系统
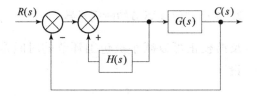
图 6-25 带正反馈的控制系统

令 $G(s) = KG_0(s)$，$G_0(s)$ 中放大系数为 1。如果选取 $H(s) \approx 1$，则有

$$\frac{C(s)}{R(s)} \approx 1$$

上式说明，若将正反馈通道的反馈系数取得接近于 1 时，可将上述系统的开环放大系数 $\frac{K}{1-H(s)}$ 提高到一个相当大的数值。整个闭环系统的特性可以近似地由负反馈通道传递函数的倒数来描述。本例中，由于负反馈通道的传递函数为 1，因此闭环传递函数便与 1 接近，这表明，系统将不受可变部分 $G(s)$ 参数变化的影响，在输出端总是能够比较准确地复现输入信号，这是通过正反馈极大地提高系统的开环增益，从而改善系统稳态性能的一种途径。

反馈校正还用在许多场合，如削弱系统噪声的影响、利用微分负反馈增加阻尼比等。

6.4.3 反馈校正装置的设计

在图 6-26 所示的反馈校正控制系统中，其开环传递函数为

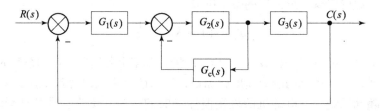

图 6-26 反馈校正控制系统结构图

$$G_K(s) = \frac{G_1(s)G_2(s)G_3(s)}{1 + G_2(s)G_c(s)} \quad (6-29)$$

若 $|G_2(j\omega)G_c(j\omega)|_{dB} < 0$，则

$$G_K(s) \approx G_0(s) \quad (6-30)$$

若 $|G_2(j\omega)G_c(j\omega)|_{dB} > 0$，则

$$G_K(s) = \frac{G_0(s)}{G_2(s)G_c(s)} \quad (6-31)$$

其中，$G_0(s) = G_1(s)G_2(s)G_3(s)$，为待校正系统的开环传递函数。

由式（6-31）得

$$G_2(s)G_c(s) = \frac{G_0(s)}{G_K(s)}, |G_2(j\omega)G_c(j\omega)|_{dB} > 0 \quad (6-32)$$

因此，如果画出了待校正系统 $G_0(s)$ 的对数幅频特性，再减去按性能指标绘出的期望对

数幅频特性 $20\lg|G_K(j\omega)|$，即可获得近似的 $G_2(s)G_c(s)$。由于 $G_2(s)$ 是已知的，故反馈正装置 $G_c(s)$ 可立即求得。

在反馈校正过程中应该注意两点：一是在 $|G_2(j\omega)G_c(j\omega)|_{dB} > 0$ 的校正频段内，应使 $20\lg|G_0(j\omega)| > 20\lg|G_K(j\omega)|$，且大得越多精度越高；二是局部反馈回路必须稳定。

综合法设计的设计步骤如下：

(1) 绘制满足稳态性能指标要求的原系统的开环对数幅频特性 $L_0(\omega)$。
(2) 绘制满足性能指标要求的期望对数幅频特性 $L'(\omega)$。
(3) 用 $L_0(\omega)$ 减去 $L'(\omega)$，取其中大于零分贝的对数幅频特性作为 $20\lg|G_2(j\omega)G_c(j\omega)|$，从而求得 $G_2(s)G_c(s)$。
(4) 校验局部反馈回路的稳定性，检查 $L'(\omega)$ 的穿越频率 ω_c 附近 $|G_2(j\omega)G_c(j\omega)|_{dB} > 0$ 的程度。
(5) 由 $G_2(s)G_c(s)$ 得出 $G_c(s)$。
(6) 校验校正后系统的性能指标。
(7) 采用相应的校正网络实现 $G_c(s)$。

反馈校正的综合法设计步骤仅适用于最小相位系统。

【例 6-4】设某控制系统结构图如图 6-26 所示，若 $G_1(s) = K_1$，$G_2(s) = \dfrac{10K_2}{(0.1s+1)(0.01s+1)}$，$G_3(s) = \dfrac{0.1}{s}$。要求设计 $G_c(s)$ 使系统满足下列性能指标：稳态误差等于零，速度误差系数 $K_v = 200$ rad/s，相角裕度 $\gamma \geq 45°$。

解：(1) 根据系统稳态误差要求，所以选 $K_1K_2 = 200$，绘制下列对象特性的伯德图，如图 6-27 所示，有

$$G_0(s) = \frac{200}{s(0.1s+1)(0.01s+1)}$$

其中局部反馈部分的原系统传递函数为

$$G_2(s) = \frac{10K_2}{(0.1s+1)(0.01s+1)}$$

由图 6-27 可见，$L_0(\omega)$ 以 -40 dB/dec 过零分贝线，显然不能满足要求。

(2) 期望特性的设计。

采用为满足 γ 的要求来设计期望特性。首先，低频段不变；中频段由于指标中未提 ω_c 的要求，考虑近似设计在 $\omega = \omega_c$ 处的精度，而且较高的 ω_c 对系统快速性有利，故选 $\omega_c = 20$ rad/s。

高中频连线，直接延长至 $L_0(\omega)$，交于 $\omega_2 = 100$ rad/s 处，正好和 $L_0(\omega)$ 的一个交接频率重合，高频段同 $L_0(\omega)$ 一致。

低中频连线，考虑到中频区应有一定的宽度且必须满足 $\gamma \geq 45°$ 的要求，预选 $\omega_1 = 7.5$ rad/s。过 ω_1 作 -40 dB/dec 斜率的直线较 $L_0(\omega)$ 于 $\omega_0 = 0.75$ rad/s，则整个期望特性设计如图 6-27 所示。

(3) 校验。

从校正后的期望特性上很容易求得 $\omega_c = 20$ rad/s，$\gamma(\omega_c) = 49°$，满足性能指标的要求。

(4) 校正装置的求取。

使 $L_0(\omega) - L(\omega) = L_c(\omega)$，$L_c(\omega) > 0$。

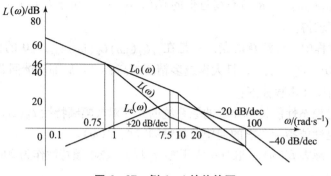

图 6-27 例 6-4 的伯德图

至于 $L_c(\omega) < 0$ 部分，在低频区用直线延长线的办法得到，在高频区为了包含 $G_2(s)$ 的交接频率，在 $\omega = 100$ rad/s 处转换成 -40 dB/dec 的斜率，整个 $L_c(\omega)$ 曲线也画在图 6-27 中。

于是

$$G_c(s) = \frac{\dfrac{1}{0.75K_2}s}{\left(\dfrac{1}{7.5}s + 1\right)}$$

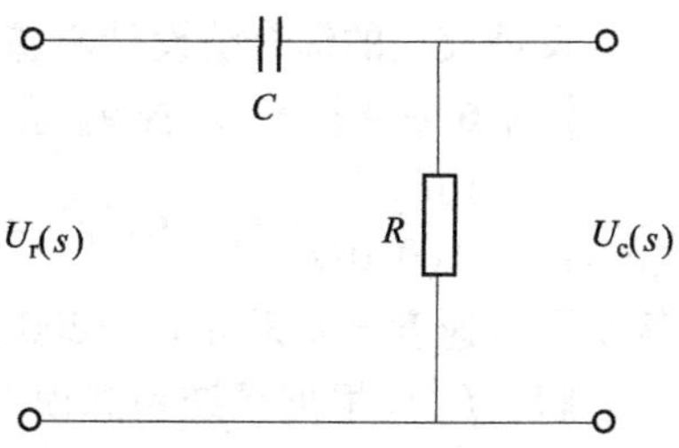

（5）如果选取图 6-28 所示的 RC 网络来实现 $G_c(s)$，由于

$$G_c(s) = \frac{Ts}{Ts + 1}$$

图 6-28 RC 校正网络

所以应选择 $K_2 = 1$，从而得到 $K_1 = 200$。

本例中局部反馈的穿越频率是 100 rad/s，比系统的穿越频率 20 rad/s 高 5 倍，所以局部反馈的响应比系统的响应快得多。即使局部反馈内的暂态过程出现较大的超调也不会对系统运行带来严重的影响，所以局部反馈的稳定裕度不一定要像主反馈一样大。但稳定性还是应保证的，且局部反馈也不应有很大的谐振峰值 M_p，否则将在系统对数频率特性的高频段产生尖峰突起，有时可能突破零分贝线，从而对系统的稳定性造成较大的影响。

为保证局部反馈的稳定性，一般被反馈校正所包围部分的阶次最好不超过二阶。

最后比较一下串联校正装置与反馈校正装置的优缺点。

串联校正装置的优点是：可以应用无源网络构成，比较方便，成本也低。其主要缺点是：系统中其他元件的参数不稳定时会影响它的校正效果。因而在使用串联校正装置时，通常要对系统元件特性的稳定性提出较高的要求，并且串联微分网络对干扰很敏感。

反馈校正装置的优点是：能削弱元部件特性不稳定对整个系统的影响，故应用反馈校正装置后对于系统中各元部件特性的稳定性要求降低。其主要缺点是：其校正装置常常需要由一些昂贵的庞大的部件所构成，例如测速发动机、电流互感器等就是常用的反馈校正装置。另外反馈校正装置的设计也比较烦琐。

在机电控制工程实践中，串联校正和并联校正都得到了广泛的应用，而且在很多情况下将这两种方式结合起来，可以收到更好的效果，即构成了所谓复合校正。

6.5 复合校正

利用串联校正和反馈校正在一定程度上可以改善系统的性能。在闭环控制系统中，对于稳态精度、平稳性和快速性要求都很高的系统，或者经常受到强干扰作用的系统，常常把开环控制与闭环控制结合起来，组成复合控制，即除了在主反馈回路内部进行串联校正或局部反馈校正之外，往往还同时采取设置在回路之外的前置校正或干扰补偿校正，这种开环、闭环相结合的校正，称为复合校正。

复合校正通常分成两大类，即反馈与按输入前馈的复合校正和反馈与按扰动前馈的复合校正。目前在工程实践中对一些高精度高要求的系统，例如，高精度伺服系统，广泛采用这种把前馈控制和反馈控制相结合的复合控制方式。

6.5.1 反馈与按输入前馈的复合控制

设反馈与按输入前馈的复合控制系统如图 6-29 所示，图中 $G(s)$ 为反馈系统的开环传递函数，前馈校正信号取自系统的给定输入 $R(s)$，校正装置的传递函数位于系统的前端，和反馈回路的前向通道成并联形式。反馈与按输入前馈的复合控制系统主要是通过对输入补偿的前馈校正装置 $G_c(s)$ 进行设计，使得输出能更好地跟踪给定输入 $R(s)$ 的变化。由于采用开环的补偿方式，不会影响闭环的特征方程，所以不会影响系统的稳定性。

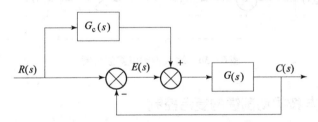

图 6-29 反馈与按输入前馈的复合控制系统

在系统设计中采用这种附加前馈校正，对解决系统稳定性与稳态精度的矛盾、振荡性与快速性的矛盾，有着特别可取之处。因此精度要求高的快速随动系统，经常采用前馈校正。

图 6-29 所示的闭环系统的传递函数为

$$\frac{C(s)}{R(s)} = [1 + G_c(s)] \frac{G(s)}{1 + G(s)} \quad (6-33)$$

一种理想的情况是，希望系统的输出 $C(s)$ 完全复现控制输入 $R(s)$，即误差的拉氏变换为

$$E(s) = R(s) - C(s) = 0$$

根据式 (6-33) 可知，若要 $E(s) = 0$，即

$$E(s) = R(s) - C(s) = \frac{1 - G(s)G_c(s)}{1 + G(s)} R(s) = 0 \quad (6-34)$$

则应有

$$G_c(s) = \frac{1}{G(s)} \quad (6-35)$$

式（6-35）称为误差完全补偿条件。当校正装置的传递函数 $G_c(s)$ 满足式（6-35）时，对任意的输入 $R(s)$，均有 $E(s)=0$ 成立，即误差完全与输入无关。这又称为误差相对于输入信号有不变性，即输入与误差之间完全无耦合关系。所以，从控制理论的角度来看，前置校正控制是不变性原理或解耦控制理论的应用。

从图 6-29 的结构形式来看，输入 $R(s)$ 到误差 $E(s)$ 之间存在着两个正向通道。选取满足式（6-35）的 $G_c(s)$，可以使两个通道的传递函数相同且符号相反，即附加的通道起到完全补偿原有通道的作用。

一般地，因为 $G(s)$ 的分母多项式的次数总是高于分子多项式的次数，因此精确实现式（6-35）的补偿比较困难；另外，因为 $C(s)$ 比较复杂，阶次较高，精确实现式（6-35）会导致附加校正部分过于复杂而难以实现。特别当 $C(s)$ 中包含有非最小相位环节时，完全补偿还存在着原理上的困难，即出现不稳定零极点对消现象。因此在应用中常常是进行近似补偿，以提高系统的无差度和改善系统的快速性。

目前在按输入补偿的复合控制中应用较为广泛的有两种方式：一种是设定值滤波控制，将图 6-30 中的补偿信号加入点向输入端移动，且一直移动到闭环外，即图 6-30 所示的输入设定值滤波控制，该方式主要用于解决系统对扰动的响应和对输入设定值的响应之间的矛盾；另一种是从减少稳态误差、提高系统精度的观点出发来设计前馈调节器 $G_c(s)$。

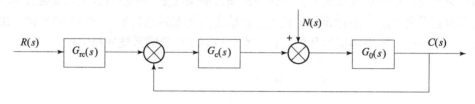

图 6-30 输入设定值滤波控制

6.5.2 反馈与按扰动前馈的复合控制

反馈与按扰动前馈的复合控制系统如图 6-31 所示。图中 $G_1(s)$ 和 $G_2(s)$ 为反馈控制中的前向通道的传递函数，$N(s)$ 为可测量的干扰；除了原有的反馈控制外，还引入了补偿扰动 $N(s)$ 影响的前馈装置 $G_c(s)$。

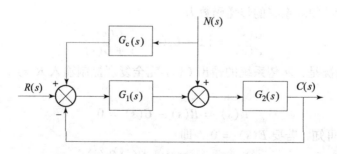

图 6-31 反馈与按扰动前馈的复合控制系统

按扰动补偿的复合控制系统，利用附加干扰的前馈装置 $G_c(s)$ 的补偿使扰动 $n(t)$ 输入不影响系统的输出 $c(t)$，从而克服干扰的影响。

从传递函数上考虑，即使系统输出对扰动的传递函数为零，有

$$G_{BN}(s) = \frac{C(s)}{N(s)} = \frac{G_2(s) + G_c(s)G_1(s)G_2(s)}{1 + G_1(s)G_2(s)} = 0$$

即

$$G_2(s) + G_c(s)G_1(s)G_2(s) = 0$$

则

$$G_c(s) = -\frac{1}{G_1(s)} \tag{6-36}$$

式（6-36）称为按扰动的全补偿条件。

按扰动全补偿的结果在理想条件下成立，但是在实际上存在以下3个困难：

（1）补偿的前提条件是扰动是可测的，仅此而言就大大地限制了其应用。

（2）要求系统中的 $G_1(s)$、$G_2(s)$、$R(s)$ 和 $N(s)$ 都能准确地获得，并且在运行过程中参数及性能不发生变化。对于大多数实际工业控制对象而言，这也是很难完全实现的。

（3）$G_c(s)$ 的具体实现上也会发生困难，因为一般实际元件（或装置）总是或多或少具有某种惯性，且所能提供的能量总是有限的。在许多情况下很难找到一个具体的物理元件具有所要求的 $G_c(s)$ 的传递函数。但是基本的反馈控制系统部分对扰动也有抑制的能力，因而实际上在复合控制中利用反馈控制和前馈补偿两者配合完成对扰动的抑制，从而提高整个系统的控制质量。

在实际应用中，也常常利用一些简单的 $G_c(s)$ 达到近似补偿，以改善稳态精度。

习　题

6.1　填空

1. 图6-32所示控制器的类型为（　　　　）。

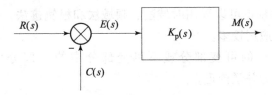

图6-32　填空题1用图

2. 图6-33所示控制器的类型为（　　　　）。

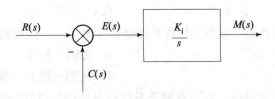

图6-33　填空题2用图

3. 图6-34所示控制器的类型为（　　　　）。

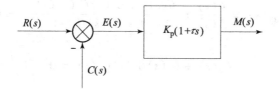

图 6-34 填空题 3 用图

4. 图 6-35 所示控制器的类型为（　　　　）。

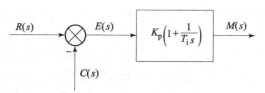

图 6-35 填空题 4 用图

5. 图 6-36 所示控制器的类型为（　　　　）。

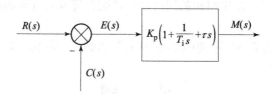

图 6-36 填空题 5 用图

6. 校正装置与系统的不可变部分成串联连接的方式称为（　　　　）。
7. 系统校正所依据的性能指标分为（　　　　）和动态性能指标。
8. 系统的校正所依据的性能指标分为稳态性能指标和（　　　　）。
9. 对于控制系统的校正可以采用时域法、频域法和根轨迹法，这三种方法互为补充，且以（　　　　）应用较多。
10. 校正装置与系统的可变部分或不可变部分中的一部分按反馈方式连接称为（　　　　），也称为并联校正。

6.2 单项选择题

1. P 控制器的增益用（　　）表示。
A. I_p　　　　　　　B. K_p　　　　　　　C. E_p　　　　　　　D. S_p
2. 只改变信号的增益而不影响其相角的控制器称为（　　）控制器。
A. 比例　　　　　　　　　　　　　B. 比例—积分
C. 比例—微分　　　　　　　　　　D. 比例—积分—微分
3. 使系统的相角裕度提高，因而有助于系统动态性能的改善的控制器称为（　　）控制器。
A. 比例　　　　　　　　　　　　　B. 积分
C. 比例—微分　　　　　　　　　　D. 比例—积分—微分

4. 可以提高系统的稳态性能，但会使系统的相角滞后 90°的控制器称为（　　）控制器。

　　A. 比例　　　　　　　　　　　　B. 积分
　　C. 比例—微分　　　　　　　　　D. 比例—积分—微分

5. 某控制系统可以包含被控对象和控制器两部分，对控制对象起作用的装置为（　　）。

　　A. 被控对象　　B. 控制器　　　C. 控制系统　　　D. 无法确定

6. 用适当的校正装置的伯德图，配合开环增益的调整，来修改原有的开环系统的伯德图，使开环系统经校正与增益调整后的伯德图符合性能指标的要求的方法为（　　）。

　　A. 频率法　　　B. 根轨迹法　　C. 时域法　　　　D. 复平面法

7. 某种校正方式一般不单独使用，总是和其他校正方式结合起来构成复合控制系统，以满足某些性能要求较高的系统的需要，这种校正方式称为（　　）。

　　A. 前馈校正　　B. 反馈校正　　C. 并联校正　　　D. 复合校正

8. 具有比例—积分控制规律的控制器称为（　　）。

　　A. I 控制器　　B. D 控制器　　C. P 控制器　　　D. PI 控制器

9. 通常使积分部分发生在系统频率的（　　），以提高系统的稳态性能。

　　A. 低频段　　　　　　　　　　　B. 中频段
　　C. 高频段　　　　　　　　　　　D. 高频段或低频段均可

10. 通常使微分部分发生在系统频率的（　　），以改善系统的动态性能。

　　A. 低频段　　　　　　　　　　　B. 中频段
　　C. 高频段　　　　　　　　　　　D. 低频段或高频段均可

6.3　校正装置计算与设计

1. 控制系统的开环传递函数为 $G_K(s) = \dfrac{10}{s(0.2s+1)}$，校正装置的传递函数 $G_c(s) = \dfrac{0.2s+1}{0.02s+1}$。绘制校正前后系统的伯德图。

2. 控制系统的开环传递函数为 $G_K(s) = \dfrac{10}{s(0.2s+1)(2s+1)}$，校正后系统的伯德图如图 6-37 所示。

（1）写出校正后系统的传递函数；

（2）写出超前校正装置的传递函数。

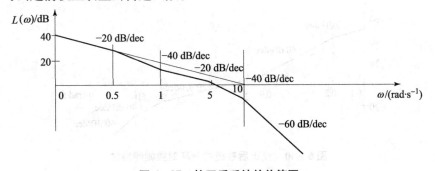

图 6-37　校正后系统的伯德图

3. 已知最小相位系统校正前和串联校正后系统的对数幅频特性如图 6-38 所示。
(1) 写出系统校正前和校正后的传递函数；
(2) 如果采用滞后校正装置，写出滞后校正装置的传递函数。

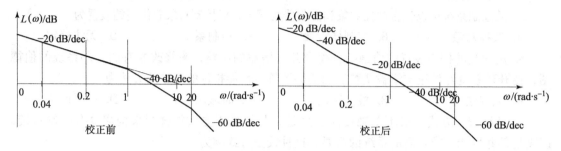

图 6-38 校正前和串联校正后系统的对数幅频特性

4. 某控制系统的开环传递函数为 $G_K(s) = \dfrac{8}{s(2s+1)}$，校正装置的传递函数为 $G_c(s) = \dfrac{(10s+1)(2s+1)}{(100s+1)(0.2s+1)}$，试绘制校正前后的伯德图。

5. 最小相位系统开环传递函数的对数幅频特性如图 6-39 所示；采用串联校正后，系统的开环对数幅频特性如图 6-40 所示。写出 $G_K(s)$ 和串联的校正环节 $G_c(s)$ 的传递函数。

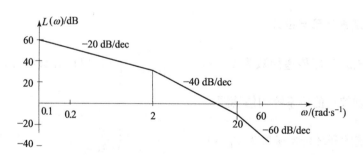

图 6-39 $G_K(s)$ 的开环对数幅频特性

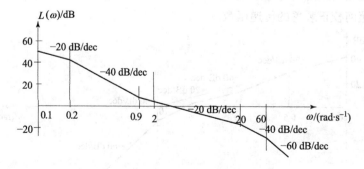

图 6-40 校正后系统的开环对数幅频特性

6. 某控制系统的开环传递函数 $G_K(s) = \dfrac{10}{s(0.5s+1)(0.1s+1)}$，其中 $\omega_c = \sqrt{20}$。

(1) 绘制原系统的伯德图；

(2) 采用传递函数为 $G_c(s) = \dfrac{0.37s+1}{0.049s+1}$ 的串联超前校正装置，绘制校正后系统的伯德图。

第 7 章 采样控制系统分析

学习导航

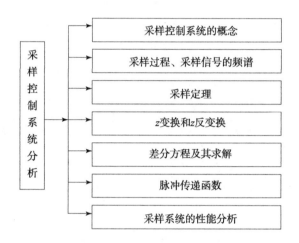

7.1 线性离散控制系统的基本概念

前面各章介绍了连续系统的控制问题。在连续系统中，不论是输入量、输出量、反馈量，还是偏差量，都是时间的连续函数。这种在时间上连续，在幅值上也连续的信号称为连续信号，又称模拟信号。

离散控制系统与连续控制系统相比存在着明显的差异，离散控制系统的显著特点是：系统中一处或多处信号不是连续时间的模拟信号，而是在时间上离散的脉冲序列，称为离散信号。离散信号通常是按照一定的时间间隔对连续的模拟信号进行采样得到的，故又称为采样信号。相应的离散控制系统亦称为采样控制系统。

7.1.1 采样控制系统

一种典型的采样控制系统如图 7-1 所示。

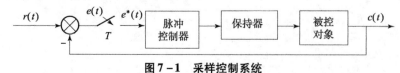

图 7-1 采样控制系统

图 7-1 中，$e(t)$ 是连续的误差信号，经过采样周期为 T 的采样开关之后，变为一组脉冲序列 $e^*(t)$。控制器对采样误差信号进行处理后，再经过保持器转换为连续信号去控制被控对象。在典型采样控制系统中，采样误差信号是通过采样开关对连续误差信号采样后得到的，如图 7-2 所示。

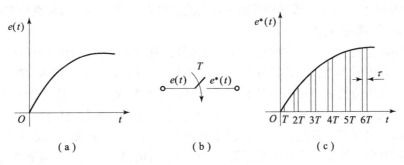

图 7-2 模拟信号的采样

如图 7-2 所示，采样开关每经过一定的时间 T 闭合一次，每次闭合时间为 τ，$\tau < T$，T 为采样周期，而 $f_s = \dfrac{1}{T}$，$\omega_s = 2\pi f_s = \dfrac{2\pi}{T}$ 分别为采样频率和采样角频率。

由图 7-2 可见，在采样开关输出端的信号以脉冲序列的形式出现时，每个脉冲之后有一段无信号的时间间隔，在无信号的时间间隔内，控制系统实际上工作在开环状态。显然，如果采样频率太低，包含在输入信号中的大量信息通过采样后就会损失掉。采样周期 T 是采样系统的一个很重要的特殊参数，它将影响采样系统的稳定性、稳态误差和信号的恢复精度。

7.1.2 数字控制系统

在采样系统中，当离散信号为数字量时，称为数字采样系统，最常见的是数字计算机控制系统。图 7-3 为典型数字计算机控制系统框图。

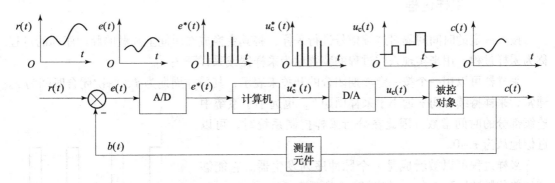

图 7-3 数字计算机控制系统框图

在计算机控制系统中，通常是数字—模拟混合结构，因此需要设置数字量和模拟量相互转换的环节。在图 7-3 所示系统中，给定输入信号 $r(t)$、反馈信号 $b(t)$ 和偏差信号 $e(t)$ 均为模拟量，模拟信号经模拟—数字转换器（Analogue – Digital Converter）（A/D 转换器）转换成离散信号 $e^*(t)$，并把其值由十进制数转换成二进制数，输入到计算机进行运算处理；计算机输出二进制的脉冲序列 $u_c^*(t)$，由于被控对象通常需要模拟信号去驱动，因此设置数字—模拟转换器（Digital – AnalogueConverter）（D/A 转换器）将离散信号 $u_c^*(t)$ 转换成模拟信号 $u_c(t)$，去控制被控对象。图中的计算机方框代表用计算机编程实现某种控制规律，如 P、PI、PID 控制规律等。

在计算机控制系统中，通常用计算机的内部时钟来设定采样周期，系统的信号传递过程，包括 A/D 转换、计算机按某种控制规律得到控制器输出、D/A 转换直到控制被控对象，要求在一个采样周期内完成。

采样周期具有精度高、可靠性好、能有效地抑制噪声等特点，而且用计算机实现的数字控制器具有很好的通用性，只要编写不同的控制算法程序，就可以实现不同的控制要求，包括最优控制、自适应控制等一些现代控制的方法，还可以用一台计算机分时控制若干个对象。由于数字控制具有以上显著优点，因此采样控制系统的应用日益广泛。

应该指出，采样控制系统和连续控制系统是有共同点的。首先它们都采用反馈控制结构，都由被控对象、测量元件和控制器组成，控制系统的目的都是以尽可能高的精度复现给定输入信号，尽可能好地克服扰动输入对系统的影响；其次对采样系统的分析也包括三个方面，即稳定性能、稳态性能和暂态性能，这是采样系统和连续系统共性的方面。采样系统的个性主要体现在信号的形式上，因为系统中使用了数字控制器，系统中有将连续信号转换成采样信号的采样器和将采样信号转换成连续信号的保持器。采样器和保持器是采样系统中不同于连续系统的特殊部件，因此采样系统的特殊问题就是采样周期如何选取、采样周期对系统稳定性和其他性能的影响、保持器的特性对系统稳定性的影响等。

本章将讨论采样过程和采样定理，采样信号保持、z 变换和脉冲传递函数，采样控制系统的性能分析，以及最少拍采样控制系统的设计。

7.2 采样过程与采样定理

7.2.1 采样过程

按照一定的时间间隔对连续信号进行采样，将其变换成在时间上离散的脉冲序列的过程称为采样过程。用来实现采样过程的装置称为采样器或采样开关。

采样器可以用一个按一定周期闭合的开关来表示，其采样周期为 T，每次闭合时间为 τ。通常，采样持续时间 τ 远小于采样周期 T，也远小于系统中连续部分的时间常数。因此在分析采样控制系统时，可以近似地认为 $\tau \to 0$。

采样过程可以被看成是一个脉冲序列发生器。它能够产生单位脉冲序列 $\delta_\tau(t)$，如图 7-4 所示。

单位脉冲序列的数学表达式为

$$\delta_\tau(t) = \sum_{n=-\infty}^{\infty} \delta(t - nT) \qquad (7-1)$$

式中 T——采样周期；

n——整数。

脉冲调制器（采样器）的输出信号 $e^*(t)$ 可表示为

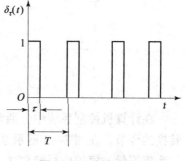

图 7-4 采样过程

$$e^*(t) = e(t)\delta_T(t) = e(t)\sum_{n=-\infty}^{\infty}\delta(t-nT) \tag{7-2}$$

在控制系统中，通常当 $t<0$ 时，$e(t)=0$，因此上式可以改写为

$$e^*(t) = e(t)\sum_{n=-\infty}^{\infty}\delta(t-nT) = e(t)\sum_{n=0}^{\infty}e(kT)\delta(t-nT) \tag{7-3}$$

式（7-3）的拉普拉斯变换式为

$$L[e^*(t)] = E^*(s) = e(t)\sum_{n=0}^{\infty}\delta(t-nT) = \sum_{n=0}^{\infty}e(kT)e^{-nTs} \tag{7-4}$$

综上所述，采样过程相当于一个脉冲调制过程，采样开关的输出信号 $e^*(t)$ 可表示为两个函数的乘积，其中载波信号 $\delta_T(t)$ 决定采样时间，即输出函数存在的时刻，而采样信号的幅值则由输入信号 $e(nT)$ 决定，如图7-5所示。

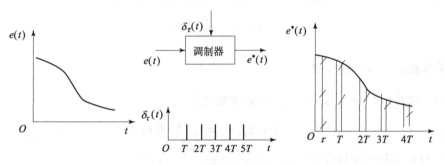

图7-5 采样信号的调制过程

7.2.2 采样信号的频谱

一个周期函数可以用傅里叶级数进行分解，即

$$f(t) = \frac{a_0}{2} + \sum_{n=1}^{\infty}[a_n\cos n\omega t + b_n\sin n\omega t] \tag{7-5}$$

式中，

$$a_0 = \frac{2}{T}\int_{-\frac{T}{2}}^{\frac{T}{2}}f(t)dt = \frac{a_0}{2} + \sum_{n=1}^{\infty}[a_n\cos n\omega t + b_n\sin n\omega t]$$

$$a_n = \frac{2}{T}\int_{-\frac{T}{2}}^{\frac{T}{2}}f(t)\cos n\omega t dt$$

$$b_n = \frac{2}{T}\int_{-\frac{T}{2}}^{\frac{T}{2}}f(t)\sin n\omega t dt \quad (n=1,2,3,\cdots) \tag{7-6}$$

傅里叶级数的复数形式为

$$f(t) = \sum_{n=-\infty}^{\infty}C_n e^{jn\omega t}$$

$$C_n = \frac{1}{T}\int_{-\frac{T}{2}}^{\frac{T}{2}}f(t)e^{-jn\omega t}dt \quad (n=0, \pm 1, \pm 2, \pm 3, \cdots) \tag{7-7}$$

把周期信号展成复数形式的傅里叶级数，然后对它的频率和振幅进行分析，这就是频谱分析。

1. 单位理想脉冲序列的傅里叶级数

已知单位脉冲序列的数学表达式为

$$\delta_T(t) = \sum_{k=-\infty}^{\infty} \delta(t-kT) = \sum_{k=-\infty}^{\infty} C_n e^{jk\omega_s t} \quad (7-8)$$

式中,$\omega_s = \dfrac{2\pi}{T}$,称为采样频率。

在 $[-T/2,\ T/2]$ 区间,由于 $\delta_T(t)$ 仅在 $t=0$ 时有值,且 $e^{-jk\omega_s t}|_{t=0}=1$,所以

$$C_n = \frac{1}{T}\int_{0_-}^{0_+} \delta_T(t) e^{-jk\omega_s t} dt = \frac{1}{T} \quad (7-9)$$

将 C_n 代入式 (7-8),得到周期函数 $\delta_T(t)$ 仅在 $t=0$ 的傅里叶级数为

$$\delta_T(t) = \frac{1}{T}\sum_{k=-\infty}^{\infty} e^{jk\omega_s t} \quad (7-10)$$

2. 采样函数 $f^*(t)$ 的频谱

设 $t<0$ 时 $f^*(t)=0$,则采样过程的数学描述为

$$f^*(t) = f(t)\delta_T(t) = \frac{1}{T}\sum_{k=-\infty}^{\infty} f(t) e^{jk\omega_s t} \quad (7-11)$$

对式 (7-11) 取拉氏变换得到

$$F^*(s) = \frac{1}{T}\sum_{k=-\infty}^{\infty} F(s-jk\omega_s) \quad (7-12)$$

令 $s=j\omega$,得到

$$F^*(j\omega) = \frac{1}{T}\sum_{k=-\infty}^{\infty} F(j\omega-jk\omega_s)$$

由上式可见采样函数 $f^*(t)$ 的傅里叶级数是 ω 的周期函数,周期为 ω_s。式中 $k=0$ 时的傅里叶级数 $F(s)$ 是连续函数 $f(t)$ 的傅里叶变换。$F^*(s)$ 的频谱如图 7-6 所示。

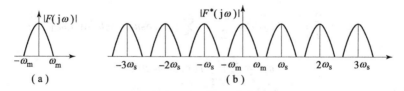

图 7-6 连续函数和采样函数的频谱
(a) 连续函数的频谱;(b) 采样函数的频谱

图中 $k=0$ 时

$$F^*(j\omega)|_{k=0} = \frac{1}{T}F(j\omega) \quad (7-13)$$

称为采样频谱的主分量,是连续函数 $f(t)$ 的连续频谱的 $1/T$ 倍。$k=0,\ \pm1,\ \pm2,\cdots$ 的频谱是主分量平移 $k\omega_s$ 的频谱分量,称为余分量。余分量的分布位置与采样周期有关。

7.2.3 采样定理

采样定理所要解决的问题是:采样周期选多大,才能将采样信号较少失真地恢复为原来

的连续信号。从图 7-6 可以看出，为了准确复现连续信号 $f(t)$，必须使离散信号频谱中的各部分相互不重叠。这样就可以采用一个如图 7-7 所示频率特性的低通滤波器，滤掉所有的高频频谱分量，只保留主频谱。

相邻两部分频谱互不重叠的条件是

$$\omega_s \geq 2\omega_m \quad (7-14)$$

式中，$2\omega_m$ 为连续信号的有限频率带宽。

如果 $\omega_s < 2\omega_m$，则会出现相邻部分频谱重叠的现象，这时就难以准确复现连续信号了。

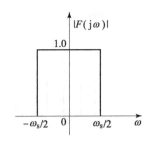

图 7-7 理想低通滤波器的频率特性

香农（Shannon）采样定理

香农采样定理的内容是：如果采样器的输入信号 $f(t)$ 是有限带宽的信号，即 $\omega_s > 2\omega_m$ 时，$F(\omega) = 0$；而 $f^*(t)$ 是 $f(t)$ 的理想采样信号，若采样频率 $\omega_s \geq 2\omega_m$，则一定可以由采样信号 $f^*(t)$ 完全地恢复出 $f(t)$ 来。

采样定理的证明完全可以由图 7-7 看出，当 $\omega_s \geq 2\omega_m$ 时，用理想滤波器可滤去高频分量，只留下主频谱，这个主频谱可以和原信号相对应。反之，当 $\omega_s < 2\omega_m$ 时，则频谱出现重叠，滤不掉高频分量，因此被恢复的原信号将失真。

应当指出，采样定理只给出一个指导原则，因为一般信号的 ω_m 很难求出，且带宽有限也很难满足。

7.2.4 信号的复现

实现采样控制遇到的另一个重要问题，是如何把采样信号较准确地恢复为连续信号。把采样信号恢复为连续信号的过程通常称为信号的复现。

理论上，在 $\omega_s \geq 2\omega_m$ 的条件下，离散信号中的各分量彼此互不重叠。采用理想滤波器滤去各高频分量，保留主频谱，就可以无失真地恢复连续信号。但上述理想滤波器在实际上是难以实现的。因此，必须寻找在特性上比较接近理想的滤波器，而实际上又可以实现的滤波器。在采样控制系统中常用的保持器就是这种实用滤波器。保持器又分为零阶保持器和一阶保持器，结构最简单、应用最广泛的是零阶保持器。

1. 零阶保持器

零阶保持器是采用恒值外推规律的保持器。它把前一时刻 kT 的采样值 $f(kT)$ 不增不减地保持到下一个采样时刻 $(k+1)T$。零阶保持器如图 7-8 所示。

2. 零阶保持器的传递函数和频率特性

若已知 $f(t)$ 在 kT 时刻的函数值及各阶导数，则当 $kT < t < (k+1)T$ 时，可将 $f(t)$ 展成如下泰勒级数

$$f(t) = f(kT) + f^*(t)|_{t=kT} \cdot (t-kT) + \cdots + \frac{1}{n!} f^n(t)|_{t=kT} \cdot (t-kT)^n + \cdots$$

$$(7-15)$$

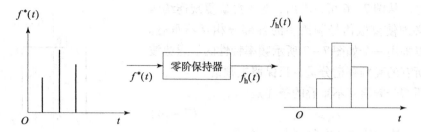

图 7-8 零阶保持器

由于采样后所得到的信息是各个采样时刻的瞬时值,当采样周期足够小时可以用以下方式得到各阶导数的近似值

$$f^*(kT) = \frac{f(kT) - f(kT-T)}{T} \quad (7-16)$$

$$f^*(t)|_{t=kT} = \frac{f(kT) - 2f(kT-T) + f(kT-2T)}{T^2} \quad (7-17)$$

以此类推,计算 n 阶导数的近似值需已知 n+1 个采样时刻的瞬时值。若式 (7-15) 的右边只取前 n+1 项,便得到 n 阶保持器的数学表达式为

$$f(t) = f(kT), \quad kT < t < (k+1)T \quad (7-18)$$

理想采样开关的输出为

$$f^*(t) \geqslant f(t) \cdot \delta_\tau(t) = \sum_{k=0}^{+\infty} f(t) \cdot \delta(t-kT)$$

其拉普拉斯变换为

$$F^*(s) = \sum_{k=0}^{+\infty} f(kT) e^{-kTs} \quad (7-19)$$

零阶保持器的输出为

$$f_h(t) = \sum_{k=0}^{+\infty} f(kT)[1(t-kT) - 1(t-kT-tT)] \quad (7-20)$$

上式两边取拉普拉斯变换,得

$$F_h^*(s) = \sum_{k=0}^{+\infty} f(kT)\left[\frac{e^{-kTs} - e^{-(k+1)Ts}}{s}\right]$$

$$= \left(\frac{1-e^{-Ts}}{s}\right)\sum_{k=0}^{+\infty} f(kT)e^{-kTs} \quad (7-21)$$

由上式可知零阶保持器的传递函数为

$$G_h(s) = \frac{1-e^{-Ts}}{s} \quad (7-22)$$

用 jω 代替式 (7-22) 中的 s,便得到零阶保持器的频率特性为

$$G_h(j\omega) = \frac{1-e^{-j\omega T}}{j\omega} = T\frac{\sin\frac{\omega T}{2}}{\frac{\omega T}{2}}e^{-j\frac{\omega T}{2}} = T\frac{\sin\frac{\pi\omega}{\omega_s}}{\frac{\pi\omega}{\omega_s}}e^{-j\frac{\pi\omega}{\omega_s}} \quad (7-23)$$

其幅频特性为

$$|G_h(j\omega)| = T\frac{\left|\sin\dfrac{\pi\omega}{\omega_s}\right|}{\dfrac{\pi\omega}{\omega_s}} \qquad (7-24)$$

其相频特性为

$$\angle G_h(j\omega) = -\frac{\pi\omega}{\omega_s} + \angle\sin\left(\frac{\pi\omega}{\omega_s}\right) \qquad (7-25)$$

其中

$$\angle\sin\left(\frac{\pi\omega}{\omega_s}\right) = \begin{cases} 0, & 2n\omega_s < \omega < (2n+1)\omega_s \\ \pi, & (2n+1)\omega_s < \omega < 2(n+1)\omega_s \end{cases} \qquad (7-26)$$

其幅频特性与相频特性绘于图 7-9。从图 7-9 可以看出，零阶保持器是一个低通滤波器，但不是理想的低通滤波器，它除了允许信号的主频谱分量通过外，还允许部分高频分量通过，因此由零阶保持器恢复的连续信号 $f_h(t)$ 与被采样的连续信号 $f(t)$ 不完全相同。零阶保持器是按阶梯形状恢复原来的连续信号，只要采样周期足够小，$f_h(t)$ 与 $f(t)$ 的差距就越小，加之零阶保持器的数学描述简单，易于实现，所以在实际中被广泛采用。

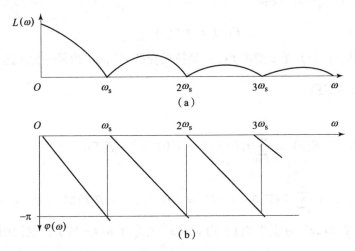

图 7-9 零阶保持器的频率特性曲线
(a) 幅频特性；(b) 相频特性

7.3 z 变换

在连续时间系统中，为了避开解微分方程的困难，可以通过拉氏变换把问题从时域变换到频域中，把解微分方程转化为解代数方程，使解题得以简化。出于同样的目的，在采样系统中为了避开求解微分方程的困难，通过 z 变换把问题从离散的时间域转换到 z 域中，把解线性时不变差分方程转化为求解代数方程。

7.3.1 z 变换的定义

连续信号 $f(t)$ 经采样后得到的脉冲序列为

$$f^*(t) = \sum_{k=0}^{\infty} f(t) \cdot \delta(t-kT)$$

其拉氏变换有两种形式,一种形式为

$$F^*(s) = \frac{1}{T}\sum_{k=-\infty}^{+\infty} F(s+jk\omega_s) \tag{7-27}$$

另一种形式为

$$L[f^*(t)] = F^*(s) = L\left[\sum_{k=0}^{\infty} f(kT)\cdot\delta(t-kT)\right] = \sum_{k=0}^{\infty} f(kT)e^{-kTs} \tag{7-28}$$

令 $z = e^{Ts}$,则上式变为

$$Z[f^*(t)] = F(z) = \sum_{k=0}^{\infty} f(kT)z^{-k} \tag{7-29}$$

式(7-29)称为采样函数 $f^*(t)$ 的 z 变换。

为了对 z 变换有较深入的理解,现做如下说明。

1. $F(z)$ 和 $F^*(s)$ 之间的关系

因为 $z = e^{Ts}$, $s = \frac{1}{T}\ln z$,故有

$$F(z) = F^*(s)\big|_{s=\frac{1}{T}\ln z} \tag{7-30}$$

式(7-30)说明,$f^*(t)$ 的 z 变换 $F(z)$ 是拉氏变换 $F^*(s)$ 的另一种表达形式。

2. z^{-k} 代表时序变量

因为

$$F(z) = \sum_{k=0}^{\infty} f(kT)z^{-k} = f(0T)z^{-0} + f(T)z^{-1} + \cdots$$

所以

$$f^*(t) = \sum_{k=0}^{\infty} f(kT)\delta(t-kT) = f(0T)\delta(t) + f(T)\delta(t-T) + \cdots$$

其中,z^{-0} 对应于 $\delta(t)$,z^{-1} 对应于 $\delta(t-T)$,$\cdots$,z^{-k} 对应于 $\delta(t-kT)$。这说明 z^{-k} 是一个时序变量。

3. 对应关系

$F(z)$ 是 $f^*(t)$ 的 z 变换,不是 $f(t)$ 的 z 变换,但在采样点上 $f^*(t)$ 和 $f(t)$ 的值是相等的。$f(t)$ 和 $F(s)$ ——对应,$f^*(t)$ 和 $F^*(s)$ ——对应,而 $F^*(s)$ 和 $f(t)$ 并非——对应。可以有无穷多个 $f(t)$,只在采样点上和 $f^*(t)$ 相等,在采样点之间是不相等的。

7.3.2 z 变换的求法

z 变换方法就是要求求取某些采样函数的 z 变换式。最直接的办法是由连续函数 $f(t)$ 求出采样函数 $f^*(t)$,然后对 $f^*(t)$ 取拉氏变换求出 $F^*(s)$,再令 $s = \frac{1}{T}\ln z$,求出采样函数 $f^*(t)$ 的 z 变换 $F(z)$,但这种求法太烦琐,下面通过级数求和法和部分分式法求 $f^*(t)$ 的 z 变换。

1. 级数求和法

现用下列例子来说明级数求和法。

【例 7-1】 试求单位阶跃函数 $1^*(t)$ 的 z 变换。

解：
$$F(z) = L[1^*(t)] = \sum_{k=0}^{\infty} 1(kT)z^{-k} = z^{-0} + z^{-1} + \cdots$$

若公比 z^{-1} 的模值满足 $|z^{-1}| < 1$，则该级数收敛，此等比级数和为

$$F(z) = \frac{1}{1-z^{-1}} = \frac{z}{z-1} \tag{7-31}$$

【例 7-2】 求指数函数 e^{-at} 的 z 变换。

解：
$$F(z) = \sum_{k=0}^{\infty} e^{-akT}z^{-k} = e^0 z^0 + e^{-aT}z^{-1} + e^{-2aT}z^{-2} + \cdots$$

若公比 $e^{-aT}z^{-1}$ 的模值满足 $|e^{-aT}z^{-1}| < 1$，则该级数收敛，此等比级数和为

$$F(z) = \frac{1}{1 - e^{-aT}z^{-1}} = \frac{z}{z - e^{-aT}} \tag{7-32}$$

【例 7-3】 求正弦函数 $f(t) = \sin\omega t$ 的 z 变换。

解： 应用欧拉公式

$$\sin\omega t = \frac{e^{j\omega t} - e^{-j\omega t}}{2j}$$

由式 (7-32) 得到按周期 T 离散后的正弦函数的 z 变换为

$$\sin\omega t = \frac{1}{2j}\left(\frac{z}{z - e^{j\omega t}} - \frac{z}{z - e^{-j\omega t}}\right) = \frac{z\sin\omega T}{z^2 - 2z\cos\omega T + 1} \tag{7-33}$$

2. 部分分式法

用 z 变换分析采样系统时，需要将连续函数 $f(t)$ 的拉氏变换式写成 z 变换以备用。这种变换的实质是将 $f(t)$ 的采样值 $f^*(t)$ 进行 z 变换。由于 $f(t)$ 和其拉氏变换式是一一对应的，所以表达式 $Z[F(z)]$ 即表示了 $f^*(t)$ 的 z 变换。

用部分分式法求 $f^*(t)$ 的 z 变换，是由 $F(s)$ 开始的。其步骤是首先把 $F(s)$ 分解为部分分式之和，然后再对每一部分分式求 z 变换。

【例 7-4】 某时域函数的拉氏变换为

$$F(s) = \frac{a}{s(s+a)}$$

试求该时域函数按周期离散后的 z 变换。

解： 应用部分分式法展开拉氏变换式

$$F(s) = \frac{a}{s(s+a)} = \frac{1}{s} - \frac{1}{s+a}$$

对应的原函数为

$$f(t) = 1(t) - e^{-at}$$

按周期 T 离散后的 z 变换式为式 (7-30) 与式 (7-31) 之差

$$F(z) = \frac{z}{z-1} - \frac{z}{z - e^{-aT}} = \frac{z(1 - e^{-aT})}{(z-1)(z - e^{-aT})} \tag{7-34}$$

表 7-1 给出了常用函数的 z 变换和拉氏变换。

表 7-1 常用函数的 z 变换和拉氏变换

序号	$F(s)$	$f(t)$	$F(z)$
1	1	$\delta(t)$	1
2	e^{-nsT}	$\delta(t-nT)$	z^{-n}
3	$\dfrac{1}{s}$	$1(t)$	$\dfrac{z}{z-1}$
4	$\dfrac{1}{s^2}$	t	$\dfrac{Tz}{(z-1)^2}$
5	$\dfrac{1}{s^3}$	$\dfrac{t^2}{2!}$	$\dfrac{T^2 z(z+1)}{2(z-1)^3}$
6	$\dfrac{1}{s^4}$	$\dfrac{t^3}{3!}$	$\dfrac{T^3(z^2+4z+1)}{6(z-1)^4}$
7	$\dfrac{1}{s+a}$	e^{-at}	$\dfrac{z}{z-e^{-aT}}$
8	$\dfrac{1}{(s+a)^2}$	te^{-at}	$\dfrac{Tze^{-aT}}{(z-e^{-aT})^2}$
9	$\dfrac{1}{(s+a)^3}$	$\dfrac{1}{2}t^2 e^{-at}$	$\dfrac{T^2 ze^{-aT}}{2(z-e^{-aT})^2}+\dfrac{T^2 ze^{-2aT}}{(z-e^{-aT})^3}$
10	$\dfrac{a}{s(s+a)}$	$1-e^{-at}$	$\dfrac{(1-e^{-aT})z}{(z-1)(z-e^{-aT})}$
11	$\dfrac{a}{s^2(s+a)}$	$t-\dfrac{1}{a}(1-e^{-at})$	$\dfrac{Tz}{(z-1)^2}-\dfrac{(1-e^{-aT})z}{a(z-1)(z-e^{-aT})}$
12	$\dfrac{\omega}{s^2+\omega^2}$	$\sin\omega t$	$\dfrac{z\sin\omega T}{z^2-2z\cos\omega T+1}$
13	$\dfrac{s}{s^2+\omega^2}$	$\cos\omega t$	$\dfrac{z(z-\cos\omega T)}{z^2-2z\cos\omega T+1}$
14	$\dfrac{\omega}{s^2-\omega^2}$	$\sinh\omega t$	$\dfrac{z\sinh\omega T}{z^2-2z\cosh\omega T+1}$
15	$\dfrac{s}{s^2-\omega^2}$	$\cosh\omega t$	$\dfrac{z(z-\cosh\omega T)}{z^2-2z\cosh\omega T+1}$
16	$\dfrac{\omega^2}{s(s^2+\omega^2)}$	$1-\cos\omega t$	$\dfrac{z}{z-1}-\dfrac{z(z-\cos\omega T)}{z^2-2z\cos\omega T+1}$
17	$\dfrac{\omega}{(s+a)^2+\omega^2}$	$e^{-at}\sin\omega t$	$\dfrac{ze^{-aT}\sin\omega T}{z^2-2ze^{-aT}\cos\omega T+e^{-2aT}}$
18	$\dfrac{b-a}{(s+a)(s+b)}$	$e^{-at}-e^{-bt}$	$\dfrac{z}{z-e^{-aT}}-\dfrac{z}{z-e^{-bT}}$
19	$\dfrac{s+a}{(s+a)^2+\omega^2}$	$e^{-at}\cos\omega t$	$\dfrac{z^2-ze^{-aT}\cos\omega T}{z^2-2ze^{-aT}\cos\omega T+e^{-2aT}}$

续表

序号	$F(s)$	$f(t)$	$F(z)$
20	$\dfrac{1}{s-(1/T)\ln\alpha}$	$a^{t/T}$	$\dfrac{z}{z-a}$
21	$\dfrac{1}{(s+a)(s+b)(s+c)}$	$\dfrac{\mathrm{e}^{-at}}{(b-a)(c-a)}+$ $\dfrac{\mathrm{e}^{-bt}}{(a-b)(c-b)}+$ $\dfrac{\mathrm{e}^{-ct}}{(a-c)(b-c)}$	$\dfrac{z}{(b-a)(c-a)(z-\mathrm{e}^{-aT})}+$ $\dfrac{z}{(a-b)(c-b)(z-\mathrm{e}^{-bT})}+$ $\dfrac{z}{(a-c)(b-c)(z-\mathrm{e}^{-cT})}$
22	$\dfrac{s+d}{(s+a)(s+b)(s+c)}$	$\dfrac{(d-a)}{(b-a)(c-a)}\mathrm{e}^{-at}+$ $\dfrac{(d-b)}{(a-b)(c-b)}\mathrm{e}^{-bt}+$ $\dfrac{(d-c)}{(a-c)(b-c)}\mathrm{e}^{-ct}$	$\dfrac{(d-a)z}{(b-a)(c-a)(z-\mathrm{e}^{-aT})}+$ $\dfrac{(d-b)z}{(a-b)(c-b)(z-\mathrm{e}^{-bT})}+$ $\dfrac{(d-c)z}{(a-c)(b-c)(z-\mathrm{e}^{-cT})}$
23	$\dfrac{abc}{s(s+a)(s+b)(s+c)}$	$1-\dfrac{bc}{(b-a)(c-a)}\mathrm{e}^{-at}-$ $\dfrac{ca}{(c-b)(a-b)}\mathrm{e}^{-bt}-$ $\dfrac{ab}{(a-c)(b-c)}\mathrm{e}^{-ct}$	$\dfrac{z}{z-1}-\dfrac{bcz}{(b-a)(c-a)(z-\mathrm{e}^{-aT})}-$ $\dfrac{caz}{(c-b)(a-b)(z-\mathrm{e}^{-bT})}-$ $\dfrac{abz}{(a-c)(b-c)(z-\mathrm{e}^{-cT})}$

7.3.3 z变换的性质

z变换的性质确定了原函数、采样序列和z变换之间的关系。通过这些性质可以求出更多函数的z变换，并为求解差分方程打下基础。

1. 线性性质

若 $F_1(z)=Z[f_1(t)]$，$F_2(z)=Z[f_2(t)]$，a 和 b 均为常数，则

$$Z[af_1(t)+bf_2(t)]=aF_1(z)+bF_2(z) \tag{7-35}$$

事实上，由z变换的定义可以得到

$$\begin{aligned}Z[af_1(t)+bf_2(t)]&=\sum_{k=0}^{\infty}[af_1(t)+bf_2(t)]z^{-k}\\&=a\sum_{k=0}^{\infty}f_1(t)z^{-k}+b\sum_{k=0}^{\infty}f_2(t)z^{-k}\\&=aF_1(z)+bF_2(z)\end{aligned}$$

2. 滞后定理

设 $t<0$，$f(t)=0$，令 $Z[f(t)]=F(z)$，则滞后定理为

$$Z\{f(t-iT)\}=z^{-i}F(z) \tag{7-36}$$

证明：由z变换有

$$Z[f(t-iT)] = \sum_{k=0}^{\infty} f(kT-iT)z^{-k}$$
$$= f(-iT)z^{-0} + f[(1-i)T]z^{-1} + \cdots + f(-T)z^{-(i-1)} + f(0T)z^{-i} + f(T)z^{-(i+1)} + \cdots$$
$$= z^{-i}[f(0T) + f(T)z^{-1} + f(2T)z^{-2} + \cdots] + f(-T)z^{-(i-1)} + f(-2T)z^{-(i-2)} + \cdots + f(-iT)z^{-0}$$
$$= z^{-i}F(z)$$

3. 超前定理

令 $Z[f(t)] = F(z)$，则超前定理为

$$Z[f(t+iT)] = z^i F(z) - z^i \sum_{k=0}^{\infty} f(kT)z^{-k} \qquad (7-37)$$

证明：由 z 变换定义有

$$Z[f(t+iT)] = Z[f(kT+iT)] = \sum_{k=0}^{\infty} f(kT+iT)z^{-k}$$
$$= f(iT)z^{-0} + f[(1+i)T]z^{-1} + \cdots$$
$$= z^{+i}\{f(iT)z^{-i} + f[(1+i)T]z^{-(i+1)} + \cdots\}$$
$$= z^i \sum_{k=i}^{\infty} f(iT)z^{-k}$$
$$= z^i \left[\sum_{k=i}^{\infty} f(kT)z^{-k} - \sum_{k=0}^{i-1} f(kT)z^{-k} \right]$$
$$= z^i F(z) - z^i \sum_{k=0}^{\infty} f(kT)z^{-k}$$

若 $f(0) = f(T) = f(2T) = \cdots = f[(i-1)T] = 0$，则

$$Z[f(t+iT)] = z^i F(z)$$

从滞后和超前定理看出，脉冲序列可以在横轴上向左（超前）或向右（延迟）移动 i 个采样周期。移动前后 $F(z)$ 不变，只是乘上时序变量 z^i 或 z^{-i}。

4. 复位移定理

令 $Z[f(t)] = F(z)$，则复位移定理为

$$Z[e^{\mp at}f(t)] = F(ze^{\pm aT}) \qquad (7-38)$$

证明：由 z 变换定义有

$$Z[e^{\mp at}f(t)] = \sum_{k=0}^{\infty} e^{\mp kT}f(kT)z^{-k} = \sum_{k=0}^{\infty} f(kT)(ze^{\mp aT})^{-k}$$
$$= \sum_{k=0}^{\infty} f(kT)z_1^{-k}$$
$$= F(z_1)$$
$$= F(ze^{\pm aT})$$

【例 7-5】 试用复位移定理求 $e^{-at}\sin\omega t$ 的 z 变换。

解： 由于 $\sin\omega t$ 的 z 变换为

$$Z[\sin\omega t] = \frac{z\sin\omega T}{z^2 - 2z\cos\omega T + 1}$$

应用复位移定理将 z 用 ze^{-aT} 代换后得到函数 $e^{-at}\sin\omega t$ 的 z 变换为

$$Z(e^{-at}\sin\omega t) = \frac{ze^{-aT}\sin\omega T}{(ze^{-aT})^2 - 2ze^{-aT}\cos\omega T + 1}$$

5. 初值定理

设 $Z[f(t)] = F(z)$，如果 $z \to \infty$ 时 $F(z)$ 的极限存在，则函数的初值为

$$\lim_{t\to 0} f(t) = f(0) = \lim_{z\to\infty} F(z) \tag{7-39}$$

证明：由 z 变换定义有

$$Z[f(t)] = \sum_{k=0}^{\infty} f(kT)z^{-k} = f(0) + f(T)z^{-1} + \cdots$$

对上式两边取 $z \to \infty$ 的极限，则有

$$f(0) = \lim_{z\to\infty} F(z)$$

6. 终值定理

设 $Z[f(t)] = F(z)$，则函数的终值为

$$\lim_{t\to\infty} f(t) = f(\infty) = \lim_{z\to 1}(z-1)F(z) = \lim_{z\to 1}(1-z^{-1})F(z) \tag{7-40}$$

证明：由 z 变换定义有

$$F(z) = \sum_{k=0}^{\infty} f(kT)z^{-k}$$

又根据超前定理

$$Z[f(t+T)] = \sum_{k=0}^{\infty} f(kT+T)z^{-k} = zF(z) - zf(0)$$

用上式减去 $F(z)$ 得

$$zF(z) - zf(0) - F(z) = \sum_{k=0}^{\infty} f(kT+T)z^{-k} - \sum_{k=0}^{\infty} f(kT)z^{-k}$$

$$(z-1)F(z) - zf(0) = \sum_{k=0}^{\infty} [f(kT+T) - f(kT)]z^{-k}$$

$$= [f(T) - f(0) + f(2T) - f(T) + \cdots]z^{-k}$$

$$= [f(\infty) - f(0)]z^{-k}$$

对上式两边取 $z \to 1$ 的极限得

$$f(\infty) = \lim_{z\to 1}(z-1)F(z) = \lim_{z\to 1}\frac{z-1}{z}F(z) = \lim_{z\to 1}(1-z^{-1})F(z)$$

【例 7-6】 设 $f(t)$ 的 z 变换为

$$F(z) = \frac{0.831z}{(z-1)(z^2 - 0.362z + 0.193)}$$

试由终值定理计算 $f(t)$ 的终值。

解：对给定的象函数应用 z 变换终值定理得

$$f(\infty) = \lim_{z\to 1}(z-1)F(z) = \lim_{z\to 1}(z-1)\frac{0.831z}{(z-1)(z^2 - 0.362z + 0.193)}$$

$$= \lim_{z\to 1}\frac{0.831z}{z^2 - 0.362z + 0.193}$$

$$= 1$$

7.4 z 反变换

将 z 变换象函数变换成离散时域原函数的方法称为 z 反变换。常用的 z 反变换有长除法和部分分式法。

1. 长除法

首先将离散时域函数展开为

$$f^*(t) = \sum_{k=0}^{\infty} f(kT)\delta(t - kT)$$
$$= f(0)\delta(t) + f(T)\delta(t-T) + f(2T)\delta(t-2T) + \cdots + f(kT)\delta(t-kT) + \cdots \quad (7-41)$$

已知象函数

$$F(z) = \frac{b_0 z^m + b_1 z^{m-1} + \cdots + b_m}{a_0 z^n + a_1 z^{n-1} + \cdots + a_n}, \quad n > m$$

用长除法把 $F(z)$ 按降幂级数展开

$$F(z) = f(0)z^{-0} + f(T)z^{-1} + f(2T)z^{-2} + \cdots + f(kT)z^{-k} + \cdots \quad (7-42)$$

对应原函数为

$$f(kT) = f(0)\delta(t) + f(T)z^{-1} + f(2T)z^{-2} + \cdots + f(kT)z^{-k} + \cdots \quad (7-43)$$

【例 7-7】 求 $F(z) = \dfrac{z}{(z-1)(z-2)}$ 的原函数 $f(kT)$。

解： $F(z) = \dfrac{z}{(z-1)(z-2)} = \dfrac{z}{z^2 - 3z + 2} = z^{-1} + 3z^{-2} + 7z^{-3} + \cdots$

对应的原函数为

$$f(kT) = \delta(t-T) + 3\delta(t-2T) + 7\delta(t-3T) + \cdots$$

2. 部分分式法

用部分分式法将 $F(z)$ 分解为部分分式，再通过查表求出原离散序列。因为 z 变换表中 $F(z)$ 的分子常有因子 z，所以通常将 $F(z)$ 展成 $F(z) = zF_1(z)$ 的形式，即

$$F(z) = zF_1(z) = z\left[\frac{A_1}{z-z_1} + \frac{A_2}{z-z_2} + \cdots + \frac{A_i}{z-z_i}\right] \quad (7-44)$$

式中，系数 A_i 用下式求出

$$A_i = \text{Res}[F_1(z)(z-z_i)]_{z=z_i} \quad (7-45)$$

【例 7-8】 求 $F(z) = \dfrac{z}{(z-1)(z-2)}$ 的反变换 $f(kT)$。

解： 将 $F(z)$ 分解为部分分式

$$F(z) = \frac{z}{(z-1)(z-2)} = z\left[\frac{A_1}{z-1} + \frac{A_2}{z-2}\right] = \frac{z}{z-2} - \frac{z}{z-1}$$

因为

$$Z^{-1}\left[\frac{z}{z-a}\right] = a^k$$

所以
$$f(kT) = 2^k - 1^k = 2^k - 1, \quad k = 0, 1, 2, \cdots$$

7.5 差分方程

连续控制系统所处理的信息都是连续函数，输入输出关系用微分方程来描述，用拉氏变换求解微分方程，用传递函数对系统进行动态分析。与此相对应，差分方程是采样系统输入输出关系的时域方程，用 z 变换来求解差分方程，而用脉冲传递函数对采样系统进行动态分析。

7.5.1 差分方程概述

差分方程分为后向差分方程和前向差分方程两种。设采样周期 $T=1$，当前时刻 kT 的输入输出采样值分别为 $r(k)$ 和 $c(k)$，则由过去时刻的采样值描述的 n 阶后向差分方程为

$$\begin{aligned} & c(k) + a_1 c(k-1) + a_2 c(k-2) + \cdots + a_{n-1} c(k-n+1) + a_n c(k-n) \\ & = b_0 r(k) + b_1 r(k-1) + b_2 r(k-2) + \cdots + b_{m-1} r(k-m+1) + b_m r(k) \end{aligned} \tag{7-46}$$

由未来时刻的采样值描述的 n 阶前向差分方程为

$$\begin{aligned} & c(k+n) + a_1 c(k+n-1) + a_2 c(k+n-2) + \cdots + a_{n-1} c(k+1) + a_n c(k) \\ & = b_0 r(k+m) + b_1 r(k+m-1) + b_2 r(k+m-2) + \cdots + b_{m-1} r(k+1) + b_m r(k) \end{aligned} \tag{7-47}$$

式中，a_1，a_2，$\cdots$，a_n，b_0，b_1，$\cdots b_n$ 对离散线性定常系统而言是由系统参数和输入量系数确定的系数。

7.5.2 差分方程的解法

1. 迭代法

迭代法是已知离散系统的差分方程和输入序列、输出序列的初始值，利用逆推关系逐步计算出所需要的输出值的方法，迭代法适用于计算机求解。

【例 7-9】已知采样系统的差分方程为

$$c(k) = r(k) - 3c(k-1) - 2c(k-2)$$

试用迭代法确定当输入序列为 $r(t) = \delta_T(k)$，初始条件为 $c(0) = 0$，$c(1) = 1$ 时的解（计算到 $k=6$）。

解：$k=2$ 时，$c(2) = r(2) - 3c(1) - 2c(0) = -2$

$k=3$ 时，$c(3) = r(3) - 3c(2) - 2c(1) = 5$

$k=4$ 时，$c(4) = r(4) - 3c(3) - 2c(2) = -10$

$k=5$ 时，$c(5) = r(5) - 3c(4) - 2c(3) = 21$

$k=6$ 时，$c(6) = r(6) - 3c(5) - 2c(4) = -42$

由前 6 步的解序列看，$c(k)$ 呈现出由 0 开始的先正后负，每采样一次交换一次极性，并

且幅值呈发散振荡特性。

2. z 变换法

利用 z 变换法把线性定常系数差分方程变为以 z 为变量的代数方程，这便简化了采样系统的分析与综合。用 z 变换法的步骤是对差分方程求 z 变换，然后通过 z 反变换求出输出脉冲序列。

【例 7-10】试用 z 变换法求解下列差分方程的解：
$$c(t+2T) + 3c(t+T) + 2c(t) = r(t)$$
已知输入函数为
$$r(t) = \begin{cases} 1, & t=0 \\ 0, & t \neq 0 \end{cases}, c(0)=0, c(T)=0$$

解：由于采样点的函数值由初始条件及其差分方程所决定，与采样周期 T 无关，T 的不同只表明采样时刻不同，因此可将差分方程写成
$$c(t+2) + 3c(t+1) + 2c(t) = r(t)$$
这是一个前向差分方程，运用超前性质对上式各项取 z 变换得到
$$[z^2C(z) - z^2c(0) - zc(1)] + [3zC(z) - 3zc(0)] + 2C(z) = 1$$
代入给定的初值，得到输出量的 z 变换象函数为
$$C(z) = \frac{1}{z^2+3z+2} = \frac{1}{(z+2)(z+1)} = -\frac{1}{z+2} + \frac{1}{z+1}$$
等式两端同乘以 z 得到
$$zC(z) = -\frac{z}{z+2} + \frac{z}{z+1}$$
由于 $Z[c(k+1)] = zC(z) - zc(0)$，并且 $c(0)=0$，对上式取 z 反变换得到
$$c(k+1) = -(-2)^k + (-1)^k, \quad k=1,2,\cdots$$
$$c(k) = -(-2)^{k-1} + (-1)^{k-1}, \quad k=1,2,\cdots$$

7.6 脉冲传递函数

在连续系统中传递函数是研究系统性能的重要基础，它描述了系统的输入输出特性，同样，对于采样系统可以通过脉冲传递函数来分析系统特性。

7.6.1 脉冲传递函数的定义

开环采样系统如图 7-10 所示，系统的输入信号为 $r(t)$，经采样后为 $r^*(t)$，对应的 z 变换为 $R(z)$，连续部分的传递函数为 $G(s)$，输出为 $c(t)$，经采样后 $c^*(t)$ 的 z 变换为 $G(z)$，则脉冲传递函数的定义为：在零初始条件下，系统输出的 z 变换与输入的 z 变换之比，即

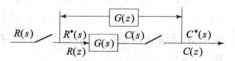

图 7-10 开环采样系统

$$G(z) = \frac{C(z)}{R(z)} \tag{7-48}$$

若已知系统的脉冲传递函数 $G(z)$ 和输入信号的 z 变换 $R(z)$，可求得系统输出的采样信号为

$$c^*(t) = Z^{-1}[C(z)] = Z^{-1}[G(z)R(z)] \quad (7-49)$$

由上式可见，已知 $R(z)$ 时，系统的输出响应 $c^*(t)$ 完全由脉冲传递函数 $G(z)$ 来决定。采样系统的脉冲传递函数可以用来研究采样系统的性能，这和在连续系统利用系统的传递函数来研究系统的性能是类似的。

然而对于大多数情况，系统的输出信号往往是连续信号，而不是采样信号，如图 7-11 所示，这时可以在输出端虚设一个理想采样开关（如图 7-11 虚线所示），其采样频率与输入端采样开关相同，经虚设采样开关得到的脉冲序列 $c^*(t)$ 反映的是连续输出 $c(t)$ 在采样时刻的瞬时值。

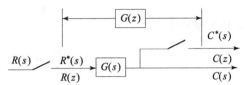

图 7-11 输出为连续信号的开环采样系统

7.6.2 开环脉冲传递函数

1. 开环脉冲传递函数的推导

由前面可知

$$r^*(t) = \frac{1}{T}\sum_{k=0}^{+\infty} r(t)e^{jk\omega_s t} \quad (7-50)$$

和

$$R^*(z) = \frac{1}{T}\sum_{k=0}^{+\infty} R(s + jk\omega_s) \quad (7-51)$$

由上式可看出 $R^*(z)$ 是周期函数，其周期为 $j\omega_s$。图 7-11 中连续环节的输出可表示为

$$C(s) = G(s)R^*(s) \quad (7-52)$$

类似有

$$\begin{aligned}
C^*(s) &= \frac{1}{T}\sum_{k=0}^{+\infty} C(s + jk\omega_s) = \frac{1}{T}\sum_{k=0}^{+\infty} G(s + jk\omega_s)R^*(s + jk\omega_s) \\
&= \left[\frac{1}{T}\sum_{k=0}^{+\infty} G(s + jk\omega_s)\right] R^*(s) \\
&= G^*(s)R^*(s) \quad (7-53)
\end{aligned}$$

$$G^*(s) = \frac{1}{T}\sum_{k=0}^{+\infty} G(s + jk\omega_s) \quad (7-54)$$

$G^*(s)$ 为连续环节脉冲响应 $g(t)$ 的采样序列 $g^*(t)$ 的拉氏变换，根据 z 变换的定义将 $s = \frac{1}{T}\ln z$ 代入式（7-53）可得

$$C(z) = G(z)R(z) \quad (7-55)$$

由此可见，脉冲传递函数 $G(z)$ 就是连续环节脉冲响应 $g(t)$ 的采样序列 $g^*(t)$ 的 z 变换，记为 $Z[g^*(t)] = G(z)$。

【例 7-11】 系统结构图如图 7-11 所示，其中连续部分的传递函数为

$$G(s) = \frac{1}{s(0.1s+1)}$$

求脉冲传递函数 $G(z)$。

解：连续部分的脉冲响应函数为

$$g(t) = 1 - e^{-10t} \quad (t > 0)$$

所以

$$g(kT) = 1 - e^{-10kT}$$

脉冲传递函数为

$$G(z) = \sum_{k=0}^{+\infty} g(kT) z^{-k} = \sum_{k=0}^{+\infty} (1 - e^{-10kT}) z^{-k}$$

$$= \frac{z}{z-1} - \frac{z}{z - e^{-10T}}$$

$$= \frac{z(1 - e^{-10T})}{(z-1)(z - e^{-10T})}$$

或由 $G(s)$ 得

$$G(s) = \frac{1}{s} - \frac{1}{s+10}$$

查 z 变换表得

$$G(z) = \frac{z}{z-1} - \frac{z}{z - e^{-10T}} = \frac{z(1 - e^{-10T})}{(z-1)(z - e^{-10T})}$$

2. 串联环节的脉冲传递函数

(1) 串联环节之间有采样开关时的脉冲传递函数。

如图 7-12 所示，其脉冲传递函数为各个连续环节 z 变换的乘积，记为

$$G(z) = Z[G_1(s)] Z[G_2(s)] = G_1(z) G_2(z) \tag{7-56}$$

(2) 串联环节之间无采样开关时的脉冲传递函数。

如图 7-13 所示，其脉冲传递函数为连续部分传递函数 $G_1(z)$、$G_2(z)$ 乘积的 z 变换，记为

$$G(z) = Z[G_1(s) G_2(s)] = G_1 G_2(z) \tag{7-57}$$

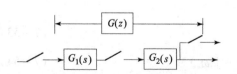

图 7-12 串联环节之间有采样开关

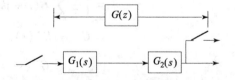

图 7-13 串联环节之间无采样开关

【**例 7-12**】已知连续部分的传递函数为 $G_1(s) = \dfrac{1}{s+a}$，$G_2(s) = \dfrac{1}{s+b}$，分别计算两个环节之间有采样开关和无采样开关时的脉冲传递函数。

解：当两个环节之间有采样开关时，

$$G(z) = Z[G_1(s)] Z[G_2(s)] = G_1(z) G_2(z)$$

$$= \frac{z}{z - e^{-aT}} \cdot \frac{z}{z - e^{-bT}}$$

$$= \frac{z^2}{(z - e^{-aT})(z - e^{-bT})}$$

当两个环节之间无采样开关时，

$$G(z) = Z[G_1(s)G_2(s)] = G_1G_2(z)$$

$$= Z\left[\frac{1}{(s+a)(s+b)}\right]$$

$$= \frac{1}{b-a} Z\left[\frac{1}{s+a} - \frac{1}{s+b}\right]$$

$$= \frac{1}{b-a} \cdot \frac{z(e^{-aT} - e^{-bT})}{(z - e^{-aT})(z - e^{-bT})}$$

由此可见，一般 $G_1(z)G_2(z) \ne G_1G_2(z)$。

（3）有零阶保持器时的脉冲传递函数。

如图 7 – 14 所示为带零阶保持器的开环采样系统。其脉冲传递函数为

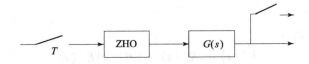

图 7 – 14 带零阶保持器的开环采样系统

$$G(z) = Z\left[\frac{1 - e^{-Ts}}{s} \cdot G(s)\right] = Z\left[\frac{1}{s}G(s)\right] - Z\left[\frac{1}{s}G(s)e^{-Ts}\right] = (1 - z^{-1})Z\left[\frac{1}{s}G(s)\right] \tag{7-58}$$

【例 7 – 13】 具有零阶保持器的开关采样系统如图 7 – 14 所示，其中 $G(s) = \dfrac{1}{s(s+1)}$，求脉冲传递函数。

解：

$$\frac{1}{s}G(s) = \frac{1}{s^2(s+1)} = \frac{1}{s^2} - \frac{1}{s} + \frac{1}{s+1}$$

$$Z\left[\frac{1}{s}G(s)\right] = Z\left[\frac{1}{s^2} - \frac{1}{s} + \frac{1}{s+1}\right] = \left(\frac{Tz}{(z-1)^2} - \frac{z}{z-1} + \frac{z}{z - e^{-T}}\right)$$

所以

$$G(z) = (1 - z^{-1})Z\left[\frac{1}{s}G(s)\right]$$

$$= (1 - z^{-1})Z\left(\frac{Tz}{(z-1)^2} - \frac{z}{z-1} + \frac{z}{z - e^{-T}}\right)$$

$$= \frac{(T + e^{-T} - 1)z - (T+1)e^{-T} + 1}{(z-1)(z - e^{-T})}$$

7.6.3 闭环脉冲传递函数

在连续系统中，闭环传递函数与相应的开环传递函数之间有着确定的关系，所以可以用

一种典型的结构图来描述一个闭环系统。在采样系统中，由于采样开关在系统中所设置的位置不同，结构形式就不一样，所以没有唯一的典型结构图，因而系统的闭环脉冲传递函数就没有一般的计算公式，只能根据系统的实际结构来具体求取。

闭环脉冲传递函数是零初始条件下闭环采样控制系统输出信号的 z 变换与输入信号的 z 变换之比，即

$$G_B(z) = \frac{C(z)}{R(z)} \tag{7-59}$$

在求取闭环脉冲传递函数时，先根据系统的结构列写出系统中各个变量之间的关系，然后消去中间变量，得到输出量的 z 变换与输入量的 z 变换之间的关系，从而得出闭环脉冲传递函数。

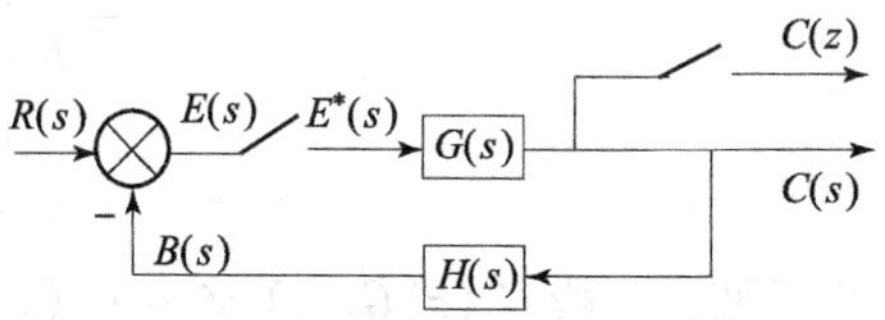

【例 7-14】 设有如图 7-15 所示的闭环采样控制系统，试求闭环脉冲传递函数 $G_B(z)$。

解：由图 7-15 可知，
$$E(s) = R(s) - B(s) = R(s) - H(s)C(s)$$
$$= R(s) - G(s)H(s)E^*(s)$$
$$C(s) = G(s)E^*(s)$$

图 7-15 例 7-14 闭环采样控制系统

将以上两式离散化，得
$$E^*(s) = R^*(s) - GH^*(s)E^*(s)$$
$$C^*(s) = G^*(s)E^*(s)$$

即
$$E^*(s) = \frac{R^*(s)}{1 + GH^*(s)}$$

则
$$C^*(s) = G^*(s)E^*(s) = \frac{G^*(s)}{1 + GH^*(s)}R^*(s)$$

根据 z 变换的定义将 $s = \frac{1}{T}\ln z$ 代入上式，有

$$C(z) = \frac{G(z)}{1 + GH(z)}R(z)$$

所以闭环脉冲传递函数为
$$G_B(z) = \frac{C(z)}{R(z)} = \frac{G(z)}{1 + GH(z)}$$

【例 7-15】 设有如图 7-16 所示的闭环采样控制系统，试求闭环系统的输出 $C(z)$。

解：由图 7-16 可知，
$$C(s) = G(s)E(s)$$
$$E(s) = R(s) - B(s) = R(s) - H(s)C^*(s)$$

所以
$$C(s) = G(s)R(s) - G(s)H(s)C^*(s)$$

对其离散化，有

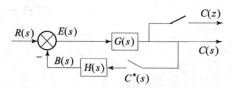

图 7-16 例 7-15 闭环采样控制系统

$$C^*(s) = GR(s) - GH^*(s)C^*(s)$$

则

$$C^*(s) = \frac{GR^*(s)}{1 + GH^*(s)}$$

对上式取 z 变换,得

$$C(z) = \frac{GR(z)}{1 + GH(z)}$$

由上式可以看出,这里虽然得出了 $C(z)$ 的表达式,但式中没有单独的 $R(z)$,因此不能写成 $C(z) = G_B(z)R(z)$ 的形式,故此例所给系统不能得出相应闭环脉冲传递函数,只能得出 $C(z)$ 的表达式。

表 7-2 给出了一些常见采样控制系统结构图及系统输出信号的 z 变换表达式,以供参考。

表 7-2 常见采样系统结构图及其 $C(z)$ 表达式

序号	系统结构图	$C(z)$ 表达式
1	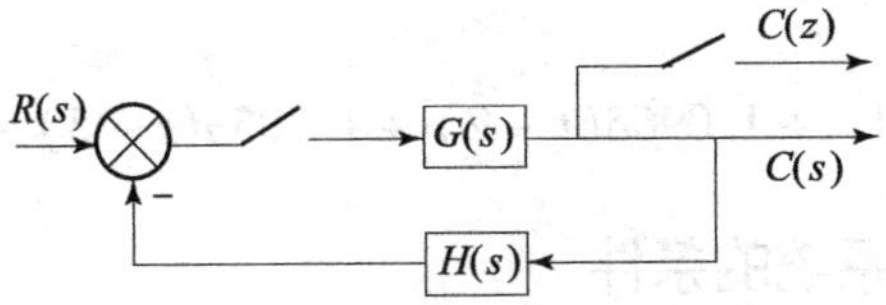	$\dfrac{G(z)R(z)}{1 + GH(z)}$
2	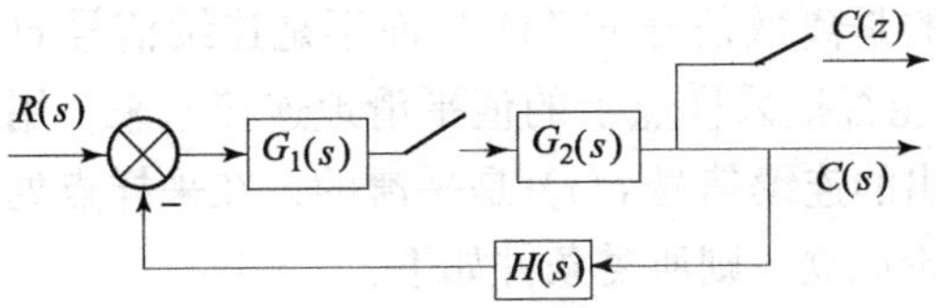	$\dfrac{G_2(z) \cdot RG_1(z)}{1 + G_1G_2H(z)}$
3	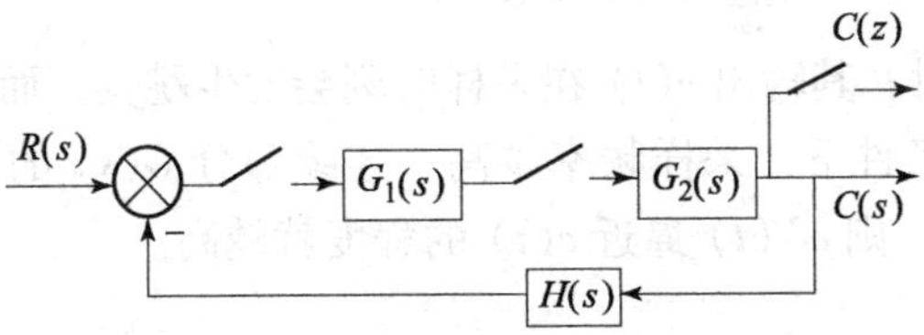	$\dfrac{G_1(z)G_2(z)R(z)}{1 + G_1(z)G_2H(z)}$
4	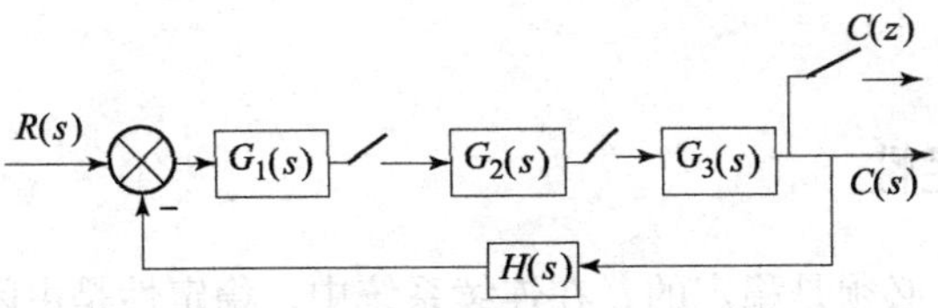	$\dfrac{RG_1(z)G_2(z)G_3(z)}{1 + G_2(z)G_3G_1H(z)}$

【例 7-16】闭环采样系统如图 7-15 所示,其中 $G(s) = \dfrac{1}{s(s+1)}$, $H(s) = 1$,采样周期

$T=1$ s,求闭环脉冲传递函数 $G_B(z)$,若 $r(t) = 1(t)$,求 $c^*(t)$。

解:由表 7-2 可得

$$G_B(z) = \frac{C(z)}{R(z)} = \frac{G(z)}{1+GH(z)} = \frac{G(z)}{1+G(z)}$$

又

$$G(z) = Z\left[\frac{1}{s(s+1)}\right] = Z\left[\frac{1}{s} - \frac{1}{s+1}\right] = \frac{z}{z-1} - \frac{z}{z-e^{-1}}$$

$$= \frac{0.632z}{(z-1)(z-0.368)}$$

对于阶跃输入函数有

$$R(z) = \frac{z}{z-1}$$

则输出信号的 z 变换为

$$C(z) = \frac{0.632z^2}{(z-1)(z^2-0.736z-0.368)}$$
$$= 0.632z^{-1} + 1.096z^{-2} + 1.205z^{-3} + \cdots$$

所以

$$c^*(t) = 0.632\delta(t-1) + 1.096\delta(t-2) + 1.205\delta(t-3) + \cdots$$

7.6.4 应用 z 变换法分析系统的条件

当采样控制系统的实际输出是连续信号 $c(t)$ 时,用 z 变换法分析系统,只能求出系统输出在采样瞬时的信息,即得到的是离散信号 $c^*(t)$,而不是连续信号 $c(t)$,那么 $c^*(t)$ 能否用来描述 $c(t)$ 呢?通俗地说能否把采样点上的值平滑地连接起来,用以代替连续信号 $c(t)$ 呢?回答是只有系统实际输出的连续信号 $c(t)$ 是平滑的,在采样点处无跳变,不可用 $c^*(t)$ 来描述 $c(t)$。若要上述结论成立,则所需条件如下:

(1) 系统中连续部分的传递函数 $G(s)$ 的极点数应多于其零点数两个以上,即满足条件

$$\lim_{s\to\infty} sG(s) = 0 \qquad (7-60)$$

否则当 $G(s)$ 的输入为脉冲序列时,其输出 $c(t)$ 在采样时刻会发生跳变,而不是平滑的。

(2) 在满足式(7-60)的条件下,采样频率越高,连续部分 $G(s)$ 的低通滤波作用越强,即惯性环节的时间常数越大,则 $c^*(t)$ 逼近 $c(t)$ 的程度就越高。

7.7 采样系统的性能分析

7.7.1 采样系统的稳定性

采样系统和连续系统一样,必须是稳定的,在连续系统中,稳定性是由闭环传递函数的极点(即特征方程的根)在 s 平面上的分布来确定的;而在采样系统中,稳定性是由脉冲传递函数的极点(即特征方程的根)在 z 平面上的分布来确定的。由于 z 变换与拉氏变换存在着一定的对应关系,因此应先找出 z 平面与 s 平面之间的对应关系,再使用已有的稳定判据

来分析采样系统的稳定性。

1. z 平面与 s 平面的映射关系

根据 z 平面的定义，可知 z 平面与 s 平面之间的映射关系为

$$z = e^{Ts} \tag{7-61}$$

已知

$$s = \sigma + j\omega \tag{7-62}$$

所以有

$$z = e^{\sigma T} e^{j\omega T} = |z| e^{j\omega T} \tag{7-63}$$

z 是一个复变量，其幅值和幅角分别为

$$|z| = e^{\sigma T} \tag{7-64}$$

$$\angle z = \omega T \tag{7-65}$$

根据式（7-64）可以确定 z 平面与 s 平面之间的关系如下：

当 $\sigma = 0$ 时，$|z| = 1$，即 s 平面上的虚轴与以原点为圆心的单位圆圆周相对应，该单位圆圆周为系统的临界稳定边界；当 $\sigma < 0$ 时，$|z| < 1$，即左半 s 平面与 z 平面上以原点为圆心的单位圆内域相对应，圆的内域为系统的稳定区域；当 $\sigma > 0$ 时，$|z| > 1$，即右半 s 平面与 z 平面上以原点为圆心的单位圆外域相对应，圆的外域为系统的不稳定区域。两个平面的对应关系如图 7-17 阴影部分所示。

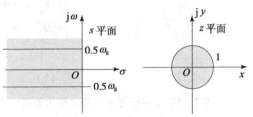

图 7-17 z 平面与 s 平面之间的关系

当 $\sigma = 0$ 时，若 ω 由 $-\dfrac{\omega_s}{2}$ 连续变化到 $+\dfrac{\omega_s}{2}$，映射到 z 平面的点刚好沿单位圆逆时针转过一圈；若 ω 由 $-\infty$ 连续变化到 $+\infty$，则 z 平面上的点将沿着单位圆逆时针转无穷圈。在左半 s 平面内的每一条宽度为 ω_s 的带（如图 7-17 所示），均映射到 z 平面的单位圆内。通常将左半 s 平面上 $-\dfrac{\omega_s}{2} \leq \omega \leq \dfrac{\omega_s}{2}$ 的带称为主带，其他称为次带。

2. 采样系统中的劳斯判据

在连续系统中，常在 s 平面上用劳斯判据判断其稳定性。在采样系统中，因为 s 平面与 z 平面不是一一对应关系，而是超越函数关系，稳定边界是 z 平面上以原点为圆心的单位圆圆周，而不是虚轴，所以 z 平面上不能直接使用劳斯稳定判据。如果能够把 z 平面单位圆内域映射到另一个复平面虚轴的左半平面，则在新平面内就可以使用劳斯稳定判据来判断采样系统的稳定性了。为了引出该新平面，设

$$z = \frac{w+1}{w-1} \left(\text{或} \frac{1+w}{1-w}\right) \tag{7-66}$$

则

$$w = \frac{z+1}{z-1} \tag{7-67}$$

式中，z、w 均为复变量，它们分别代表两个复平面，其中 w 平面就是前面所说的新平面，

并分别写为
$$z = x + jy \quad (7-68)$$
$$w = u + jv \quad (7-69)$$

则
$$w = u + jv = \frac{(x^2 + y^2) - 1}{(x-1)^2 + y^2} - j\frac{2y}{(x-1)^2 + y^2} \quad (7-70)$$

若 $u = 0$，则 $x^2 + y^2 = 1$，表明 w 平面的虚轴与 z 平面的单位圆对应；若 $u > 0$，则 $x^2 + y^2 > 1$，表明 w 平面的右半部分与 z 平面的单位圆外对应。因此在 w 平面上就可以应用劳斯判据来判断采样系统的稳定性。将 z 平面映射到 w 平面称为双线性变换，如图 7-18 阴影部分所示。

【例 7-17】已知采样系统如图 7-19 所示，其中 $G(s) = \dfrac{10}{s(s+1)}$，$H(s) = 1$，采样周期 $T = 1$ s，试分析系统的稳定性。

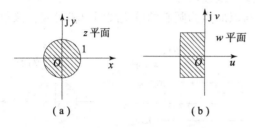

图 7-18 z 平面与 w 平面之间的关系
(a) z 平面；(b) w 平面

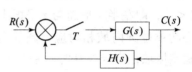

图 7-19 例 7-17 用图

解：开环脉冲传递函数为
$$G_K(z) = Z[G(s)H(s)] = Z\left[\frac{10}{s(s+1)}\right]$$
$$= \frac{10(1 - e^{-1})z}{(z-1)(z - e^{-1})}$$
$$= \frac{6.32z}{(z-1)(z - 0.368)}$$

闭环特征方程为
$$1 + G_K(z) = z^2 + 4.952z + 0.368 = 0$$

解得闭环特征根为
$$z_1 = -0.076, \quad z_2 = -4.876$$

由于 $|z_2| > 1$，在单位圆外，所以闭环系统不稳定。

【例 7-18】已知采样系统如图 7-20 所示，其中 $G(s) = \dfrac{k}{s(0.1s + 1)}$，采样周期 $T = 0.1$ s，试求系统稳定时 k 的取值范围。

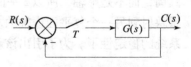

图 7-20 例 7-18 用图

解：开环脉冲传递函数为
$$G_K(z) = Z[G(s)] = Z\left[\frac{k}{s(0.1s + 1)}\right]$$

$$= \frac{0.632kz}{z^2 - 1.368z + 0.368}$$

闭环特征方程为
$$1 + G_K(z) = z^2 + (0.632k - 1.368)z + 0.368 = 0$$

作双线性变换，得关于 w 的特征方程为
$$0.632kw^2 + 1.264w + (2.736 - 0.632k) = 0$$

列写劳斯表如下

w^2	$0.632k$	$2.736 - 0.632k$
w^1	1.264	0
w^0	$2.736 - 0.632k$	

要使系统稳定，劳斯表第一列的各元素必须为正，则
$$0.632k > 0$$
$$2.736 - 0.632k > 0$$

解得
$$0 < k < 4.33$$

3. 朱莉（Jury）稳定判据

设系统的闭环特征方程为
$$D(z) = a_0 + a_1 z + a_2 z^2 + \cdots + a_n z^n = 0 \tag{7-71}$$

且 $a_n > 0$，根据特征方程的系数构造朱莉阵列，如表 7-3 所示。

表 7-3 朱莉阵列

行数	z^0	z^1	z^2	$\cdots$	z^{n-k}	$\cdots$	$\cdots$	z^{n-1}	z^n
1	a_0	a_1	a_2	$\cdots$	a_{n-k}	$\cdots$	$\cdots$	a_{n-1}	a_n
2	a_n	a_{n-1}	a_{n-2}	$\cdots$	a_k	$\cdots$	$\cdots$	a_1	a_0
3	b_0	b_1	b_2	$\cdots$	b_{n-k}	$\cdots$	$\cdots$	b_{n-1}	/
4	b_{n-1}	b_{n-2}	b_{n-3}	$\cdots$	b_{k-1}	$\cdots$	$\cdots$	b_0	/
5	c_0	c_1	c_2	$\cdots$	c_{n-k}	$\cdots$	c_{n-2}	/	/
6	c_{n-2}	c_{n-3}	c_{n-4}	$\cdots$	c_{k-2}	$\cdots$	c_0	/	/
$\vdots$									
$\vdots$									
$2n-5$	p_0	p_1	p_2	p_3	/				
$2n-4$	p_3	p_2	p_1	p_0	/				
$2n-3$	q_0	q_1	q_2		/				
$2n-2$	q_2	q_1	q_0		/				

$$b_k = \begin{vmatrix} a_0 & a_{n-k} \\ a_n & a_k \end{vmatrix}, c_k = \begin{vmatrix} b_0 & b_{n-1-k} \\ b_{n-1} & b_k \end{vmatrix}, \cdots,$$

$$q_0 = \begin{vmatrix} p_0 & p_3 \\ p_3 & p_0 \end{vmatrix}, q_1 = \begin{vmatrix} p_0 & p_2 \\ p_3 & p_1 \end{vmatrix}, q_2 = \begin{vmatrix} p_0 & p_1 \\ p_3 & p_2 \end{vmatrix}$$

则特征方程 $D(z) = 0$ 的根均位于单位圆内的充分必要条件为

$$D(1) > 0, (-1)^n D(-1) > 0 \quad (7-72)$$

和

$$|a_0| < |a_n|, |b_0| > |b_{n-1}|, |c_0| > |c_{n-2}|, \cdots, |q_0| > |q_2| \quad (7-73)$$

共 $n-1$ 个约束条件。

【例 7-19】 已知采样系统的闭环特征方程为

$$D(z) = -0.125 + 0.75z - 1.5z^2 + z^3 = 0$$

试判断该系统的稳定性。

解：根据闭环特征方程作出朱莉阵列如表 7-4 所示。

表 7-4 例 7-19 的朱莉阵列

行数	z^0	z^1	z^2	z^3
1	-0.125	0.75	-1.5	1
2	1	-1.5	0.75	-0.125
3	-0.98	1.41	-0.56	
4	-0.56	1.41	-0.98	

由于

$$D(1) = 0.125 > 0, (-1)^3 D(-1) = 3.375 > 0$$

其中，$|a_0| = 0.125, a_3 = 1, |b_0| = 0.98$，由于 $|a_0| < a_3, |b_0| > |b_2|$，所以系统是稳定的。

7.7.2 采样系统闭环极点与动态响应的关系

设采样系统的闭环脉冲传递函数为

$$G_B(z) = \frac{C(z)}{R(z)} = \frac{M(z)}{D(z)} = \frac{K \prod_{i=1}^{m}(z - z_i)}{\prod_{k=1}^{n}(z - p_k)} \quad (n \geq m) \quad (7-74)$$

式中 $M(z)$ ——分子多项式；

$D(z)$ ——分母多项式；

K ——放大系数；

p_k ——闭环极点；

z_i ——闭环零点。

为不失一般性，这里假设系统的极点为互异的情况。

当输入信号为单位阶跃函数时，系统的输出为

$$C(z) = G_B(z) R(z) = \frac{M(z)}{D(z)} \cdot \frac{z}{z-1} \quad (7-75)$$

将 $\frac{C(z)}{z}$ 按部分分式展开，得

$$C(z) = \frac{M(1)}{D(1)} \cdot \frac{z}{z-1} + \sum_{k=1}^{n} \frac{q_k z}{z - p_k} \quad (7-76)$$

对上式取 z 反变换，得

$$c^*(t) = \frac{M(1)}{D(1)} + \sum_{k=1}^{n}\left(\sum_{k=1}^{n} a_k p_k^i\right)\delta(t-iT) = c_{ss}^*(t) + c_{ts}^*(t) \qquad (7-77)$$

式中，$c_{ss}^*(t) = \frac{M(1)}{D(1)}$ 为阶跃响应的稳态分量；$c_{ts}^*(t)$ 为阶跃响应的暂态分量，它决定了系统过渡过程的性质。下面分 5 种情况进行讨论。

(1) 当 $0 < p_k < 1$ 时，该极点所对应的暂态分量是单调收敛的，如图 7-21（a）所示。

(2) 当 $p_k > 1$ 时，该极点所对应的暂态分量是单调发散的，如图 7-21（b）所示。

(3) 当 $-1 < p_k < 0$ 时，该极点所对应的暂态分量是正负交替收敛的，如图 7-21（c）所示。

(4) 当 $p_k < -1$ 时，该极点所对应的暂态分量是正负交替发散的，如图 7-21（d）所示。

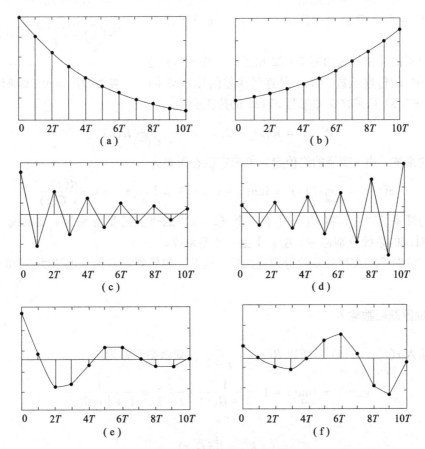

图 7-21 不同极点所对应的暂态响应

(5) 当 p_k 和 p_{k+1} 为一对共轭复根时，系数 a_k 与 a_{k+1} 也是一对共轭复根，设

$$p_k = |p_k|e^{j\theta_k}, \quad p_{k+1} = |p_k|e^{-j\theta_k} \qquad (7-78)$$

$$a_k = |a_k|e^{j\varphi_k}, \quad a_{k+1} = |a_k|e^{-j\varphi_k} \qquad (7-79)$$

则

$$c_{ts}^*(t) = a_k p_k^i + a_{k+1} p_{k+1}^i$$

$$= |a_k|\mathrm{e}^{\mathrm{j}\varphi_k}|p_k|^i\mathrm{e}^{\mathrm{j}i\theta_k} + |a_k|\mathrm{e}^{-\mathrm{j}\varphi_k}|p_k|^i\mathrm{e}^{-\mathrm{j}i\theta_k}$$

$$= |a_k||p_k|^i[\mathrm{e}^{\mathrm{j}(i\theta_k+\varphi_k)} + \mathrm{e}^{-\mathrm{j}(i\theta_k+\varphi_k)}]$$

$$= 2|a_k||p_k|^i\cos(i\theta_k + \varphi_k) \tag{7-80}$$

由此可见，一对共轭复数极点所对应的暂态分量是按余弦规律振荡的，且当 $|p_k| < 1$ 时，暂态分量为衰减振荡，如图 7 - 21 (e) 所示，并且复数极点的模值越小（即极点越靠近原点），收敛得越快。

当 $|p_k| > 1$ 时，暂态分量为发散振荡，系统不稳定，如图 7 - 21 (f) 所示。

当 $|p_k| = 1$ 时，暂态分量为等幅振荡，振荡周期与幅角 θ_k 有关，θ_k 越大振荡周期越小。

7.7.3 采样系统的稳态误差

同连续系统一样，采样系统的稳态误差与系统本身的结构和外作用的信号形式有关，一般采样 z 变换的终值定理确定其稳态误差或稳态误差系数。

设单位反馈采样系统如图 7 - 22 所示，其中 $G(s)$ 是系统连续部分的传递函数，$E(s)$ 是连续误差信号 $e(t)$ 的拉氏变换，$E^*(s)$ 是采样误差信号 $e^*(t)$ 的拉氏变换，

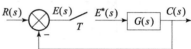

图 7 - 22　单位反馈采样系统

$$E(z) = R(z) - C(z) = \frac{1}{1 + G(z)}R(z) \tag{7-81}$$

对于稳定的系统，由 z 变换的终值定理可确定稳态误差为

$$e(\infty) = \lim_{t \to \infty} e^*(t) = \lim_{z \to 1}(z-1)E(z) = \lim_{z \to 1}(z-1)\frac{R(z)}{1+G(z)} \tag{7-82}$$

为与连续系统对应，将 $G(z)$ 中有 v 个 $(z-1)$ 的极点的系统称为 v 型系统，即 $v = 0$、1、2 时，对应的系统分别称为 0 型、Ⅰ 型、Ⅱ 型系统。

下面讨论对不同类型的系统分别施加单位阶跃、单位斜坡和单位加速度函数时系统的稳态误差。

1. 单位阶跃函数输入

因为输入 $r(t) = 1(t)$，所以 $R(z) = \dfrac{z}{z-1}$，则稳态误差为

$$e(\infty) = \lim_{z \to 1}(z-1)\frac{1}{1+G(z)} \cdot \frac{z}{z-1} = \frac{1}{1 + \lim_{z \to 1}G(z)} \tag{7-83}$$

令

$$K_\mathrm{P} = \lim_{z \to 1}G(z) \tag{7-84}$$

为稳态位置误差系数，则稳态误差为

$$e(\infty) = \frac{1}{1 + K_\mathrm{P}} \tag{7-85}$$

对于 Ⅰ 型以上的系统，有 $K_\mathrm{P} \to \infty$，则 $e(\infty) = 0$，这表明 Ⅰ 型以上的系统，在阶跃输入作用下系统的稳态误差是零，即系统是无差的。

2. 单位斜坡函数输入

因为输入 $r(t) = t$,所以 $R(z) = \dfrac{Tz}{(z-1)^2}$,则稳态误差为

$$e(\infty) = \lim_{z \to 1}(z-1) \frac{1}{1+G(z)} \cdot \frac{Tz}{(z-1)^2} = \frac{T}{\lim\limits_{z \to 1}(z-1)G(z)} \tag{7-86}$$

令

$$K_v = \lim_{z \to 1}(z-1)G(z) \tag{7-87}$$

为稳态速度误差系数,则稳态误差为

$$e(\infty) = \frac{1}{K_v} \tag{7-88}$$

对 0 型系统,有 $K_v = 0$,所以 $e(\infty) = \infty$;对于 I 型以上的系统,有 $e(\infty) = C$ 为常值;对于 II 型以上的系统,有 $K_v = \infty$,则 $e(\infty) = 0$。

3. 单位加速度函数输入

因为输入 $r(t) = \dfrac{1}{2}t^2$,所以 $R(z) = \dfrac{T^2 z(z+1)}{2(z-1)^3}$,则稳态误差为

$$e(\infty) = \lim_{z \to 1}(z-1) \frac{1}{1+G(z)} \cdot \frac{T^2 z(z+1)}{2(z-1)^3} = \frac{T^2}{\lim\limits_{z \to 1}(z-1)^2 G(z)} \tag{7-89}$$

令

$$K_a = \lim_{z \to 1}(z-1)^2 G(z) \tag{7-90}$$

为稳态加速度误差系数,则稳态误差为

$$e(\infty) = \frac{T^2}{K_a} \tag{7-91}$$

对 0 型和 I 型系统,有 $K_a = 0$,所以 $e(\infty) = \infty$;对于 II 型系统,$e(\infty) = C$ 为常值;若要使稳态误差为零,系统至少是 III 型或 III 型以上的,但是这样的系统实现起来比较困难。

通过以上分析,可以得到采样系统在典型输入作用下,系统类型与稳态误差之间的关系,如表 7-5 所示。

表 7-5 典型输入作用下的稳态误差

系统类型	$r(t) = 1(t)$	$r(t) = t$	$r(t) = \dfrac{1}{2}t^2$
0	$\dfrac{1}{1+K_p}$	∞	∞
I	0	$\dfrac{T}{K_v}$	∞
II	0	0	$\dfrac{T^2}{K_a}$
III	0	0	0

【例 7-20】 如图 7-23 所示的采样控制系统,采样周期 $T = 1$ s,试求系统在 $r(t) = 3 +$

$4t$ 作用下的稳态误差。

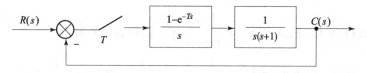

图 7-23 采样控制系统

解：系统的开环脉冲传递函数为

$$G_K(z) = (1 - z^{-1})Z\left[\frac{1}{s^2(s+1)}\right] = (1 - z^{-1})\left[\frac{z}{(z-1)^2} - \frac{1}{z-1} + \frac{z}{z-e^{-1}}\right]$$

$$= \frac{e^{-1}z + 1 - 2e^{-1}}{(z-1)(z-e^{-1})} = \frac{0.368z + 0.264}{(z-1)(z-0.368)}$$

位置误差系数为

$$K_P = \lim_{z \to 1} G_K(z) = \infty$$

速度误差系数为

$$K_v = \lim_{z \to 1}(z-1)G_K(z) = 1.16$$

所以系统的稳态误差为

$$e(\infty) = \frac{3}{1+K_P} + \frac{4T}{K_v} = 3.45$$

7.8 最少拍采样控制系统的设计

最少拍采样控制系统，是指在指定输入下快速响应，且无稳态误差的采样控制系统，即这种系统在某一典型输入信号（单位阶跃信号、单位斜坡信号或单位加速度信号）作用下，系统的过渡过程时间最短，能在极少的几个采样周期（一个采样周期时间称为一拍）内结束过渡过程，并且稳态误差为零。

【例 7-21】 设有一采样系统如图 7-24 所示，其中 $D(z)$ 为数字校正装置，采样周期 $T = 0.1$ s。

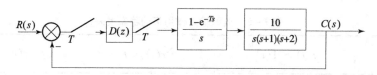

图 7-24 例 7-21 采样系统结构图

由图可知，未加校正装置前系统的开环脉冲传递函数为

$$G_K(s) = (1 - z^{-1})Z\left[\frac{1}{s(s+1)(s+2)}\right] = \frac{0.0453(z+0.905)}{(z-0.905)(z-0.819)}$$

如果使校正装置的脉冲传递函数 $D(z)$ 消去上式的两个极点和一个零点，则 $D(z)$ 可以是

$$D(z) = \frac{(z-0.905)(z-0.819)}{0.0453(z-1)(z+0.905)}$$

因此校正后系统的开环脉冲传递函数为

$$D(z)G_K(z) = \frac{1}{z-1}$$

系统的脉冲传递函数为

$$G_B(z) = \frac{C(z)}{R(z)} = \frac{D(z)G_K(z)}{1 + D(z)G_K(z)} = z^{-1}$$

在单位阶跃输入作用下系统输出的 z 变换为

$$C(z) = G_B(z)R(z) = z^{-1} + z^{-2} + z^{-3} + \cdots$$

则

$$c^*(t) = 0 + \delta(t-T) + \delta(t-2T) + \cdots$$

由此可见,输出响应 $c^*(t)$ 在一个采样周期时间内(即一拍)就达到了稳态,且稳态误差为零,如图 7-25 所示。

值得注意的是,图 7-25 所示的单位阶跃响应 $c^*(t)$ 没有振荡现象,只能说明输出的连续信号 $c(t)$ 在采样点上无振荡,而在采样间隔内可能有起伏。

另外,本系统对阶跃输入无稳态误差,对其他的典型输入信号稳态误差就不等于零了。

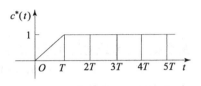

图 7-25 单位阶跃响应

下面讨论最少拍控制系统的一般设计方法。设采样系统如图 7-26 所示,$D(z)$ 为数字校正装置脉冲传递函数,$G(s)$ 为零阶保持器与系统连续部分的传递函数。系统的闭环脉冲传递函数为

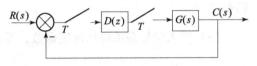

图 7-26 采样系统结构图

$$G_B(z) = \frac{G(z)D(z)}{1 + G(z)D(z)} \tag{7-92}$$

系统误差为

$$E(z) = [1 - G_B(z)]R(z) \tag{7-93}$$

设输入为 $r(t) = At^q (t>0)$,其中 q 为正整数,则

$$R(z) = \frac{B(z)}{(1-z^{-1})^{q+1}} \tag{7-94}$$

其中 $B(z)$ 为 z^{-1} 的有限项多项式,若能选择合适的 $D(z)$,使

$$1 - G_B(z) = (1-z^{-1})^{q+1}\varphi(z) \tag{7-95}$$

其中,$\varphi(z)$ 为 z^{-1} 的有限项多项式,并且不含因子 $(1-z^{-1})$,则稳态误差

$$e(\infty) = \lim_{z \to 1}(1-z^{-1})\varphi(z)B(z) \tag{7-96}$$

为零,又为了使系统能在尽可能少的周期内实现对输入的完全跟踪,应使 $\varphi(z)$ 中所含 z^{-1} 项的数目最少,为此应取 $\varphi(z) = 1$,于是有

$$G_B(z) = 1 - (1-z^{-1})^{q+1} \tag{7-97}$$

则

$$D(z) = \frac{1}{G(z)} \cdot \frac{G_B(z)}{1 - G_B(z)} \tag{7-98}$$

将 $G_B(z)$ 代入上式,便可确定所需要的数字校正装置的脉冲传递函数 $D(z)$。

(1) 输入信号是单位阶跃函数,即 $r(t) = 1(t)$ 时,

$$R(z) = \frac{z}{z-1}$$

最少拍无差系统的闭环脉冲传递函数为
$$G_B(z) = 1 - (1 - z^{-1})^{q+1} = z^{-1}$$

误差信号的 z 变换为
$$E(z) = 1$$

即 $e(0) = 0$，$e(T) = e(2T) = e(3T) = \cdots = 0$，说明系统经过一拍便可以完全跟踪上输入信号。

（2）输入信号是单位斜坡函数，即 $r(t) = t$ 时，
$$R(z) = \frac{Tz}{(z-1)^2}$$

最少拍无差系统的闭环脉冲传递函数为
$$G_B(z) = 1 - (1 - z^{-1})^{q+1} = 2z^{-1} - z^{-2}$$

误差信号的 z 变换为
$$E(z) = Tz^{-1}$$

即 $e(0) = 0$，$e(T) = T$，$e(2T) = e(3T) = \cdots = 0$，说明系统经过两拍便可以完全跟踪上输入信号。

（3）输入信号是单位加速度函数，即 $r(t) = \frac{1}{2}t^2$ 时，
$$R(z) = \frac{T^2 z(z+1)}{2(z-1)^3}$$

最少拍无差系统的闭环脉冲传递函数为
$$G_B(z) = 1 - (1 - z^{-1})^{q+1} = 3z^{-1} - 3z^{-2} + zz^{-3}$$

误差信号的 z 变换为
$$E(z) = \frac{1}{2}T^2 z^{-1} + \frac{1}{2}T^2 z^{-2}$$

即 $e(0) = 0$，$e(T) = \frac{1}{2}T^2$，$e(2T) = \frac{1}{2}T^2$，$e(3T) = e(4T) = \cdots = 0$，说明系统经过三拍便可以完全跟踪上输入信号。

【例 7-22】设系统的结构和参数与图 7-24 所给系统一样，但输入 $r(t) = t$，试求 $D(z)$，使系统成为最少拍系统。

解：因为 $r(t) = t$，所以
$$G_B(z) = 1 - (1 - z^{-1})^{q+1} = 2z^{-1} - z^{-2}$$

又
$$G_B(z) = \frac{0.0453(z + 0.905)}{(z - 0.905)(z - 0.819)}$$

所以
$$D(z) = \frac{1}{G(z)} \cdot \frac{G_B(z)}{1 - G_B(z)}$$
$$= \frac{44.2(1 - 0.905z^{-1})(1 - 0.819z^{-1})(1 - 0.5z^{-1})}{(1 + 0.905z^{-1})(1 - z^{-1})^2}$$

此时输出
$$C(z) = G_B(z)R(z) = 2z^{-1} + z^{-2} + z^{-3} + \cdots$$
将上式求 z 的反变换可得输出序列，如图 7-27 所示。

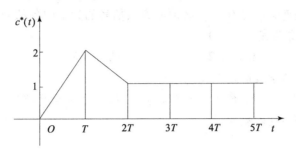

图 7-27 系统的输出序列

习　题

7.1　填空题

1. 在离散控制系统中，一处或多处信号不是连续时间的模拟信号，而是在时间上离散的脉冲序列，我们称之为（　　　　）信号。

2. 离散信号通常是按照一定的时间间隔对连续的模拟信号进行采样得到的，故又称之为（　　　　）信号。

3. 对采样控制系统的分析包括（　　　　）三个方面，这是采样控制系统和连续控制系统的共同点之一。

4. 把周期信号展成复数形式的傅里叶级数，然后对它的频率和振幅进行分析，这就是（　　　　）。

5. 如果连续信号 $f(t)$ 是有限带宽的信号，即 $\omega_s > 2\omega_m$ 时，$F(\omega) = 0$；而 $f^*(t)$ 是 $f(t)$ 的理想采样信号，若采样频率 $\omega_s \geqslant 2\omega_m$，则一定可以由采样信号 $f^*(t)$ 完全地恢复出 $f(t)$ 来，这就是（　　　　）采样定理。

6. 零阶保持器能够把前一时刻 kT 采样值 $f(kT)$（　　　　）下一个采样时刻 $(k+1)T$。

7. 求采样函数 $f^*(t)$ 的 z 变换的方法有（　　　　）。

8. 在采样系统中，一般采用 z 变换的（　　　　）确定其稳态误差或稳态误差系数。

7.2　单项选择题

1. 在连续系统中，不论是输入量、输出量、反馈量还是偏差量，都是时间的连续函数，这种在时间上连续，在幅值上也连续的信号称为（　　）信号。
A. 连续　　　　B. 采样　　　　C. 离散　　　　D. B 对

2. 在采样控制系统中，采样误差信号是通过（　　）对连续误差信号采样后得到的。

A. 采样开关　　　　B. 离散开关　　　　C. 低通滤波器　　　　D. 运算放大器

3. 用来实现采样过程的装置称为（　　）。

A. 滤波器　　　　B. 低通滤波器　　　　C. 采样开关　　　　D. A、B、C 都对

4. 为了准确复现连续信号 $f(t)$，必须使离散信号的频谱中各部分相互不重叠。相邻两部分频谱互不重叠的条件是（　　）。

A. $\omega_s < 2\omega_m$　　　B. $\omega_s > 2\omega_m$　　　C. $\omega_s \geq 2\omega_m$　　　D. $\omega_s \leq 2\omega_m$

5. 零阶保持器的数学表达式为（　　）。

A. $F(t) = f(kT)$　　B. $F^*(t) = f(kT)$　　C. $f^*(t) = f(kT)$　　D. $f(t) = f(kT)$

6. 零阶保持器的传递函数为（　　）。

A. $G_h(j\omega) = \dfrac{1-e^{-j\omega T}}{j\omega}$

B. $|G_h(j\omega)| = T\dfrac{\left|\sin\dfrac{\pi\omega}{\omega_s}\right|}{\dfrac{\pi\omega}{\omega_s}}$

C. $G_h(s) = \dfrac{1-e^{-Ts}}{s}$

D. $\angle G_h(j\omega) = -\dfrac{\pi\omega}{\omega_s} + \angle\sin\dfrac{\pi\omega}{\omega_s}$

7. 在采样控制系统中，为了避开求解差分方程的困难，通常把问题从离散的时间域转换到 z 域中，把解线性时不变差分方程转化为求解（　　）。

A. 微分方程　　　　B. 代数方程　　　　C. 差分方程　　　　D. 线性方程

8. 求采样函数 $f^*(t)$ 的 z 变换的方法有（　　）。

A. 级数求和法

B. 部分分式法

C. 长除法

D. 级数求和法和部分分式法

9. z 变换的性质有（　　），通过这些性质可以求出更多函数的 z 变换，并为求解差分方程打下基础。

A. 线性性质、滞后定理

B. 超前定理、复位移定理

C. 初值定理和峰值定理

D. 线性性质、滞后定理、超前定理、复位移定理、初值定理和终值定理

10. 将 z 变换象函数变换成离散时域原函数的方法称为（　　）。

A. z 反变换　　　B. z 变换　　　C. 采样过程　　　D. 频谱分析法

11. 差分方程是采样系统输入输出关系的时域方程，通常用（　　）来求解差分方程。

A. z 变换　　　B. z 反变换　　　C. 迭代法　　　D. z 变换和迭代法

12. 在连续系统中，稳定性是由闭环传递函数的极点在 s 平面上的分布来确定的。在采样系统中，稳定性是由脉冲函数的极点在（　　）上的分布来确定的。

A. 复平面　　　B. z 平面　　　C. $\varGamma$ 平面　　　D. s 平面

7.3　判断题

（　　）1. 在采样系统的闭环脉冲传递函数中，p_k 为闭环脉冲传递函数的极点。当 $0 < p_k < 1$ 时，该极点所对应的暂态分量是单调收敛的。

（　　）2. 在采样系统的闭环脉冲传递函数中，p_k 为闭环脉冲传递函数的极点。当 $p_k > 1$ 时，该极点所对应的暂态分量是正负交替收敛的。

(　　) 3. 在采样系统的闭环脉冲传递函数中，p_k 为闭环脉冲传递函数的极点。当 $-1 < p_k < 0$ 时，该极点所对应的暂态分量是单调发散的。

(　　) 4. 在采样系统的闭环脉冲传递函数中，p_k 为闭环脉冲传递函数的极点。当 $p_k < -1$ 时，该极点所对应的暂态分量是正负交替发散的。

(　　) 5. 在采样系统中，一般采用 z 变换的终值定理确定其稳态误差或稳态误差系数。

(　　) 6. 在采样控制系统中，当对 Ⅰ 型系统施加单位阶跃函数时，其系统的稳态误差为 $e(\infty) = \dfrac{1}{1+K_P}$。

(　　) 7. 在采样控制系统中，当对 Ⅰ 型以上系统施加单位阶跃函数时，其系统的稳态误差为 ∞。

(　　) 8. 在采样控制系统中，当对 0 型系统施加单位斜坡函数时，其系统的稳态误差为 0。

(　　) 9. 在采样控制系统中，当对 Ⅰ 型系统施加单位斜坡函数时，其系统的稳态误差为常值。

(　　) 10. 在采样控制系统中，当对 Ⅱ 型及以上系统施加单位阶跃函数时，其系统的稳态误差为 $e(\infty) = \dfrac{1}{1+K_P}$。

(　　) 11. 在采样控制系统中，当对 0 型和 Ⅰ 型系统施加单位加速度函数时，其系统的稳态误差为 0。

(　　) 12. 在采样控制系统中，当对 Ⅱ 型系统施加单位加速度函数时，其系统的稳态误差为 ∞。

(　　) 13. 在连续系统中，常在 s 平面上用劳斯判据判断其稳定性。在采样系统中，在 z 平面上能直接使用劳斯判据判断系统的稳定性。

7.4　计算题

7.4.1　求函数的 z 变换。

1. $f(t) = 2t\mathrm{e}^{-2t}$；
2. $f(t) = \sin\omega t$；
3. $f(t) = 1 - \mathrm{e}^{-at}$；
4. $f(t) = \mathrm{e}^{-at}\cos\omega t$；
5. $f(t) = \mathrm{e}^{-at}$。

7.4.2　求拉氏变换式的 z 变换。

1. $F(s) = \dfrac{1}{(s+a)(s+b)}$；
2. $F(s) = \dfrac{1}{s(s+1)}$；
3. $F(s) = \dfrac{s+3}{(s+1)(s+2)}$；
4. $F(s) = \dfrac{1-\mathrm{e}^{-s}}{s^2(s+1)}$。

7.4.3　求 z 变换 $F(z)$ 的 z 反变换。

1. $F(z) = \dfrac{z}{(z-1)(z-2)}$;

2. $F(z) = \dfrac{2z^2}{(z-0.8)(z-0.1)}$;

3. $F(z) = \dfrac{z^3 - 3z^2 + 3z}{(z-1)^2(z-2)}$;

4. $F(z) = \dfrac{10z}{(z-1)(z-2)}$;

5. $F(z) = \dfrac{(1-\mathrm{e}^{aT})z}{(z-1)(z-\mathrm{e}^{-aT})}$。

7.4.4 求解差分方程，结果用 $c(nT)$ 表示。

1. $c(k+2) + 4c(k+1) + 3c(k) = 2k$，$c(0) = c(1) = 0$；

2. $c(k+3) + 6c(k+2) + 11c(k+1) + 6c(k) = 0$，其中 $c(0) = c(1) = 1, c(2) = 0$。

7.5 确定函数的初值和终值

1. $F(z) = \dfrac{z^2}{(z-0.8)(z-0.1)}$；

2. $F(z) = \dfrac{Tz^{-1}}{(1-z^{-1})^2}$；

3. $F(z) = \dfrac{2+z^{-2}}{(1-0.5z^{-1})(1-z^{-1})}$。

7.6 根据系统结构图计算

1. 采样控制系统结构图如图 7-28 所示，试求该系统的闭环传递函数。

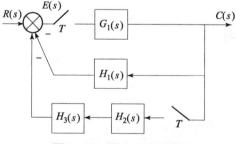

图 7-28 题 7.6-1 用图

2. 已知采样控制系统结构图如图 7-29 所示，采样周期为 T，试求该采样系统的输出表达式 $C(z)$。

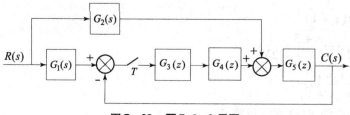

图 7-29 题 7.6-2 用图

3. 采样系统如图 7 – 30 所示，其中 $G(s)$ 对应的 z 变换式为 $G(z)$，已知：$G(z) = \dfrac{K(z+0.76)}{(z-1)(z-0.45)}$，$(K>0)$，问：闭环系统稳定时，$K$ 应如何取值？

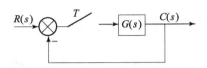

图 7 – 30　题 7.6 – 3 用图

4. 设采样系统结构图如图 7 – 31 所示，其中 $r(t) = \delta(t)$，$T = 0.1$。试求采样输出 $c(nT)$（$n = 0,1,2,3$）。

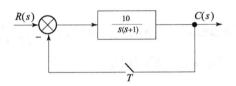

图 7 – 31　题 7.6 – 4 用图

5. 已知采样系统如图 7 – 32 所示，采样周期 $T = 1$ s。试求闭环系统稳定时 K 的取值范围。

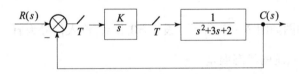

图 7 – 32　题 7.6 – 5 用图

6. 已知采样系统结构图如图 7 – 33 所示，采样周期 $T = 0.5$ s，$G(s) = \dfrac{2}{s(s+2)}$，设计 $D(z)$ 使系统在 $r(t) = 1(t)$ 作用下为最少拍无差系统。

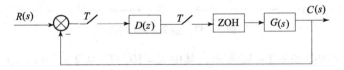

图 7 – 33　题 7.6 – 6 用图

7. 设开环采样系统如图 7 – 34 所示，试求开环脉冲传递函数 $G(z)$。

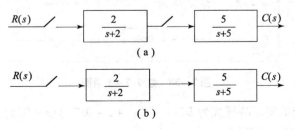

图 7 – 34　题 7.6 – 7 用图

8. 已知系统结构图如图 7 – 35 所示,采样周期 $T = 1$ s,求 $c(nT)(n = 0,1,2,3)$。

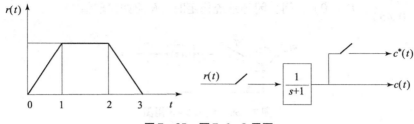

图 7 – 35 题 7.6 – 8 用图

7.7 分析采样系统的稳定性

1. 设离散系统的结构图如图 7 – 36 所示,其中 $G(s) = \dfrac{1}{s(0.1s + 1)}$,$T = 0.1$ s,输入信号为 $r(t) = 1(t) + 5t$ 时,试求系统的稳态误差。

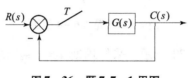

图 7 – 36 题 7.7 – 1 用图

2. 采样系统结构图如图 7 – 37 所示,设 $T = 0.2$ s,输入信号为 $r(t) = 1 + t + \dfrac{1}{2}t^2$,试用静态误差系数法求系统的稳态误差。

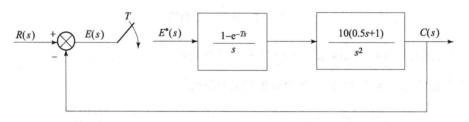

图 7 – 37 题 7.7 – 2 用图

3. 已知系统结构图如图 7 – 38 所示,其中 $K = 10$,$T = 0.2$ s,$r(t) = 1 + t + 3t^2$,试求其闭环脉冲传递函数,并计算其稳态误差。

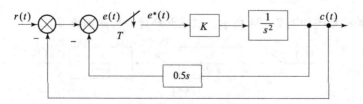

图 7 – 38 题 7.7 – 3 用图

4. 已知采样系统的闭环特征式为 $D(z) = (z^2 + z - 0.75)(z + 0.5)(z - 0.3)$,试判断该闭环系统的稳定性,并说明原因。

5. 已知某采样系统 z 域的闭环特征方程式为 $45z^3 - 117z^2 + 119z - 39 = 0$，试用双线性变换判别该系统的稳定性。

6. 求图 7-39 所示采样控制系统的稳态位置误差系数，其中 $r(t) = 1(t)$，采样周期 $T = 1$ s。

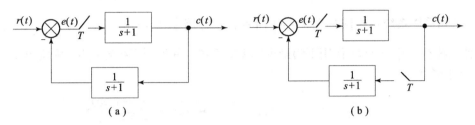

图 7-39　题 7.7-6 用图

7. 设系统的结构如图 7-40 所示，设采样周期 $T = 1$ s，$K = 10$，试分析系统的稳定性，并求系统的临界放大系数。

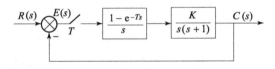

图 7-40　题 7.7-7 用图

7.8　求采样系统的单位阶跃响应

1. 如图 7-41 所示的采样控制系统，试求其单位阶跃响应。已知采样周期 $T = 1$ s。

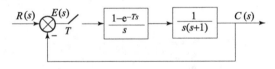

图 7-41　题 7.8-1 用图

2. 设采样系统结构如图 7-42 所示，其中 $T = 1$ s，$K = 1$。（1）判断系统的稳定性；（2）求闭环脉冲传递函数和输入输出差分方程；（3）求单位阶跃响应第二拍及第三拍的值，其中初值 $c(0) = 0$，$c(1) = 0.368$。

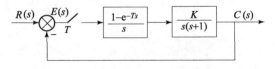

图 7-42　题 7.8-2 用图

3. 如图 7-43 所示的采样控制系统，已知采样周期 $T = 1$ s，试求其单位阶跃响应。

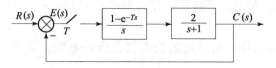

图 7-43　题 7.8-3 用图

4. 已知采样系统结构图如图 7-44 所示，采样周期 $T=1$ s，$G(s)=\dfrac{1}{s(s+1)}$，设计 $D(z)$ 使系统在 $r(t)=1(t)$ 作用下为最少拍无差系统，并说明系统经过几拍后输出完全跟踪输入，为什么？

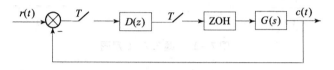

图 7-44　题 7.8-4 用图

第8章　非线性控制系统分析

学习导航

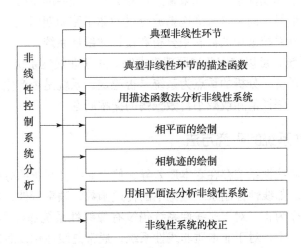

前面各章节讨论的都是线性控制系统的分析和设计问题。实际上，每一个控制系统都不同程度地存在非线性，因此，系统的数学模型也不是线性微分方程。而通常采用的非线性系统的线性化处理方法，在解决一类控制系统的分析、设计是行之有效的，但是这种方法只适用于非线性程度很小的系统，对于严重非线性系统只能采用有关非线性系统的方法来处理，否则会得到错误的结论。

8.1　概　　述

8.1.1　非线性系统的特点

非线性系统与线性系统相比，有许多不同的特点，主要有以下几个方面。

（1）在线性系统中，系统的稳定性只与其结构和参数有关，而与初始条件和外加输入信号无关。对于线性定常系统，其稳定性仅取决于其特征根在 s 平面的分布。而非线性系统的稳定性除了与系统的结构和参数有关之外，还与初始条件和输入信号有关。对于一个非线性系统，在不同的初始条件下，运动的最终状态可能完全不同。可能在某一种初始条件下系统是稳定的，而在另一种初始条件下系统是不稳定的，或者在某一种信号作用下系统是稳定的，而在另一种输入信号作用下系统是不稳定的。

(2) 对线性系统来说，系统的运动状态或收敛于平衡状态，或者发散。只有当系统处于临界稳定状态时，才会出现等幅振荡。但在实际的情况下，这种状态是不可能持久的。只要系统参数稍有变化，这一临界状态就不能继续，而变为发散或收敛。然而在非线性系统中，除了发散或收敛于平衡状态两种运动状态外，还会遇到即使没有外界作用存在，系统本身也会产生具有一定振幅和频率的振荡情况。这种振荡的频率和振幅具有一定的数值，称为自持振荡、自振荡或自激振荡。改变系统的结构和参数，能够改变这种自激振荡的频率和振幅。这是非线性系统所独具的特殊现象，是非线性理论研究的重要问题。

(3) 在线性系统中，当输入信号为正弦函数时，其输出的稳态分量是同频率的正弦函数。输入和稳态输出之间，一般仅在振幅和相位上有所不同，因此，可以用频率响应来描述系统的固有特性。对于非线性系统，如果输入信号为某一频率的正弦信号，其稳态输出一般并不是同频率的正弦信号，而是含有高次谐波分量的非正弦周期函数。因此不能直接用频率特性、传递函数等线性系统常用的概念来分析和设计非线性系统。

(4) 对于线性系统，可以应用叠加原理来求解。对于非线性系统，不能使用叠加原理。

对于非线性控制系统，分析的重点为系统是否稳定，系统是否产生自激振荡，自激振荡的频率和振幅是多少，怎样消除或减小自激振荡的振幅问题。

8.1.2 非线性系统的研究方法

由于非线性系统和线性系统存在着本质差异，使得非线性系统的分析、设计方法与线性系统有着很大的不同。如线性控制系统理论中的传递函数、频率特性、典型输入响应等，在这里已不再适用。迄今为止，对于非线性系统仍没有像线性系统那样具有普遍意义的分析、设计方法。在工程实际中，对于非本质非线性系统，通常是线性化以后采用线性系统的理论来研究；对于本质非线性系统，采用相应的方法来研究。非线性系统的研究方法主要有以下几种。

1. 描述函数法

描述函数法是一种基于频域的等效线性化方法。该方法不受系统阶次的限制，但系统必须满足一定的假设条件，而且只能得知与系统稳定性相关的信息。

2. 相平面法

相平面法是一种基于时域的状态空间分析、设计方法。采用该方法可得知系统的稳定性能和动态响应性能，但只适用于一阶、二阶系统。

3. 逆系统法

该方法运用内环非线性反馈控制，构成伪线性系统，并以此为基础，设计外环控制网络。该方法应用数学工具直接研究非线性控制问题，不必求解非线性系统的运动方程，是非线性系统控制研究的一个发展方向。

8.1.3 典型非线性环节及其特性

非线性控制系统是指系统中含有一个或多个不能用小信号线性化处理的非线性环节的系统，这些非线性环节的理想特性常常是分段线性的，非线性因素在实际系统中是普遍存在的。

在实际系统中常见的非线性特性有饱和、死区、间隙、摩擦和继电器特性等。本节从物理概念出发，对上述非线性特性进行定性的分析和简单说明，所得结论对工程实践具有一定的参考价值。下面介绍几种典型非线性环节。

1. 饱和非线性特性

饱和非线性特性如图 8-1 所示。图中 x 为非线性放大环节的输入信号，y 为输出信号，其数学表达式为

$$y = \begin{cases} Kx, & |x| \le S \\ KS \, \text{sign} \, x, & |x| > S \end{cases} \quad (8-1)$$

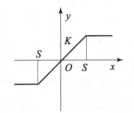

图 8-1 饱和非线性特性

式中　S——线性域宽度；
　　　K——线性域斜率；
　　　$\text{sign} \, x$——符号函数。

$$\text{sign} \, x = \begin{cases} +1, & x > 0 \\ -1, & x < 0 \\ 0, & x = 0 \end{cases}$$

饱和非线性特性在铁磁元件及各种放大器中都存在，其特点是当输入信号超过线性范围后，输出信号不再随输入信号的变化而变化，而是保持某一常值。此时非线性环节或元件的放大倍数降低，从而引起系统的灵敏度降低和过渡过程时间增长。为了避免饱和非线性特性使系统的品质变坏，一般应尽量设法增大系统的线性工作范围。有些系统利用饱和非线性特性进行输出信号限幅，限制某些物理参量，以保证系统安全合理地工作。

2. 死区非线性特性

死区又称不灵敏区，死区非线性特性如图 8-2 所示。其数学表达式为

$$y = \begin{cases} 0, & |x| \le \Delta \\ K(x - \Delta \cdot \text{sign} \, x), & |x| > \Delta \end{cases} \quad (8-2)$$

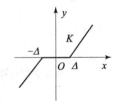

图 8-2 死区非线性特性

式中　Δ——死区宽度；
　　　K——线性输出斜率。

伺服电动机的始动电压、测量元件的不灵敏区都属于死区非线性特性，这种特性的特点是当输入信号在零值附近的某一小范围内变化时，非线性环节或元件没有输出，只有当信号大于此范围时才有输出，并与输入呈线性关系。在自动控制系统中，由于死区特性的存在，将使系统的稳态误差增加，特别是前级元件的影响最为突出。

3. 间隙非线性特性

间隙非线性特性又称回环特性，如图 8-3 所示。间隙非线性特性的数学表达式为

$$y = \begin{cases} K(x-b), & \dot{y} > 0 \\ K(x+b), & \dot{y} < 0 \\ a\,\text{sign}\,x, & \dot{y} = 0 \end{cases} \quad (8-3)$$

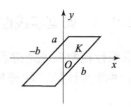

图 8-3 间隙非线性特性

式中　b——间隙宽度；
　　　a——常数；
　　　K——线性输出特性斜率。

间隙非线性特性的特点是，在元件上无信号输出。只有当输入信号 x 大于 b 后，元件的输出信号才随着输入信号的线性变化而变化。当元件开始反向运动时，元件的输出保持在运动方向发生变化瞬间的输出值上，直到输入信号反向变化 $2b$ 后，输出信号才再随输入信号的变化而线性变化。齿轮传动的齿轮间隙特性、液压传动的齿轮间隙特性均属于这类特性。控制系统中有间隙特性存在，将使系统的输出信号在相位上产生滞后，从而使系统的稳定裕度减小，动态品质变坏。

4. 继电器非线性特性

实际的继电器非线性特性如图 8-4（a）所示。其数学表达式为

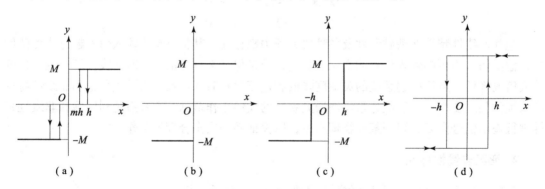

图 8-4　继电器非线性特性

（a）死区非线性特性；（b）理想继电器特性；（c）死区继电器特性；（d）滞环继电器特性

$$y = \begin{cases} 0, & -mh < x < h, \dot{x} > 0 \\ 0, & -h < x < mh, \dot{x} < 0 \\ M \cdot \text{sign}\,x, & |x| \geq h \\ M, & |x| \geq mh, \dot{x} < 0 \\ -M, & |x| \leq -mh, \dot{x} > 0 \end{cases} \quad (8-4)$$

式中　h——继电器吸合电压；
　　　mh——继电器释放电压；
　　　M——继电器饱和输出特性斜率。

图 8-4（a）为死区非线性特性，它表示由于吸合电压和释放电压不同，输入输出特性

不但含有死区和饱和特性，而且出现了滞环特性。若 $h=0$，即吸合电压和释放电压均为零，为零值切换，称这种特性为理想继电器特性，如图 8-4（b）所示。如果 $m=1$，即吸合电压和释放电压相等，称这种特性为死区继电器特性，如图 8-4（c）所示。若在图 8-4（a）所示特性中，$m=-1$，即继电器的正向释放电压等于反向吸合电压，这种特性称为滞环继电器特性，如图 8-4（d）所示。

继电器特性能够使被困住的执行电动机始终在额定和最大电压下工作，可以充分发挥其调节能力，所以利用继电器特性可以实现快速控制。

8.2 描述函数法

常用的分析非线性系统的工程方法有两种，即描述函数法和相平面法。相平面法适用于一、二阶非线性系统的分析，该方法是将二阶非线性微分方程变成以输出量导数为变量的两个一阶微分方程，然后求出由两变量构成的相平面中的轨线，并由此对系统的时间响应进行判别，所得结果比较精确和全面。但是对于高于二阶的系统，需要讨论变量空间中的曲面结构，从而大大增加了工程使用的困难。描述函数法是一种近似方法，相当于线性理论中频率法推广的等效线性化的图解分析方法，是线性理论中频率法的一种推广。它通过谐波线性化，将非线性特性近似表示为复变增益环节，利用线性系统频率法中的稳定判据，分析非线性系统的稳定性和自激振荡。它适用于任何阶次、非线性程度较低的非线性系统，所得结果比较符合实际，故得到了广泛的应用。

8.2.1 描述函数的基本概念

描述函数法是用来分析非线性系统的一种方法，它的基本思想是当系统满足一定的假设条件时，系统中非线性环节在正弦信号作用下的输出可以用一次谐波分量来近似，由此导出非线性环节的近似等效频率特性，即描述函数。该方法主要用来分析在无外力作用的情况下，非线性系统的稳定性和自振问题，并不受系统阶次的限制，但必须有一定的限制条件。描述函数法只能用来研究系统的频率响应特性，不能给出时间响应的确切信息。

1. 描述函数的定义

设非线性环节的输入输出描述为 $y=f(x)$，当 $x(t)=X\sin\omega t$ 时，可对 $y(t)$ 进行谐波分析，一般情况下，$y(t)$ 为非正弦的周期信号，可以展开成傅里叶级数

$$y(t) = A_0 + \sum_{n=1}^{\infty}(A_n\cos\omega t + B_n\sin\omega t)$$
$$= A_0 + \sum_{n=1}^{\infty} Y_n\sin(n\omega t + \varphi_n) \qquad (8-5)$$

式中，A_0 为直流分量，$Y_n\sin(n\omega t + \varphi_n)$ 为 $y(t)$ 的第 n 次谐波分量，且有

$$Y_n = \sqrt{A_n^2 + B_n^2} \qquad (8-6)$$

$$\varphi_n = \arctan\frac{A_n}{B_n} \qquad (8-7)$$

$$A_n = \frac{1}{\pi}\int_0^{2\pi} y(t)\cos n\omega t \, \mathrm{d}\omega t \qquad (8-8)$$

$$B_n = \frac{1}{\pi}\int_0^{2\pi} y(t)\sin n\omega t\, \mathrm{d}\omega t \tag{8-9}$$

$$A_0 = \frac{1}{2\pi}\int_0^{2\pi} y(t)\, \mathrm{d}\omega t \tag{8-10}$$

若 $A_0 = 0$，且当 $n > 1$ 时，Y_n 很小，则可近似认为非线性环节的正弦响应仅有一次谐波分量，即

$$y(t) \approx A_1\cos\omega t + B_1\sin\omega t = Y_1\sin(\omega t + \varphi_1) \tag{8-11}$$

式中，$Y_1 = \sqrt{A_1^2 + B_1^2}$；

$\varphi_1 = \arctan\dfrac{A_1}{B_1}$。

描述函数的定义为：在正弦输入信号作用下，非线性环节的稳态输出中一次谐波分量和输入信号的复数比，记为 $N(X)$，即

$$N(X) = \frac{Y_1}{X}\mathrm{e}^{\mathrm{j}\varphi_1} = \frac{B_1 + \mathrm{j}A_1}{X} \tag{8-12}$$

式中　Y_1——输出基波分量的振幅；

　　　φ_1——输出基波分量与输入信号的相位差；

　　　X——输入信号的振幅。

非线性环节的描述函数倒数的负值，即

$$-\frac{1}{N(X)} = \frac{1}{|N(X)|}\mathrm{e}^{\mathrm{j}\varphi_1} \tag{8-13}$$

称为非线性环节的负倒描述函数。在非线性系统的稳定性分析中，负倒描述函数是一个非常重要的概念。

由定义可以看出，描述函数是在一次谐波的意义下，从等效近似的观点出发来实现非线性环节特性的线性化（故称为谐波线性化）。然而，描述函数是非线性环节的数学模型，它不仅是输入正弦信号频率的函数，而且也是输入信号振幅的函数，这正是非线性环节中非线性特性的一种反映。

【例 8-1】设继电器非线性特性为

$$y(x) = \begin{cases} -M, & x < 0 \\ M, & x > 0 \end{cases}$$

试计算该非线性特性的描述函数。

解：设输入信号为 $x(t) = X\sin\omega t$，则输出 $y(t)$ 的表达式为

$$y(x) = \begin{cases} M, & 0 < \omega t < \pi \\ -M, & \pi < \omega t < 2\pi \end{cases}$$

$$A_0 = \frac{1}{2\pi}\int_0^{2\pi} y(t)\, \mathrm{d}\omega t = \frac{M}{2\pi}\left[\int_0^{\pi}\mathrm{d}\omega t - \int_{\pi}^{2\pi}\mathrm{d}\omega t\right]$$

$$A_1 = \frac{1}{\pi}\int_0^{2\pi} y(t)\cos\omega t\, \mathrm{d}\omega t$$

$$= \frac{M}{\pi}\left[\int_0^{\pi}\cos\omega t\, \mathrm{d}\omega t - \int_{\pi}^{2\pi}\cos\omega t\, \mathrm{d}\omega t\right]$$

$$= \frac{M}{\pi}\left[\sin\omega t\Big|_0^{\pi} - \sin\omega t\Big|_{\pi}^{2\pi}\right] = 0$$

$$B_1 = \frac{1}{\pi}\int_0^{2\pi} y(t)\sin\omega t \mathrm{d}\omega t$$
$$= \frac{M}{\pi}\left[\int_0^{\pi}\sin\omega t\mathrm{d}\omega t - \int_\pi^{2\pi}\sin\omega t\mathrm{d}\omega t\right]$$
$$= -\frac{M}{\pi}\left[\cos\omega t\Big|_0^\pi - \cos\omega t\Big|_\pi^{2\pi}\right] = \frac{4M}{\pi}$$

所以该非线性特性的描述函数为

$$N(X) = \frac{B_1 + \mathrm{j}A_1}{X} = \frac{4M}{\pi X}$$

2. 描述函数法的应用条件

描述函数法的应用条件主要有以下几个方面。

（1）非线性系统应简化成一个非线性环节和一个线性部分闭环连接的典型结构形式，如图 8-5 所示。

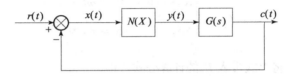

图 8-5　非线性系统典型结构形式

（2）非线性环节的输出 $y(t)$ 应是 x 的奇函数，即 $f(x) = -f(-x)$，或正弦输入下的输出 $y(t)$ 为 t 的奇对称函数，即 $y\left(t + \frac{\pi}{\omega}\right) = -y(t)$，以保证非线性环节的正弦响应不含有直流分量，即 $A_0 = 0$。

（3）系统的线性部分应具有较好的低通滤波特性。当非线性环节的输入为正弦信号时，实际输出必定含有高次谐波分量，但经线性部分传递之后，由于低通滤波的作用，高次谐波分量将被大大削弱，因此闭环通道内近似地只有一次谐波分量流通，从而保证应用描述函数分析方法所得的结果比较准确。对于实际的非线性系统，大部分都容易满足这一条件。线性部分的阶次越高，低通滤波性能就越好。然而要具有低通滤波性能，线性部分的极点应位于复平面的左半部分。

8.2.2　典型非线性特性的描述函数

本节主要介绍饱和非线性特性、间隙非线性特性和继电器非线性特性的描述函数。

1. 饱和非线性特性

饱和非线性特性及其输入输出波形如图 8-6 所示。当 $X < S$ 时，工作在线性段，没有非线性影响；当 $X \geqslant S$ 时，才进入非线性区。

由图 8-6 可知，饱和非线性特性为单值奇对称特性，其输出为奇函数，故有 $A_0 = 0$，$A_1 = 0$，$\varphi_1 = 0$，$y(t)$ 是对称波形，可只写出 $0 \sim \frac{\pi}{2}$ 区段的表达式

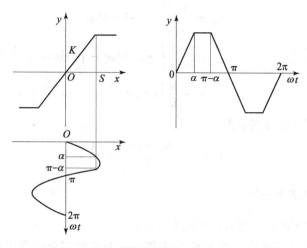

图 8-6 饱和非线性特性及其输入输出波形

$$y(t) = \begin{cases} KX\sin\omega t, & 0 \leq \omega t \leq \alpha \\ KS, & \alpha \leq \omega t \leq \dfrac{\pi}{2} \end{cases} \qquad (8-14)$$

式中，$\alpha = \arcsin\dfrac{S}{X}$。将上式带入 B_1 的计算公式，得

$$\begin{aligned} B_1 &= \frac{4}{\pi}\Big[\int_0^\alpha KX\sin^2\omega t\, d\omega t + \int_\alpha^{\frac{\pi}{2}} KS\sin\omega t\, d\omega t\Big] \\ &= \frac{4KX}{\pi}\Big\{\Big[\frac{1}{2}\omega t - \frac{1}{4}\sin 2\omega t\Big]_0^\alpha + \Big[\frac{S}{X}(-\cos\omega t)\Big]_\alpha^{\frac{\pi}{2}}\Big\} \\ &= \frac{2KX}{\pi}\Big[\arcsin\frac{S}{X} + \frac{S}{X}\sqrt{1-\Big(\frac{S}{X}\Big)^2}\,\Big] \quad (X \geq S) \end{aligned}$$

带入式（8-12），得饱和非线性特性的描述函数为

$$N(X) = \frac{B_1}{X} = \frac{2K}{\pi}\Big[\arcsin\frac{S}{X} + \frac{S}{X}\sqrt{1-\Big(\frac{S}{X}\Big)^2}\,\Big]$$

2. 间隙非线性特性

间隙非线性特性及其输入输出波形如图 8-7 所示。由图可见，在正弦信号作用下，当输入信号在 $0\sim\dfrac{\pi}{2}$ 区段内时，输出与输入呈线性关系；输入信号在 $\dfrac{\pi}{2}-\alpha$ 区段内时，输出保持不变；输入信号在 $\alpha-\pi$ 时，输出则按另一个线性关系变化。以后的半个周期，规律相同，只是符号相反。半个周期内 $y(t)$ 的数学表达式为

$$y(t) = \begin{cases} K(X\sin\omega t - b), & 0 \leq \omega t < \dfrac{\pi}{2} \\ K(X - b), & \dfrac{\pi}{2} \leq \omega t < \alpha \\ K(X\sin\omega t + b), & \alpha \leq \omega t < \pi \end{cases} \qquad (8-15)$$

式中，$\alpha = \pi - \arcsin\Big(1-\dfrac{2b}{X}\Big)$。因为间隙非线性特性为中心对称特性，$y(t)$ 正、负半波对

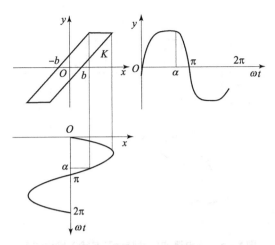

图 8-7　间隙非线性特性及其输入输出波形

称，$A_0 = 0$。但间隙非线性特性不是单值函数，输出波形既不是奇函数也不是偶函数，A_1、B_1 均不为零，计算 A_1、B_1 得

$$A_1 = \frac{2}{\pi}\left[\int_0^{\frac{\pi}{2}} K(X\sin\omega t - b)\cos\omega t \mathrm{d}\omega t + \int_{\frac{\pi}{2}}^{\alpha} K(X - b)\cos\omega t \mathrm{d}\omega t + \int_{\alpha}^{\pi} K(X\sin\omega t + b)\cos\omega t \mathrm{d}\omega t\right]$$

$$= \frac{4Kb}{\pi}\left(\frac{b}{X} - 1\right)(X \geq b) \tag{8-16}$$

$$B_1 = \frac{2}{\pi}\left[\int_0^{\frac{\pi}{2}} K(X\sin\omega t - b)\sin\omega t \mathrm{d}\omega t + \int_{\frac{\pi}{2}}^{\alpha} K(X - b)\sin\omega t \mathrm{d}\omega t + \int_{\alpha}^{\pi} K(X\sin\omega t + b)\sin\omega t \mathrm{d}\omega t\right]$$

$$= \frac{KX}{\pi}\left[\frac{\pi}{2} + \arcsin\left(1 - \frac{2b}{X}\right) + 2\left(1 - \frac{2b}{X}\right)\sqrt{\frac{b}{X}\left(1 - \frac{b}{X}\right)}\right](X \geq b) \tag{8-17}$$

描述函数为

$$N(X) = \frac{B_1 + jA_1}{X} = \frac{K}{\pi}\left[\frac{\pi}{2} + \arcsin\left(1 - \frac{2b}{X}\right) + 2\left(1 - \frac{2b}{X}\right)\sqrt{\frac{b}{X}\left(1 - \frac{b}{X}\right)}\right] + j\frac{4Kb}{\pi X}\left(\frac{b}{X} - 1\right)(X \geq b) \tag{8-18}$$

3. 继电器非线性特性

继电器非线性特性及其输入输出波形如图 8-8 所示。因环节具有中心对称特性，且为多值函数，所以 $A_0 = 0$，A_1、B_1 均不为零。$y(t)$ 的数学表达式为

$$y(t) = \begin{cases} M, & \alpha \leq \omega t \leq \beta \\ 0, & 0 \leq \omega t < \alpha, \beta < \omega t < \pi + \alpha, \pi + \beta < \omega t \leq 2\pi \\ -M, & \pi + \alpha \leq \omega t \leq \pi + \beta \end{cases} \tag{8-19}$$

带入 A_1、B_1 的计算公式，得

$$A_1 = \frac{1}{\pi}\left[\int_{\alpha}^{\beta} M\cos\omega t \mathrm{d}\omega t - \int_{\pi+\alpha}^{\pi+\beta} M\cos\omega t \mathrm{d}\omega t\right]$$

$$= \frac{2Mh}{\pi X}(m - 1)(X \geq h) \tag{8-20}$$

$$B_1 = \frac{1}{\pi}\left[\int_{\alpha}^{\beta} M\sin\omega t \mathrm{d}\omega t - \int_{\pi+\alpha}^{\pi+\beta} M\sin\omega t \mathrm{d}\omega t\right]$$

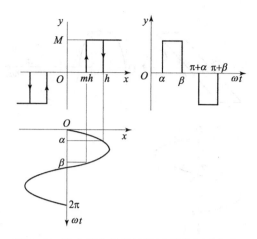

图 8-8 继电器非线性特性及其输入输出波形

$$= \frac{2M}{\pi}\left[\sqrt{1-\left(\frac{mh}{X}\right)^2} + \sqrt{1-\left(\frac{h}{X}\right)^2}\right](X \geqslant h) \tag{8-21}$$

描述函数为

$$N(X) = \frac{B_1 + jA_1}{X} = \frac{2M}{\pi X}\left[\sqrt{1-\left(\frac{mh}{X}\right)^2} + \sqrt{1-\left(\frac{h}{X}\right)^2}\right] + j\frac{2Mh}{\pi X^2}(m-1) \tag{8-22}$$

一些常见的非线性特性及描述函数如表 8-1 所示。

表 8-1 常见的非线性特性及描述函数

非线性特性	描述函数 $N(X)$
(理想继电器)	$\dfrac{4M}{\pi X}$
(死区继电器)	$\dfrac{4M}{\pi X}\sqrt{1-\left(\dfrac{h}{X}\right)^2}, X \geqslant h$
(滞环继电器)	$\dfrac{4M}{\pi X}\sqrt{1-\left(\dfrac{h}{X}\right)^2} - j\dfrac{4Mh}{\pi X^2}, X \geqslant h$
(一般继电器)	$\dfrac{2M}{\pi X}\left[\sqrt{1-\left(\dfrac{mh}{X}\right)^2} + \sqrt{1-\left(\dfrac{h}{X}\right)^2}\right] + j\dfrac{2Mh}{\pi X^2}(m-1), X \geqslant h$
(饱和特性)	$\dfrac{2K}{\pi}\left[\arcsin\dfrac{a}{X} + \dfrac{a}{X}\sqrt{1-\left(\dfrac{a}{X}\right)^2}\right], X \geqslant a$

续表

非线性特性	描述函数 $N(X)$
(死区线性)	$\dfrac{2K}{\pi}\left[\dfrac{\pi}{2}-\arcsin\dfrac{\Delta}{X}-\dfrac{\Delta}{X}\sqrt{1-\left(\dfrac{\Delta}{X}\right)^2}\right], X\geqslant \Delta$
(间隙)	$\dfrac{K}{\pi}\left[\dfrac{\pi}{2}+\arcsin\left(1-\dfrac{2b}{X}\right)+2\left(1-\dfrac{2b}{X}\right)\sqrt{\dfrac{b}{X}\left(1-\dfrac{b}{X}\right)}\right]+j\dfrac{4Kb}{\pi X}\left(1-\dfrac{2b}{X}\right),$ $X\geqslant b$
(死区饱和)	$\dfrac{2K}{\pi}\left[\arcsin\dfrac{a}{X}-\arcsin\dfrac{\Delta}{X}+\dfrac{a}{X}\sqrt{1-\left(\dfrac{a}{X}\right)^2}-\dfrac{\Delta}{X}\sqrt{1-\left(\dfrac{a}{X}\right)^2}\right],$ $X\geqslant a$

8.2.3 非线性系统的简化

非线性系统的分析是建立在典型结构上的，当系统由多个非线性环节和多个线性环节组合而成时，可通过等效变换，化为典型结构形式。因系统的稳定性只取决于系统的内部结构，与系统的外作用无关，故在系统结构图化简时，可认为所有外作用均为零。

1. 非线性环节并联

若两个非线性环节输入相同，输出相加、减，则等效非线性特性为两个非线性特性的叠加。由描述函数的定义，并联等效非线性特性的描述函数为各非线性特性描述函数的代数和。

【例 8-2】 两个并联非线性特性环节如图 8-9（a）所示，求等效的非线性特性。

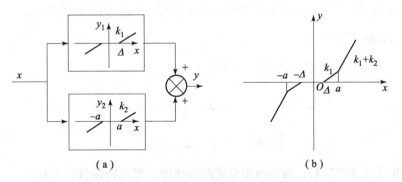

图 8-9 非线性环节并联及其等效特性

解：两个非线性环节的输出表达式分别为

$$y_1=\begin{cases}0, & 0\leqslant x<\Delta\\ k_1(x-\Delta), & x\geqslant \Delta\end{cases}$$

$$y_2 = \begin{cases} 0, & 0 \leq x < a \\ k_2(x-a), & x \geq a \end{cases}$$

等效输出表达式为

$$y = y_1 + y_2 = \begin{cases} 0, & 0 \leq x < \Delta \\ k_1(x-\Delta) + 0 = k_1(x-\Delta), & \Delta < x < a \\ k_1(x-\Delta) + k_2(x-a) = (k_1+k_2)x - k_1\Delta - k_2a, & x \geq a \end{cases}$$

等效的非线性特性如图 8-9（b）所示。

2. 非线性环节串联

若两个非线性环节串联，其简化过程可以用例 8-3 来说明。

【例 8-3】两个非线性环节串联，如图 8-10 所示，且已知 $M > \Delta$，求等效非线性特性。

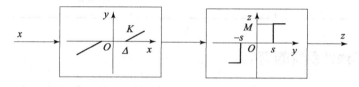

图 8-10 两个非线性环节串联

解：两个非线性环节的表达式分别为

$$y = \begin{cases} 0, & 0 \leq x < \Delta \\ K(x-\Delta), & x \geq \Delta \end{cases}$$

$$z = \begin{cases} 0, & 0 \leq y < s \\ M, & y \geq s \end{cases}$$

令 $y = K(x-\Delta) = s$，则 $x = \Delta + \dfrac{s}{K}$。

当 $x > \Delta + \dfrac{s}{K}$ 时，$y > s$，$z = M$；当 $0 \leq x \leq \Delta + \dfrac{s}{K}$ 时，$0 \leq y < s$，$z = 0$。

等效输出表达式为

$$z = \begin{cases} M, & x > \Delta + \dfrac{s}{K} \\ 0, & -\Delta - \dfrac{s}{K} < x < \Delta + \dfrac{s}{K} \\ -M, & x < -\Delta - \dfrac{s}{K} \end{cases}$$

注意：两个非线性环节串联，若调换串联的前后次序，等效特性将会不同。

3. 线性部分的等效变换

考虑图 8-11 所示的结构图，其简化过程如图 8-12 所示。

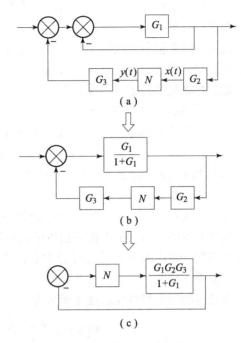

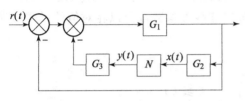

图 8-11 非线性系统结构图

图 8-12 结构图等效化简过程

8.3 用描述函数法分析非线性系统

描述函数法是一种工程近似法，主要用于研究与系统稳定性相关的信息，它不受系统阶次的限制，但不能给出时间响应的确切信息。本节介绍如何应用描述函数法分析非线性系统的稳定性，产生自激振荡的条件和自激振荡的振幅及频率的确定。

8.3.1 稳定性判据

设非线性系统的典型结构如图 8-5 所示。图中 $N(X)$ 表示非线性部分的描述函数，$G(s)$ 表示系统中的线性部分。假设系统满足描述函数法的应用条件，高次谐波已被充分衰减，则描述函数 $N(X)$ 可以作为一个实变量或复变量的放大系数来处理。于是可以得到图 8-5 所示系统的闭环频率特性为

$$G_B(j\omega) = \frac{N(X)G(j\omega)}{1 + N(X)G(j\omega)} \tag{8-23}$$

闭环特征方程为

$$1 + N(X)G(j\omega) = 0 \tag{8-24}$$

上式可以改写成

$$N(X)G(j\omega) = -1 \tag{8-25}$$

或

$$G(j\omega) = -\frac{1}{N(X)} \tag{8-26}$$

对于线性系统，$N(X)=1$。因此，当线性系统是最小相位系统时，-1 点是判断稳定性的参考点，如果 $G(j\omega)$ 曲线穿过 $(-1,j0)$ 点，表明系统处于临界稳定状态，产生持续的等幅振荡。限制仍假设线性部分是最小相位，但由于系统中存在非线性部分，因而判断非线性系统稳定性的参考点不再是 -1，而是一条参考线 $-1/N(X)$。与线性系统的稳定性判据相似，非线性系统的稳定性判据如下。

（1）当曲线 $-1/N(X)$ 没有被 $G(j\omega)$ 包围时，系统是稳定的，在稳态时不会产生自激振荡，而且两者距离越远，系统的稳定裕度越大。不过对于非线性系统而言，X 值不同，$-1/N(X)$ 曲线上的点和 $G(j\omega)$ 的相对位置也不同，存在着不同的裕度值。

（2）当 $G(j\omega)$ 包围 $-1/N(X)$ 曲线时，表明系统具有实部为正的特征根，会出现增幅振荡，系统不稳定。

（3）当 $G(j\omega)$ 和 $-1/N(X)$ 曲线相交时，在交点处可能会产生自激振荡。

实际系统中，通常采用相对描述函数和负倒相对描述函数。也就是将描述函数中的部分非线性参数分离出来乘到线性部分中去，所剩部分中非线性参数都是以相对值的形式出现的。下面举例说明。

带死区的继电器特性的描述函数为

$$N(X) = \frac{4M}{\pi X}\sqrt{1-\left(\frac{h}{X}\right)^2} \quad (X \geqslant h)$$

将其改写为

$$N(X) = K_0 N_0(X) = \frac{M}{h}\frac{4h}{\pi X}\sqrt{1-\left(\frac{h}{X}\right)^2}$$

其中，

$$K_0 = \frac{M}{h}, N_0(X) = \frac{4h}{\pi X}\sqrt{1-\left(\frac{h}{X}\right)^2}$$

$N_0(X)$ 即为相对描述函数，而 K_0 称为非线性特性的尺度系数。

相对负倒描述函数则为 $-1/N(X)$，本例中

$$-\frac{1}{N_0(X)} = -\frac{\pi X}{4h}\left(\sqrt{1-\left(\frac{h}{X}\right)^2}\right)^{-1} \quad (X \geqslant h)$$

引入相对描述函数及相对负倒描述函数后，其中变量 X/h 为相对值，变化范围是 $1\sim\infty$。而相对函数与 M 及 h 的数值无关，如此可使非线性特性的 $N_0(X)$ 及 $-1/N_0(X)$ 曲线标准化，不会因 M 及 h 值的不同而改变。

采用相对化之后，式（8-25）可改写为

$$K_0 G(j\omega) N_0(X) = -1 \tag{8-27}$$

而式（8-26）则改写为

$$K_0 G(j\omega) = -\frac{1}{N_0(X)} \tag{8-28}$$

非线性系统的稳定性判别方法可用图 8-13 来表示。

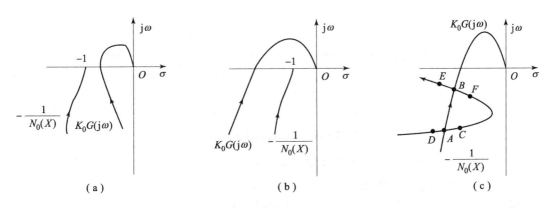

图 8-13 非线性系统稳定性分析
(a) 稳定系统；(b) 不稳定系统；(c) 自振系统

8.3.2 自激振荡

线性部分的频率特性 $K_0G(j\omega)$ 与相对负倒描述函数 $-1/N_0(X)$ 相交，只表明系统有可能产生自激振荡（在相平面图中表现为极限环），但是自激振荡是否存在，还要判断交点处的振幅是否具有收敛或发散的特性。如图 8-13（c）中，$K_0G(j\omega)$ 与 $-1/N_0(X)$ 相交于 A、B 两点，交点 A、B 分别对应于两种频率、两种振幅的周期振荡。设 A、B 两点的频率分别为 ω_a、ω_b，振幅分别为 X_a、X_b。

首先分析交点 B 的周期振荡。假设由于某种因素，使非线性允许的输入信号振幅增大，导致周期振荡的振幅大于 X_b，工作点由 B 移到 E，它位于 $K_0G(j\omega)$ 曲线之外，所示系统是稳定的。周期振荡的振幅将随时间的推移而衰减并恢复到 X_b，工作点重新返回到 B 点；反之，如果绕道使非线性元件输入信号的振幅减小，则使 B 点向 F 点转移，F 点被 $K_0G(j\omega)$ 曲线包围，系统不稳定，周期振荡的振幅将发散，同样趋向于 B 点。由此可见，B 点具有收敛的特性，即 B 点对应的周期振荡是稳定的，形成了自激振荡，称为稳定的极限环。同理可以证明，A 点具有发散的特性，因而不可能存在与之对应的自激振荡，称为不稳定极限环。

一般来说，如果随着输入信号振幅 X 的增大，$-1/N_0(X)$ 曲线从不稳定区域穿过 $K_0G(j\omega)$ 曲线进入稳定区域，那么周期振荡就是稳定的；反之，周期振荡就是不稳定的。所谓稳定区域是指 G 平面上不被 $K_0G(j\omega)$ 曲线包围的区域，不稳定区域则是被 $K_0G(j\omega)$ 所包围的区域。

如果存在着稳定的自激振荡，其振荡频率 ω 和振幅可根据 $K_0G(j\omega)$ 与 $-1/N_0(X)$ 的交点确定，它们的数值与初始条件无关。周期振荡通常不是正弦波，但近似于正弦波。振荡频率与振幅的计算准确度一般可以满足工程计算要求，系统线性部分的阶次越高，低通滤波性能越好，准确度也越高。如果 $K_0G(j\omega)$ 与 $-1/N_0(X)$ 曲线几乎是垂直相交的，则准确度一般是较高的。

8.3.3 用描述函数法分析非线性系统

【**例 8-4**】 某非线性系统的结构图如图 8-14 所示，试用描述函数法求取：

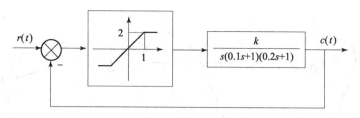

图 8-14 非线性系统的结构图

(1) $k=15$ 时系统产生自激振荡的频率和振幅；

(2) k 为何值时系统处于稳定边界。

解：(1) 由表 8-1 查得饱和非线性的描述函数为

$$N(X) = \frac{2K}{\pi}\left[\arcsin\frac{S}{X} + \frac{S}{X}\sqrt{1-\left(\frac{S}{X}\right)^2}\right]$$

由图 8-14 可知，非线性元件的参数 $S=1$，$K=2$。负倒描述函数为

$$-\frac{1}{N(X)} = -\frac{\pi}{4\left[\arcsin\frac{1}{X} + \frac{1}{X}\sqrt{1-\left(\frac{1}{X}\right)^2}\right]}$$

因为饱和特性为单值特性，$N(X)$ 和 $-1/N(X)$ 为实函数。当 X 在 $1 \sim \infty$ 时，$-1/N(X) = -1/2 \sim -\infty$。$-1/N(X)$ 曲线如图 8-15 所示。线性部分的频率特性为

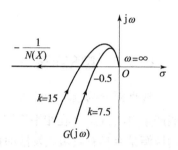

图 8-15 图 8-14 系统的 $G(j\omega)$ 和 $-\dfrac{1}{N(X)}$ 曲线

$$G(j\omega) = \frac{k}{j\omega(1+j0.1\omega)(1+j0.2\omega)}$$
$$= \frac{-4.5}{1+0.05\omega^2+0.0004\omega^4} + j\frac{-15(1-0.02\omega^2)}{\omega(1+0.05\omega^2+0.0004\omega^4)}$$

令 $\text{Im}[G(j\omega)] = 0$ 得 $\omega = \sqrt{50}$。带入 $\text{Re}[G(j\omega)]$ 求得

$$\text{Re}[G(j\omega)] = -1$$

则 $(-1, j0)$ 点为 $G(j\omega)$ 曲线与负实轴的交点，也就是 $-1/N(X)$ 与 $G(j\omega)$ 的交点，如图 8-15 所示。由图 8-15 可以判断交点是自激振荡点。自振频率 $\omega = \sqrt{50}$，振幅由下列方程求得：

$$-\frac{1}{N(X)} = \text{Re}[G(j\omega)]\bigg|_{\omega=\sqrt{50}} = -1$$

即

$$-\frac{\pi}{4\left[\arcsin\frac{1}{X} + \frac{1}{X}\sqrt{1-\left(\frac{1}{X}\right)^2}\right]} = -1$$

解得

$$X = 2.47$$

(2) 为使系统不产生自振，可减小线性部分的 k 值，使得 $-1/N(X)$ 与 $G(j\omega)$ 不相交，即

$$\text{Re}[G(j\omega)] < -\frac{1}{2}$$

解得，$k_{临界} = 7.5$。

【例 8-5】设某非线性系统如图 8-16 所示。

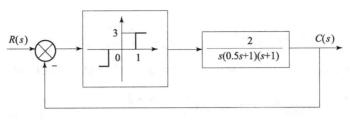

图 8-16 非线性系统

(1) 分析系统的稳定性；
(2) 为了使系统不产生自振，应如何调整继电器特性参数？

解：(1) 由表 8-1 查得该继电器特性的描述函数为

$$N(X) = \frac{4M}{\pi X}\sqrt{1 - \left(\frac{h}{X}\right)^2} \quad (x \geq h)$$

$$= \frac{M}{h} \cdot \frac{4}{\pi}\left(\frac{h}{X}\right)\sqrt{1 - \left(\frac{h}{X}\right)^2}$$

$$= K_0 \cdot N_0\left(\frac{h}{X}\right) \quad \left(\frac{h}{X} \leq 1\right)$$

式中，$K_0 = \dfrac{M}{h}$ 为由分离出来的非线性元件参数所形成的比例系数；$N_0\left(\dfrac{h}{X}\right)$ 是该继电器特性的相对描述函数，且

$$N_0\left(\frac{h}{X}\right) = \frac{4}{\pi}\left(\frac{h}{X}\right)\sqrt{1 - \left(\frac{h}{X}\right)^2} \quad \left(\frac{h}{X} \leq 1\right)$$

该继电器特性的相对负倒描述函数为

$$-\frac{1}{N_0\left(\dfrac{h}{X}\right)} = -\frac{1}{\dfrac{4}{\pi}\left(\dfrac{h}{X}\right)\sqrt{1 - \left(\dfrac{h}{X}\right)^2}}$$

可见，当 $X = h \sim \infty$ 时，$-\dfrac{1}{N_0\left(\dfrac{h}{X}\right)} = -\infty \sim -\infty$。显然，$-\dfrac{1}{N_0\left(\dfrac{h}{X}\right)}$ 必定存在一个最大值，其最大值点也就是 $N_0\left(\dfrac{h}{X}\right)$ 的最大值点。$N_0\left(\dfrac{h}{X}\right)$ 的最大值点和最大值可由下列方法求得：

令 $\dfrac{\mathrm{d}}{\mathrm{d}\left(\dfrac{h}{X}\right)} N_0\left(\dfrac{h}{X}\right) = 0$，解得：$\left(\dfrac{h}{X}\right)_{\max} = \dfrac{1}{\sqrt{2}} \approx 0.707$，$\max\left[N_0\left(\dfrac{h}{X}\right)\right] = \dfrac{2}{\pi} \approx 0.637$

则

$$\max\left[-1/N_0\left(\frac{h}{X}\right)\right] = -\frac{\pi}{2} = -1.57$$

系统线性部分的频率特性为

$$K_0 G(\mathrm{j}\omega) = \frac{2K_0}{\mathrm{j}\omega(1 + \mathrm{j}0.5\omega)[1 + \mathrm{j}(1 + \mathrm{j}\omega)]}$$

$$= \frac{2\times 3[-1.5\omega - j(1-0.5\omega^2)]}{\omega(0.25\omega^4 + 1.25\omega^2 + 1)}$$

令虚部为零，即

$$\text{Im}[K_0 G(j\omega)] = \frac{-6(1-0.5\omega^2)}{\omega(0.25\omega^4 + 1.25\omega^2 + 1)} = 0$$

解得 $K_0 G(j\omega)$ 曲线与负实轴相交时对应的频率为 $\omega = \sqrt{2}$。代入 $K_0 G(j\omega)$ 的实部，得

$$\text{Re}[K_0 G(j\omega)] = \frac{-9}{0.25\omega^4 + 1.25\omega^2 + 1}\bigg|_{\omega=\sqrt{2}} = -2$$

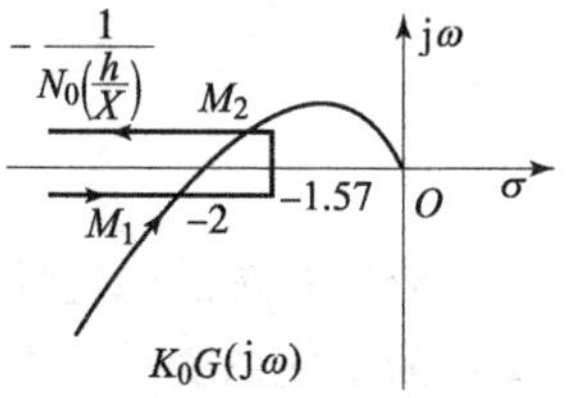

因 $\text{Re}[K_0 G(j\sqrt{2})] < -1.57$，所以 $K_0 G(j\omega)$ 与 $-1/N_0\left(\frac{h}{X}\right)$ 相交，且有两个交点 M_1、M_2，如图 8-17 所示，它们对应同一个频率 $\omega = \sqrt{2}$。由

$$-\frac{1}{N_0\left(\frac{h}{X}\right)} = \text{Re}[K_0 G(j\sqrt{2})]$$

图 8-17 例 8-5 的 $K_0 G(j\omega)$ 和 $-\frac{1}{N_0\left(\frac{h}{X}\right)}$ 曲线

即由

$$-\frac{1}{\frac{4}{\pi}\left(\frac{h}{X}\right)\sqrt{1-\left(\frac{h}{X}\right)^2}} = -2$$

解得 $\left(\frac{h}{X}\right)_1 = 0.9$，$\left(\frac{h}{X}\right)_2 = 0.436$。

其中，$h = 1$。则

$$X_1 = 1, X_2 = 2.3$$

因为在 M_1 点，$-1/N_0\left(\frac{h}{X}\right)$ 穿出 $K_0 G(j\omega)$，所以 M_2 点是自振点，其振幅为 $X_2 = 2.3$，频率为 $\omega = \sqrt{2}$。

（2）为使系统不产生自振，必须使 $K_0 G(j\omega)$ 和 $-\frac{1}{N_0\left(\frac{h}{X}\right)}$ 两条曲线不相交，即应满足

$$\text{Re}[K_0 G(j\omega)] > \max\left[-\frac{1}{N_0\left(\frac{h}{X}\right)}\right]$$

因 $-\frac{1}{N_0\left(\frac{h}{X}\right)}$ 曲线与继电参数无关，故只有调整 K_0 值，使之满足

$$\text{Re}[K_0 G(j\sqrt{2})] > 1.57$$

$$\frac{-3K_0}{0.25\omega^4 + 1.25\omega^2 + 1}\bigg|_{\omega=\sqrt{2}} > -1.57$$

$$K_0 < \frac{1.57 \times 4.5}{3} = 2.36$$

即具有死区继电器特性参数间的关系应满足

$$K_0 = \frac{M}{h} < 2.36$$

【例 8-6】 某系统结构图如图 8-18 所示,其中 $M = 10$,$h = 1$。试判断是否存在自振,若有自振,求出自振振幅和频率。

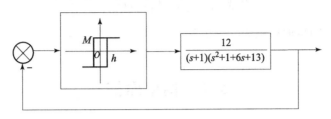

图 8-18 系统结构图

解: 滞环继电器特性的描述函数为

$$N(X) = \frac{4M}{\pi X}\sqrt{1-\left(\frac{h}{X}\right)^2} - j\frac{4Mh}{\pi X^2}$$

$$= \frac{M}{h}\left[\frac{4}{\pi}\left(\frac{h}{X}\right)\sqrt{1-\left(\frac{h}{X}\right)^2} - j\frac{4}{\pi}\left(\frac{h}{X}\right)^2\right]$$

$$= K_0 \times N_0\left(\frac{h}{X}\right)$$

其中,

$$K_0 = \frac{M}{h} = \frac{10}{1} = 10$$

$$N_0\left(\frac{h}{X}\right) = \frac{4}{\pi}\frac{h}{X}\left[\sqrt{1-\left(\frac{h}{X}\right)^2} - j\frac{4}{\pi}\left(\frac{h}{X}\right)^2\right]$$

则

$$-\frac{1}{N_0\left(\frac{h}{X}\right)} = -\left\{\frac{4}{\pi}\frac{h}{X}\left[\sqrt{1-\left(\frac{h}{X}\right)^2} - j\frac{4}{\pi}\times\left(\frac{h}{X}\right)^2\right]\right\}^{-1}$$

可见其虚部为一常数 $-\frac{4}{\pi}$,其实部当 $X = h \sim \infty$ 时,$\mathrm{Re}\left[-\frac{1}{N_0\left(\frac{h}{X}\right)}\right] = 0 \sim -\infty$;线性部分 $K_0G(j\omega)$ 为三阶惯性特性。由此画出 $-\frac{1}{N_0\left(\frac{h}{X}\right)}$ 和 $K_0G(j\omega)$ 曲线,如图 8-19 所示。二者有一个交点,且为自振点。

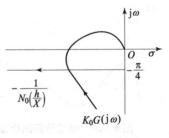

图 8-19 例 8-6 的 $K_0G(j\omega)$ 和 $-\frac{1}{N_0\left(\frac{h}{X}\right)}$ 曲线

令 $\mathrm{Im}[K_0G(j\omega)] = -\frac{\pi}{4}$,即

$$|K_0G(j\omega)| = \frac{120}{(-7\omega^2+13)^2 + (\omega^3-19\omega)^2} = -\frac{\pi}{4}$$

解得自振频率 $\omega = 3.2$,代入得

$$|K_0G(\mathrm{j}\omega)| = \frac{120}{\sqrt{(-7\omega^2+13)^2+(\omega^3-19\omega)^2}}\bigg|_{\omega=3.2} = 1.845$$

则

$$\left|N_0\left(\frac{h}{X}\right)\right| = \frac{1}{|K_0G(\mathrm{j}3.2)|} = 0.54$$

可求出 $\frac{h}{X} = 0.43$，则自振振幅为 $X_0 = 2.3$。

8.4 相平面法

相平面法本质上是一种求解二阶非线性常系数微分方程的图解法。为了得到有关相平面的基本概念，先从二阶线性常系数微分方程出发，然后讨论奇点和极限环的概念。

8.4.1 相平面图

设二阶线性微分方程为

$$T\ddot{x} + \dot{x} + Kx = T\ddot{r} + \dot{r} \quad (8-29)$$

其中，$r(t) = 1(t)$，是系统的输入信号。

设初始条件为：$x(0^+) = 0, \dot{x}(0^+) = 0$，则当 $t \geq 0^+$ 时，有

$$T\ddot{x} + \dot{x} + Kx = 0 \quad (8-30)$$

解微分方程式（8-30）可求得系统的单位阶跃响应曲线，如图8-20所示。

系统分析的最基本方法就是求得系统的时域响应，但是系统的时域行为也可以采用间接描述方法而不采用时间变量 t。对于一个二阶系统，要完全描述它的时域行为，至少要用两个变量（状态变量）。对式（8-30），我们可以选取 $\dot{x}(t)$ 和 $x(t)$ 为状态变量，由

$$\dot{x}(t) = \frac{\mathrm{d}x(t)}{\mathrm{d}t}$$

可以求得 $\dot{x}(t)$ 和 $x(t)$ 曲线如图8-21所示。

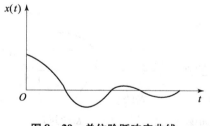

图8-20 单位阶跃响应曲线

图8-21 单位阶跃响应的导数曲线

选取 $\dot{x}(t)$ 和 $x(t)$ 作为状态变量，则系统的时域行为是以某一时刻的一组变量 $(x, \dot{x})$ 来描述的。如果在直角坐标系中以横坐标表示 $x(t)$，以纵坐标表示 $\dot{x}(t)$，这样确定的坐标平面称为状态平面，或称为相平面。系统在某一时刻的状态由相平面上的一个点来描述。状态随时间的转移对应于相平面上点的移动。相平面上的点随时间变化描绘出的曲线称为相轨迹。根据图8-20和图8-21，选取 $x(t)$ 和 $\dot{x}(t)$ 为状态变量绘制的相平面图如图8-22所示，它描述了系统在 $x(0^+) = 1$ 和 $\dot{x}(0^+) = 0$ 的初始条件下，系统状态的转移情况，也就是

系统在阶跃信号作用下系统的运动过程。

以上是根据二阶系统进行分析的，下面考虑包含非线性的二阶系统的一般情况。设输入信号为零，二阶非线性时不变系统的微分方程如下：

$$\ddot{x} + f(x,\dot{x}) = 0 \qquad (8-31)$$

式中，x 是描述系统运动状态的一个物理量，它可以是系统的输出量，也可以是系统中其他物理量，$f(x,\dot{x})$ 是 x 和 $\dot{x}$ 的解析函数，它可以是线性的，也可以是非线性的。若选择

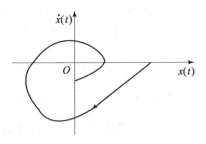

图 8-22 根轨迹曲线

$$\begin{cases} x_1 = x \\ x_2 = \dot{x} \end{cases}$$

为系统的一组状态变量，则式（8-31）可表示为

$$\begin{cases} \dot{x}_1 = x_2 \\ \dot{x}_2 = -f(x,\dot{x}) \end{cases} \qquad (8-32)$$

根据以上分析，可以从几何的观点给出以下定义。

(1) 相平面。以 $x(t)$ 为横坐标，$\dot{x}(t)$ 为纵坐标的直角坐标平面称为相平面或状态平面。

(2) 相轨迹。在相平面上，由表示运动状态的动点 $(x(t),\dot{x}(t))$ 所描绘的曲线称为相轨迹。相轨迹的起点由初始条件确定。

(3) 相平面图。给出一个初始状态点作为初始条件，便可确定一条对应的相轨迹曲线。各种不同的初始条件，则对应一个相轨迹曲线族，由相轨迹曲线族构成的图像称为相平面图。

(4) 奇点或平衡点。相轨迹上的某一点如果同时满足下列条件，即

$$\begin{cases} \dot{x}_1 = \dot{x} = 0 \\ \dot{x}_2 = \ddot{x} = -f(x,\dot{x}) = 0 \end{cases} \qquad (8-33)$$

则称该点为奇点或平衡点。式（8-33）表明，在奇点处，$x(t)$、$\dot{x}(t)$ 都没有发生变化的趋势，因此系统处于平衡状态。

如果一个奇点的附近没有其他的奇点，则称该点为孤立奇点；非孤立奇点常构成一条直线，称为奇线。

8.4.2 相轨迹和相平面图的性质

1. 相轨迹的斜率

根据式（8-31）可求得相轨迹斜率的表达式为

$$\frac{d\dot{x}}{dx} = \frac{\dfrac{d\dot{x}}{dt}}{\dfrac{dx}{dt}} = \frac{\ddot{x}}{\dot{x}} = -\frac{f(x,\dot{x})}{\dot{x}} \qquad (8-34)$$

式（8-34）给出了相轨迹曲线在点 $(x,\dot{x})$ 处的斜率，它是相平面中的点的函数，称为斜率方程。

应该指出，式（8-34）是状态变量 $\dot{x}$ 与 x 的一阶微分方程，微分方程的解就是相轨迹曲线方程，相轨迹曲线方程表示为

$$\dot{x} = \varphi(x) \tag{8-35}$$

式（8-35）包含着初始条件。对于每一组初始条件，$\dot{x} = \varphi(x)$ 就规定了一条相轨迹曲线，该条相轨迹的起始点由相应的初始条件确定。

2. 相平面图中的奇点与普通点

在相平面图中，除奇点以外的其他点，叫作普通点。在普通点上，x、$\dot{x}$ 不同时为零，由式（8-34）可知，相轨迹在普通点上的斜率是唯一确定的，因此通过该点的相轨迹只有一条，即普通点绝不是相轨迹的交叉点。显然，普通点也不是系统的平衡点。

在奇点处，由式（8-34）可见，该点处斜率为

$$\frac{d\dot{x}}{dx} = \frac{0}{0}$$

上式是不定的，说明可以有无穷多条相轨迹逼近或离开某个奇点，即相轨迹曲线可以交汇于奇点。

此外，在相轨迹与 x 轴的交点处 $\dot{x} = 0$，因此只要该交点不是奇点，相轨迹曲线便与 x 轴垂直相交。

3. 相轨迹上的点沿相轨迹的运动方向

如果把系统的运动看作一质点的运动，那么 x 就是质点的位移，$\dot{x}$ 是质点的运动速度。显然，当 $\dot{x} > 0$ 时，即在相平面的上半平面，x 将逐渐减小，动点沿相轨迹向左运动。

4. 相平面的对称性

相平面图可以对称于 x 轴、$\dot{x}$ 轴或对称于原点。了解相平面图的对称性有助于相轨迹的作图过程。

如果所有对称于 x 轴的点 $(x, \dot{x})$ 和 $(x, -\dot{x})$，相轨迹的斜率大小相等、符号相反，则相平面图对称于 x 轴。由式（8-34）可推导出相平面图对称于 x 轴的条件为

$$\frac{f(x, \dot{x})}{\dot{x}} = \frac{-f(x, \dot{x})}{-\dot{x}}$$

或

$$f(x, \dot{x}) = f(x, -\dot{x}) \tag{8-36}$$

即 $f(x, \dot{x})$ 为 $\dot{x}$ 的偶函数。显然当 $f(x, \dot{x})$ 中不含 $\dot{x}$ 时，相平面图必定与 x 轴对称。

如果所有对称于 $\dot{x}$ 轴的点 $(x, \dot{x})$ 和 $(-x, \dot{x})$，相轨迹的斜率大小相等、符号相反，则相平面图对称于 $\dot{x}$ 轴。相平面图对称于 $\dot{x}$ 轴的条件为

$$f(x, \dot{x}) = f(-x, \dot{x}) \tag{8-37}$$

即 $f(x, \dot{x})$ 为 x 的奇函数。

如果所有对称于原点的点 $(x, \dot{x})$ 和 $(-x, -\dot{x})$，相轨迹的斜率大小相等，则相平面图对称于原点。相平面图对称于原点的条件为

$$f(x, \dot{x}) = -f(-x, -\dot{x}) \tag{8-38}$$

8.4.3 奇点的类型

由式（8-31）所描述的系统，只要 $f(x,\dot{x})$ 是解析的，则在奇点附近通常可将式（8-31）线性化，得线性化微分方程为

$$\ddot{x} + a\dot{x} + bx = 0 \tag{8-39}$$

由式（8-39）可见，系统的奇点就是相平面的原点。奇点附近系统运动的状态和性质取决于式（8-39）的特征根

$$\lambda_{1,2} = -\frac{a}{2} \pm \sqrt{\left(\frac{a}{2}\right)^2 - b} \tag{8-40}$$

根据特征根的位置，奇点可以分为6种类型，相应的相平面图如图8-23所示，图中还给出了时域响应。

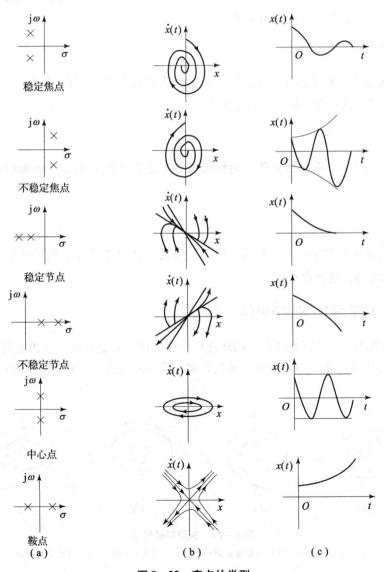

图8-23 奇点的类型
(a) 特征根位置；(b) 相平面图；(c) 动态响应曲线

1. 稳定焦点

λ_1、λ_2 为左半 s 平面上的一对共轭复根，系统的运动以衰减振荡的形式收敛于奇点，即平衡状态是稳定的，这种奇点称为稳定焦点。

2. 不稳定焦点

λ_1、λ_2 为右半 s 平面上的一对共轭复根，系统的运动以发散振荡的形式远离奇点，即平衡状态是不稳定的，这种奇点称为不稳定焦点。

3. 稳定节点

λ_1、λ_2 为左半 s 平面上的一对实根，系统的运动以指数衰减的形式收敛于奇点，即平衡状态是稳定的，这种奇点称为稳定节点。

4. 不稳定节点

λ_1、λ_2 为右半 s 平面上的一对实根，系统的运动以指数发散的形式远离奇点，即平衡状态是不稳定的，这种奇点称为不稳定节点。

5. 中心点

λ_1、λ_2 为左半 s 平面虚轴上的一对纯虚根，理论上系统的运动为周期性振荡，这种奇点称为中心点。

6. 鞍点

λ_1、λ_2 为左半和右半 s 平面上的实根，系统的运动以指数发散的形式远离奇点，即平衡状态是不稳定的，这种奇点称为鞍点。

8.4.4 相平面图中的极限环

在相平面图中，一种孤立的封闭相轨迹称为极限环。所谓孤立，是指极限环内外两侧的相轨迹都不是封闭的，它们或均卷进，或均卷离，或一侧卷进、一侧卷离极限环，如图 8-24 所示。

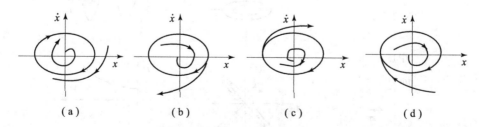

图 8-24　极限环的性质

(a) 稳定极限环；(b) 不稳定极限环；(c) 半稳定极限环；(d) 半稳定极限环

根据极限环两侧相轨迹的性质，把极限环分为以下三类。

1. 稳定极限环

如果极限环内外两侧相轨迹均卷进极限环,则该极限环称为稳定极限环,如图 8-24(a)所示。由图可见,极限环的内侧是系统不稳定区域,外侧邻域是系统的稳定区域。对于具有这种极限环的控制系统,设计准则通常是尽量减小极限环的大小,以满足系统品质要求。

2. 不稳定极限环

如果极限环内外两侧邻域相轨迹均卷离极限环,则该极限环称为不稳定极限环,如图 8-24(b)所示。由图可见,这种极限环的内侧邻域是系统稳定区域,外侧邻域是系统的不稳定区域。对于具有这种极限环的控制系统,设计准则通常是尽量增大极限环的大小,以扩大系统的稳定域。

3. 半稳定极限环

如果极限环附近两侧邻域的相轨迹,一侧卷进极限环,另一侧卷离极限环,则该极限环称为半稳定极限环,如图 8-24(c)、(d)所示。对于图 8-24(c)所示的系统是不稳定的系统,设计系统时应设法避免;而图 8-24(d)所示的系统是稳定系统。但由于极限环的存在,系统过渡过程时间将增长。

稳定极限环可以通过实验观察到,而不稳定和半稳定极限环则不可能在实验中观察到。对于稳定和不稳定极限环,可以通过分析判断其有无,但要确定其精确位置是很困难的。极限环的精确位置,只能在作出精确相平面图后方能得知。

控制系统可能有一个或几个极限环,也可能没有。但是,只有非线性系统才有出现极限环的可能性。极限环是非线性系统所特有的自激振荡在相平面图中的体现。

8.4.5 由相平面图求时间响应

相平面图描述的是 $\dot{x}$ 和 x 之间的关系,在系统初始条件已知的情况下,它可以清楚地描述系统的运动状态。但是在系统分析时,为了了解有关系统的时域性能指标,需要由相轨迹求出系统的时间响应。下面介绍由相轨迹求时间响应的方法。该方法是根据 $t = \int \frac{1}{\dot{x}} \mathrm{d}x$ 求得时间响应。

假设相轨迹上 A 点的坐标为 $(x_A, \dot{x}_A)$,经过一段时间后,动点沿相轨迹移动到 B 点,该点的坐标为 $(x_B, \dot{x}_B)$,从 A 点到 B 点的时间 t_{AB} 可由下式计算:

$$t_{AB} = \int_{x_A}^{x_B} \frac{\mathrm{d}x}{\dot{x}} \tag{8-41}$$

这个积分可用通常近似计算积分的方法求出,因此求时间响应的过程是近似计算积分的过程,该方法介绍如下。

先根据给定的相轨迹曲线作出以 x 为横坐标,以 $\frac{1}{\dot{x}}$ 为纵坐标的 $\frac{1}{\dot{x}}$ 与 x 的关系曲线,如

图 8-25 所示。由式（8-41）可知，$\frac{1}{\dot{x}}$ 曲线下的面积就代表了相应的时间间隔，图 8-25 中相轨迹由 A 点到 B 点所经历的时间就是图中阴影部分的面积。这样可求出对应于任一指定 x 值的 t 值，从而可以确定时间响应。

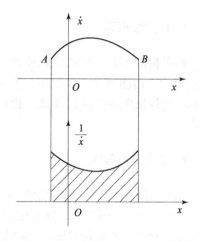

图 8-25　由相轨迹求时间响应

8.5　相轨迹的绘制方法

要完成对非线性控制系统的分析，首先要绘制系统的相平面图，相平面图的绘制方法有解析法和图解法。当系统的微分方程较简单或是分段线性的方程式时，可以采用解析法；当系统的微分方程求解困难甚至不可能时，通常采用图解法。本节除了简单介绍解析法外，主要介绍图解法。

8.5.1　解析法

用解析法求相轨迹分为两种方法。一种方法是求解微分方程式（8-34），解得相轨迹曲线方程式（8-35）后，就可绘制相轨迹曲线。另一种方法是求解微分方程式（8-31），求出时间解 $x(t)$ 及其导数 $\dot{x}(t)$ 后，消去时间变量 t 即可得到相轨迹曲线方程式，从而可以作出相轨迹曲线。如果消去时间 t 比较困难，则可以 t 为参变量作出相轨迹曲线。现分别将两种方法介绍如下。

【例 8-7】　设二阶系统的微分方程为

$$\ddot{x} + \omega_n^2 x = 0 \qquad (8-42)$$

试绘制系统的相平面图。

解：采用第一种解析法，由式（8-34）得系统相轨迹的斜率方程为

$$\frac{d\dot{x}}{dx} = -\frac{\omega_n^2 x}{\dot{x}}$$

该方程可以进行分离变量积分，求得相轨迹方程为

$$\frac{\dot{x}^2}{\omega_n^2} + x^2 = A^2 \qquad (8-43)$$

式中

$$A^2 = \frac{\dot{x}_0^2}{\omega_n^2} + x_0^2$$

$(\dot{x}_0, x_0)$ 是系统的初始状态。上述方程是一个以原点为中心的椭圆方程，取不同的初始状态，会得到一族相轨迹，如图 8-26 所示。

若采用第二种解析法，求解式（8-42）得

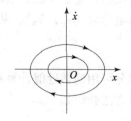

图 8-26　例 8-7 相平面图

$$x(t) = A\sin(\omega_n t + \varphi)$$
$$\dot{x}(t) = \omega_n A\cos(\omega_n t + \varphi)$$

式中，A、φ 是取决于初始条件的常数。

从上式中消去中间变量 t，同样可求得相轨迹方程式 (8-43)。

【例 8-8】 设系统的微分方程为

$$\ddot{x} + 2\xi\omega_n\dot{x} + \omega_n^2 x = 0 \qquad (8-44)$$

式中，$0 < \xi < 1$，试绘制系统的相平面图。

解：方程式 (8-44) 可改写为

$$\dot{x}\frac{d\dot{x}}{dx} + 2\xi\omega_n\dot{x} + \omega_n^2 x = 0$$

此式不能进行分离变量积分，所以采用第二种解析法。解方程得

$$x(t) = Ae^{-\xi\omega_n t}\cos(\omega_d t + \varphi) \qquad (8-45)$$

式中，$\omega_d = \omega_n\sqrt{1-\xi^2}$，常数 A、φ 由系统初始状态确定。对 $x(t)$ 求导得

$$\dot{x}(t) = -A\xi\omega_n e^{-\xi\omega_n t}\cos(\omega_d t + \varphi) - A\omega_d e^{-\xi\omega_n t}\sin(\omega_d t + \varphi) \qquad (8-46)$$

由式 (8-45)、式 (8-46) 消去 t，得相轨迹方程为

$$(\dot{x} + \xi\omega_n x)^2 + (\omega_d x)^2 = c \cdot \exp\left(\frac{2\xi\omega_n}{\omega_d}\arctan\frac{\dot{x} + \xi\omega_n x}{\omega_d x}\right) \qquad (8-47)$$

式中

$$c = A^2\omega_d^2\exp\left(\frac{2\xi\omega_n}{\omega_d}\right)$$

当系统初始状态不同时，式 (8-47) 给出的是一族绕坐标原点的螺旋线，如图 8-27 所示。

通过以上两个例题可以看出，解析法要求系统的微分方程或可以进行分离变量积分，或便于求时间解。一般能采用解析法作图的多为线性系统。

这里之所以要绘制线性系统的相平面图，其原因在于大多数非线性系统或可以用分段线性来表示，或本身就是分段线性的。这样，在作各线性域相平面图时，只需注意在分界线上把邻域的相轨迹连接起来，便得到了整个系统的相平面图。

8.5.2 图解法

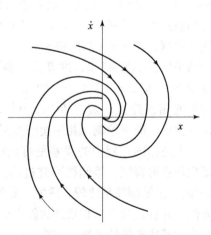

图 8-27 例 8-8 相平面图

绘制相轨迹曲线常用的图解法有两种，即等倾线法和 δ 法，这里只介绍等倾线法。

任何一条曲线都可以用有限段足够短的直线来逼近。等倾线法实质上就是用一系列相互衔接的短线段来近似一条光滑的相轨迹曲线的图解法。各个短线段由相轨迹曲线族的斜率来确定。相轨迹曲线族的斜率由式 (8-34) 来确定。相轨迹曲线族上所有斜率相等的点的连线称为等倾线。在式 (8-34) 中，令 $\dfrac{d\dot{x}}{dx}$ 为某一常数 α，就可以得到等倾线方程为

$$-\frac{f(x,\dot{x})}{\dot{x}} = \alpha \qquad (8-48)$$

利用等倾线法绘制相轨迹的原则如下：只能在相平面上作出一系列的等倾线，在任意两条等倾线之间，以它们斜率的平均值作为近似短线的斜率。以某一条等倾线上的一个已知点或已确定的相轨迹点作为起点，根据平均斜率按相轨迹运动方向画一短线，终点在另一条等倾线上，该终点即近似视为一个新的相轨迹点，或下一短线的起点。重复上述计算和作图，得到一系列相互衔接的短线段，即为系统的一条近似相轨迹线。当然，将这些短线段连接成为一条光滑曲线可能是更合理的处理方法。上述就是相轨迹曲线的等倾线作图法。作为例子，研究微分方程

$$\ddot{x} + \dot{x} + x = 0$$

其斜率为

$$\frac{\mathrm{d}\dot{x}}{\mathrm{d}x} = -\frac{f(x,\dot{x})}{\dot{x}} = -\frac{\dot{x}+x}{\dot{x}}$$

令 $\frac{\mathrm{d}\dot{x}}{\mathrm{d}x} = \alpha$，得到等倾线方程为

$$\dot{x} = -\frac{1}{1+\alpha}x \qquad (8-49)$$

式（8-49）表明，等倾线是一族通过原点的直线。

根据等倾线方程绘制相轨迹的过程如下：设相轨迹起始于图 8-28 中的 A 点（$\alpha = -1$），在 $\alpha = -1$ 和相邻的 $\alpha = -1.2$ 两条等倾线之间的平均斜率为 -1.1，过 A 点作斜率为 -1.1 的短线段 AB，交 $\alpha = -1.2$ 等倾线于 B 点，则 B 点可近似视为一个新的相轨迹点，短线 AB 就近似作为这段范围内的相轨迹。同理，在 $\alpha = -1.2$ 和 $\alpha = -1.4$ 两条等倾线之间的平均斜率为 -1.3，过 B 点作斜率为 -1.3 的短线段 BC，交 $\alpha = -1.4$ 的等倾线于 C 点，则 C 点亦为新的相轨迹点，短线 BC 亦为相轨迹的一部分。以此类推，即可绘制出相平面图如图 8-28 所示。

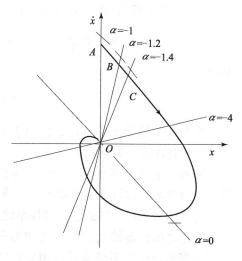

图 8-28 $\ddot{x} + \dot{x} + x = 0$ 的相平面图

上述作图过程中的误差是可以积累的。为了保证相轨迹的精度，等倾线不宜过疏，通常每隔 5°~10°画一条等倾线是比较合适的。此外，等倾线法只是在等倾线族为直线族的条件下才比较方便，并且，只有当相轨迹的斜率变化缓慢时才能保证适当的准确度。对于相轨迹斜率迅速变化的某些非线性系统，其准确度可能是比较差的。为了节省篇幅，关于 δ 法，这里不做介绍，读者可参考有关文献。

【例 8-9】 设非线性系统为 $\ddot{x} + 0.5\dot{x} + 2x + x^2 = 0$，试绘制系统的相平面图。

解：计算相平面图中的奇点，令

$$\dot{x} = 0$$
$$\ddot{x} = -0.5\dot{x} - 2x - x^2 = 0$$

解得系统的奇点为 $(x=0, \dot{x}=0)$ 和 $(x=-2, \dot{x}=0)$。

$f(x,\dot{x})$ 在奇点 $(x, \dot{x})$ 附近可以线性化为

$$f(x,\dot{x}) = \frac{\partial f}{\partial \dot{x}}\bigg|_{\dot{x}=\dot{x}_i}(\dot{x}-\dot{x}_i) + \frac{\partial f}{\partial x}\bigg|_{x=x_i}(x-x_i)$$

则

$$f(x,\dot{x}) = 0.5(\dot{x}-\dot{x}_i) + (2+2x_i)(x-x_i)$$

所以系统在奇点（0，0）处的线性化微分方程为

$$\ddot{x} + 0.5\dot{x} + 2x = 0$$

其特征根为 $\lambda_{1,2} = -0.25 \pm j1.39$，即为位于左半 s 平面上的一对共轭复根，因此奇点（0，0）是稳定焦点。同理，可得在奇点（-2，0）处的线性化微分方程为

$$\ddot{x} + 0.5\dot{x} - 2(x+2) = 0$$

令 $y = x + 2$ 得

$$\ddot{y} + 0.5\dot{y} - 2y = 0$$

其特征根为 $\lambda_1 = 1.19$，$\lambda_2 = -1.69$，是两个分别位于左右 s 平面的实根，因此奇点（-2，0）是鞍点。系统的相平面图如图 8-29 所示。

由图 8-29 可见，通过鞍点的一条相轨迹曲线将整个相平面分隔成两个不同的运动区域。如果初始条件落在阴影范围之内，则系统的运动是稳定的，并收敛于稳定焦点（0，0）；如果初始条件落在阴影范围之外，则系统的运动是不稳定的，并趋向于无穷远处。

由本例题可知，只要确定了奇点的位置和类型及相平面上的分隔线，就可以根据相平面图确定系统所有可能的运动状态，并不需要作出所有可能的相轨迹。同时也说明非线性系统运动的稳定性与初始条件有关。

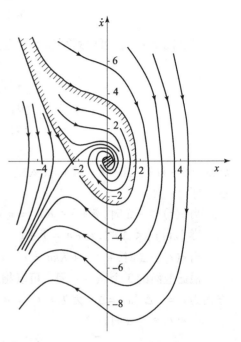

图 8-29 例 8-9 相平面图

8.6 非线性系统的相平面图分析

前面讲述了用描述函数法分析非线性系统，但该方法只能给出与稳定性有关的信息，而不能确定系统的时间响应。相平面法既可用于分析非线性系统的稳定性，又可求出系统的时间响应，但只适用于一阶和二阶系统。

本节主要介绍几种非线性系统的相平面分析法。通常整个相平面可以划分成若干个区域，每个区域对应系统的一个线性工作状态，由一个线性微分方程来描述。不同区域之间的分界线称为相平面的开关线。因此，只要作出每一个区域的相平面图，再将相邻区域的相轨迹连接起来，就得到整个系统的相平面图。下面通过举例说明相平面法的应用。

8.6.1 死区非线性系统

具有死区非线性特性的控制系统如图 8-30 所示。假设系统初始状态为零，输入信号为阶跃函数，即 $r(t) = R \cdot 1(t)$。

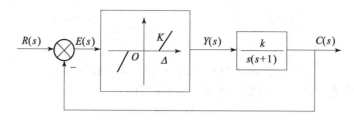

图 8-30 死区非线性系统

根据图 8-30，可以列写如下方程：

$$\ddot{c}(t) + \dot{c}(t) = ky(t) \tag{8-50}$$

$$y(t) = \begin{cases} K[e(t) - \Delta], & e(t) \geq \Delta \\ 0, & |e(t)| < \Delta \\ K[e(t) + \Delta], & e(t) \leq -\Delta \end{cases} \tag{8-51}$$

$$e(t) = r(t) - c(t) \tag{8-52}$$

将式（8-51）、式（8-52）代入式（8-50）中，并按 $e(t)$ 的取值范围分段列写微分方程，即

当 $e(t) \leq -\Delta$ 时，$\ddot{e} + \dot{e} + Kke = \ddot{r} + \dot{r} - Kk\Delta$

当 $|e(t)| < \Delta$ 时，$\ddot{e} + \dot{e} = \ddot{r} + \dot{r}$

当 $e(t) \geq \Delta$ 时，$\ddot{e} + \dot{e} + Kke = \ddot{r} + \dot{r} + Kk\Delta$

根据上面的 3 个微分方程，可以相应地把相平面划分为 3 个区域Ⅰ、Ⅱ和Ⅲ，其开关线方程为 $e = -\Delta$ 和 $e = \Delta$。因为 $r(t) = R \cdot 1(t)$，所以 $\ddot{r} = \dot{r} = 0$，代入式（8-52），整理得：

当 $e(t) \leq -\Delta$ 时，

$$(e + \Delta)'' + (e + \Delta)' + Kk(e + \Delta) = 0$$

当 $|e(t)| < \Delta$ 时，

$$\ddot{e} + \dot{e} = 0$$

当 $e(t) \geq \Delta$ 时，

$$(e - \Delta)'' + (e - \Delta)' + Kk(e - \Delta) = 0$$

若给定参数 $Kk = 1$，根据系统相轨迹分析结果，可得奇点类型如下。

区域Ⅰ对应的奇点 $(-\Delta, 0)$，其附近的微分方程的特征根为 $\lambda_{1,2} = -\frac{1}{2} \pm j\frac{\sqrt{3}}{2}$，是一对共轭复根，所以奇点 $(-\Delta, 0)$ 是稳定焦点，相轨迹为向心螺旋线；同理可以确定区域Ⅲ对应的奇点 $(\Delta, 0)$ 也是稳定焦点，相轨迹亦为向心螺旋线；区域Ⅱ对应的奇点 $(x, 0)$，$x \in (-\Delta, \Delta)$，特征方程的根为 $(0, -1)$，相轨迹沿直线收敛。

由系统初始状态为零及 $r(t) = R \cdot 1(t)$，可得 $e(0) = R$，$\dot{e}(0) = 0$。根据各个区域奇点类型及相应的运动形式，可作出相轨迹如图 8-31 所示。

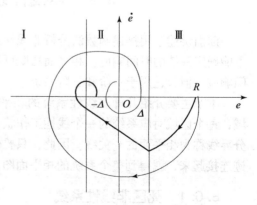

图 8-31 死区非线性系统的相平面图

8.6.2 继电器非线性特性

继电器非线性特性有理想继电器特性、死区继电器特性、滞环继电器特性和死区滞环继电器特性四种，本节讨论具有死区滞环继电器特性的非线性系统。具有死区滞环继电器特性的非线性系统如图 8-32 所示，其中死区滞环继电器特性的数学表达式可写成

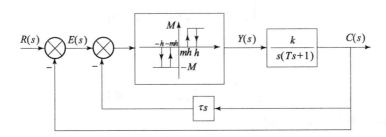

图 8-32 具有死区滞环继电器特性的非线性系统

$$y(t) = \begin{cases} M, & e \geqslant h, e > mh \\ 0, & |e| \leqslant mh, |e| < h \\ -M, & e \leqslant -h, e < -mh \end{cases} \quad (8-53)$$

系统的微分方程为

$$T\ddot{c} + \dot{c} = ky(t)$$
$$e = r - c$$

设输入阶跃信号为 $r(t) = R$，则 $e = r - c = R - c$，有

$$\begin{cases} T\ddot{e} + \dot{e} + KM = 0, & e \geqslant h, e > mh \\ T\ddot{e} + \dot{e} = 0, & |e| \leqslant mh, |e| < h \\ T\ddot{e} + \dot{e} - KM = 0, & e \leqslant -h, e < -mh \end{cases} \quad (8-54)$$

根据式（8-54）的 3 个微分方程，可以把相平面划分为 3 个相应的区域 Ⅰ、Ⅱ 和 Ⅲ，其开关线方程为

$$e = \begin{cases} h, & \dot{e} > 0 \\ mh, & \dot{e} < 0 \end{cases} \quad (8-55)$$

和

$$e = \begin{cases} -mh, & \dot{e} > 0 \\ -h, & \dot{e} < 0 \end{cases} \quad (8-56)$$

如图 8-33 所示。上半平面的分界线为 $e = h$ 和 $e = -mh$，下半平面的分界线为 $e = -h$ 和 $e = mh$，区域 Ⅰ 为 $+M$ 控制域，区域 Ⅱ 为 $-M$ 控制域，区域 Ⅲ 为自由运动域。区域 Ⅰ 和 Ⅲ 都没有奇点，区域 Ⅰ 中的一切运动都趋向于 $\dot{e} = -KM$，区域 Ⅲ 中的一切运动都趋向于 $\dot{e} = KM$，区域 Ⅱ 中一切普通点上的轨迹的斜率均为 $1/T$，即 e 轴上由 $-h$ 到 h 的线段为奇线。

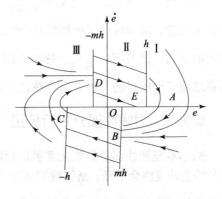

图 8-33 继电器非线性系统相平面图

整个系统的相平面图如图8-33所示。图中曲线 $ABCDE$ 为零初始条件下系统阶跃响应的相轨迹,系统的运动最终将收敛于区域Ⅱ奇线上的 E 点。

当引进速度反馈后,系统的相平面图仍为3个区域,而且各区域的微分方程不变,只是开关线方程有所不同,式(8-55)和式(8-56)分别变为

$$e = \begin{cases} -\dfrac{1}{\tau}(e-h), & \dot{e} > 0 \\ -\dfrac{1}{\tau}(e-mh), & \dot{e} < 0 \end{cases} \tag{8-57}$$

$$e = \begin{cases} -\dfrac{1}{\tau}(e+mh), & \dot{e} > 0 \\ -\dfrac{1}{\tau}(e+h), & \dot{e} < 0 \end{cases} \tag{8-58}$$

系统的相平面图如图8-34所示。

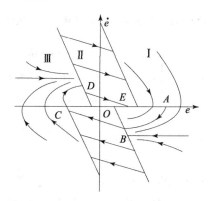

图8-34 具有速度反馈时的相平面图

8.7 非线性系统的校正

目前,线性系统的校正理论和方法都比较成熟,而非线性系统的综合校正理论尚不完善。非线性系统存在的主要问题是自激振荡,消除自振可有两个途径,一是改变非线性特性,如调整非线性参数,避免 $-\dfrac{1}{N(X)}$ 与 $G(j\omega)$ 相交;另一个更好的途径是:基于线性系统的校正理论,对非线性系统线性部分的频率特性 $G(j\omega)$ 进行校正,改变 $G(j\omega)$ 在某一个频段内的形状,使其与 $-\dfrac{1}{N(X)}$ 特性不相交,而且有足够的稳定裕度,从而达到消除自振和提高系统稳定性的目的。本节只介绍以上两种可行的方法,供解决工程实际问题时参考。

8.7.1 对线性部分进行校正

减小系统线性部分的放大系数以消除自振是一种最简单的方法,但由此带来的问题是系统的稳态精度将会下降,所以我们可以采用局部反馈的方法对线性部分进行校正。如图8-35所示系统,在没有加入速度反馈之前,$-\dfrac{1}{N(X)}$ 与 $G(j\omega)$ 相交,且交点为自振点。引进局部

反馈后,线性部分的传递函数为

$$G(s) = \frac{10(0.8s+1)}{s[s(0.1s+1)+10\tau(0.8s+1)]}$$

显然,系统由原来的Ⅱ型变为Ⅰ型。当反馈系数 $\tau \geq 0.12$ 时,校正后的 $G(j\omega)$ 曲线不再与 $-\dfrac{1}{N(X)}$ 曲线相交,所以系统不存在自振。

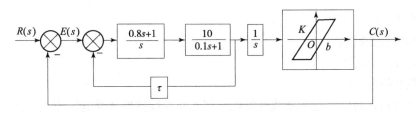

图 8-35 速度反馈校正

8.7.2 改变非线性特性

一般非线性元件的参数是不易改变的,要减小或消除其对系统的影响,可以用串联或并联的方法引入一个新的非线性特性,这个非线性特性和系统中原来的非线性特性结合起来,将使系统近似于线性系统,或变成一个非线性程度低的非线性系统。

例如,对于图 8-36(a)所示的非线性系统,为了消除 N_1 的影响,可以用一个非线性特性 N_2 来补偿,如图 8-36(b)中的并联通路,若 N_1、N_2 叠加为线性特性,则整个系统变成了线性系统。一般来说,G_2 是大功率执行机构,为了便于工程实现,可以采用如图 8-36(c)所示的反馈形式。

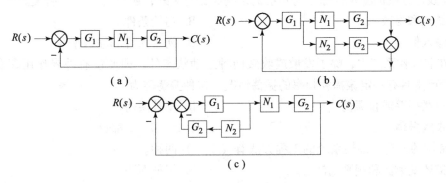

图 8-36 改变非线性系统的过程

习　题

8.1 填空题

1. 非线性系统的研究方法有(　　　　　　　　　　　　　)。
2. 应用描述函数法时,应将非线性系统简化为(　　　　　　)连接成的典型结构形式。

3. 相平面法是一种求解二阶非线性常系数微分方程的（　　　　）。
4. 相平面上的点随时间变化描绘出的曲线称为（　　　　）。
5. 在相平面中，一种孤立的封闭相轨迹称为（　　　　）。

8.2　单项选择题

1. 典型非线性特性有（　　）。
A. 饱和非线性特性
B. 死区非线性特性
C. 间隙非线性特性
D. 饱和非线性特性、死区非线性特性、间隙非线性特性及继电器非线性特性

2. 间隙非线性特性的特点之一是：在元件开始正向运动而输入信号小于间隙宽度时，元件（　　）；在元件开始正向运动而输入信号大于间隙宽度后，元件的输出信号才随着输入信号的变化而呈线性变化。
A. 有信号输出　　　B. 无信号输出　　　C. 信号微弱　　　D. 信号强大

3. 继电器非线性特性分为（　　）等。
A. 死区继电器特性
B. 理想继电器特性
C. 滞环继电器特性
D. 死区继电器特性、理想继电器特性和滞环继电器特性

4. 在线性系统中，系统的稳定性只与其结构和参数有关，而与初始条件和输入信号无关；而非线性系统的稳定性除了与系统的结构参数有关外，还与（　　）有关。
A. 结构和参数　　　　　　　　　　B. 初始条件
C. 输入信号　　　　　　　　　　　D. 初始条件和输入信号

5. 在非线性系统中，除了发散或收敛两种运动状态外，即使没有外界作用存在，系统本身也会产生具有一定振幅和频率的振荡情况，这种振荡称为（　　）等。
A. 自激振荡或自振荡　　　　　　　B. 发散振荡
C. 收敛振荡　　　　　　　　　　　D. A、B、C 都错

6. 常用的分析非线性系统的工程方法有（　　）两种。
A. 描述函数法和相平面法　　　　　B. 相平面法
C. 校正法　　　　　　　　　　　　D. 改变非线性特性法

7. 饱和非线性特性的描述函数为（　　）。

A. $N(X) = \dfrac{B_1}{X} = \dfrac{2K}{\pi}\left[\arcsin\dfrac{S}{X}\sqrt{1-\left(\dfrac{S}{X}\right)^2}\right]$

B. $N(X) = \dfrac{B_1 + jA_1}{X} = \dfrac{K}{\pi}\left[\dfrac{\pi}{2} + \arcsin\left(1-\dfrac{2b}{X}\right) + 2\left(1-\dfrac{2b}{X}\right)\sqrt{\dfrac{b}{X}\left(1-\dfrac{b}{X}\right)}\right] + j\dfrac{4Kb}{\pi X}\left(\dfrac{b}{X}-1\right)$

C. $N(X) = \dfrac{B_1 + jA_1}{X} = \dfrac{2M}{\pi X}\left[\sqrt{1-\left(\dfrac{mh}{X}\right)^2} + \sqrt{1-\left(\dfrac{b}{X}\right)^2}\right] + j\dfrac{2Mh}{\pi X^2}(m-1)$

D. 都对

8. 间隙非线性特性的描述函数为（　　）。

A. $N(X) = \dfrac{B_1}{X} = \dfrac{2K}{\pi}\left[\arcsin\dfrac{S}{X}\sqrt{1-\left(\dfrac{S}{X}\right)^2}\right]$

B. $N(X) = \dfrac{B_1 + jA_1}{X} = \dfrac{K}{\pi}\left[\dfrac{\pi}{2} + \arcsin\left(1-\dfrac{2b}{X}\right) + 2\left(1-\dfrac{2b}{X}\right)\sqrt{\dfrac{b}{X}\left(1-\dfrac{b}{X}\right)}\right] + j\dfrac{4Kb}{\pi X}\left(\dfrac{b}{X}-1\right)$

C. $N(X) = \dfrac{B_1 + jA_1}{X} = \dfrac{2M}{\pi X}\left[\sqrt{1-\left(\dfrac{mh}{X}\right)^2} + \sqrt{1-\left(\dfrac{b}{X}\right)^2}\right] + j\dfrac{2Mh}{\pi X^2}(m-1)$

D. 都对

9. 继电器非线性特性的描述函数为（　　）。

A. $N(X) = \dfrac{B_1}{X} = \dfrac{2K}{\pi}\left[\arcsin\dfrac{S}{X}\sqrt{1-\left(\dfrac{S}{X}\right)^2}\right]$

B. $N(X) = \dfrac{B_1 + jA_1}{X} = \dfrac{K}{\pi}\left[\dfrac{\pi}{2} + \arcsin\left(1-\dfrac{2b}{X}\right) + 2\left(1-\dfrac{2b}{X}\right)\sqrt{\dfrac{b}{X}\left(1-\dfrac{b}{X}\right)}\right] + j\dfrac{4Kb}{\pi X}\left(\dfrac{b}{X}-1\right)$, $(X \geqslant b)$

C. $N(X) = \dfrac{B_1 + jA_1}{X} = \dfrac{2M}{\pi X}\left[\sqrt{1-\left(\dfrac{mh}{X}\right)^2} + \sqrt{1-\left(\dfrac{b}{X}\right)^2}\right] + j\dfrac{2Mh}{\pi X^2}(m-1)$, $(X \geqslant h)$

D. 都对

10. 极限环分为（　　）几种类型。

A. 稳定极限环

B. 不稳定极限环

C. 半稳定极限环

D. 稳定极限环、不稳定极限环和半稳定极限环

8.3　计算题

1. 两个并联非线性环节如图 8-37 所示，求等效的非线性特性。

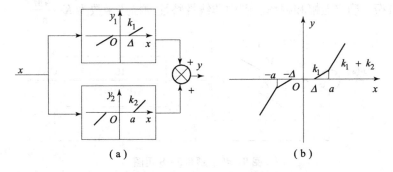

图 8-37　题 8.3-1 用图

2. 设一非线性元件，其输入输出特性由 $y = b_1 x + b_2 x^3$ 确定。其中 $x = X\sin\omega t$ 为非线性元件的输入，y 为非线性元件的输出，试确定非线性元件的描述函数。

3. 设非线性元件的特性方程为 $y = \frac{1}{2}x + \frac{1}{4}x^3$，其中 $x = X\sin\omega t$ 为非线性元件的输入，y 为非线性元件的输出，试确定非线性元件的描述函数。

4. 将图 8-38 所示非线性系统结构图简化成非线性部分 $N(X)$ 和等效的线性部分 $G(s)$ 相串联的单位反馈控制系统结构图。

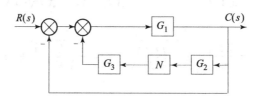

图 8-38　题 8.3-4 用图

5. 设系统微分方程为 $\ddot{x} + \omega_n^2 x = 0$，初始条件为 $x(0) = x_0$，$\dot{x}(0) = \dot{x}_0$，试用消去时间变量 t 的办法求该系统的相轨迹。

6. 已知非线性系统微分方程为 $\ddot{x} + |x| = 0$，试用直接积分法求该系统的相轨迹。

7. 试用相平面法分析图 8-39 所示系统分别在 $\beta = 0$，$\beta < 0$，$\beta > 0$ 情况下，相轨迹的特点。

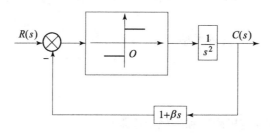

图 8-39　题 8.3-7 用图

8. 非线性系统如图 8-40 所示，其中 $K = 1$，$M = 1$。试用描述函数法分析系统是否存在自振，若有自振，确定振幅和频率。图中非线性特性的描述函数为 $K + \frac{4M}{\pi X}$。

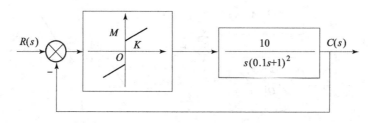

图 8-40　题 8.3-8 用图

9. 非线性系统的结构图如图 8-41 所示，试用描述函数法求取：
（1）$k = 10$ 时系统产生自激振荡的频率和振幅；
（2）k 为何值时系统处于稳定的边界。

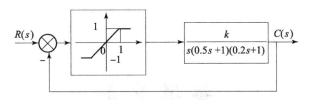

图 8-41　题 8.3-9 用图

10. 非线性系统如图 8-42（a）所示，非线性元件的负倒描述函数如图 8-42（b）所示，讨论若产生自激振荡，h 和 M 应当取何值。

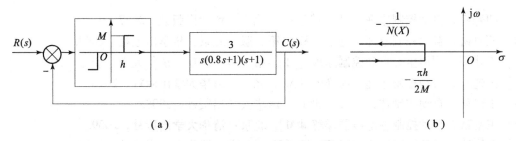

图 8-42　题 8.3-10 用图

参 考 文 献

［1］胡寿松．自动控制原理［M］．第五版．北京：科学出版社，2007．
［2］胡寿松．自动控制原理习题集［M］．第二版．北京：科学出版社，2003．
［3］王建辉，顾树生．自动控制原理［M］．第二版．北京：清华大学出版社，2014．
［4］王建辉．自动控制原理习题详解［M］．北京：清华大学出版社，2010．
［5］王艳秋．自动控制理论［M］．北京：清华大学出版社，2008．
［6］王艳秋．自动控制理论习题详解［M］．北京：清华大学出版社，2009．
［7］王艳秋．自动控制理论题库及详解［M］．北京：清华大学出版社，2013．
［8］夏德钤．自动控制理论［M］．第4版．北京：机械工业出版社，2013．
［9］黄坚．自动控制原理及其应用［M］．第3版．北京：高等教育出版社，2016．
［10］邹恩，漆海霞．自动控制原理［M］．西安：西安电子科技大学出版社，2014．